本書分別從二十四節氣的起源與流變、
二十四節氣的時令節俗、
二十四節氣的傳承與傳播以及
民族地區的二十四節氣等方面，
系統詳盡地介紹了
中國二十四節氣相關的知識與文化。

蕭放◎主編

二十四節氣

中國人的自然時間觀

CONTENTS

目　錄

序言 | 傳承二十四節氣的價值與意義

　　聯合國教科文組織保護非物質文化遺產政府間委員會第十一屆
常會於2016年11月28日至12月2日，在衣索比亞首都阿迪斯阿貝巴
聯合國非洲經濟委員會會議中心召開。11月30日下午，中國申報的
「二十四節氣——中國人通過觀察太陽周年運動而形成的時間知識體
系及其實踐」的非物質文化遺產專案通過委員會評審，列入聯合國教
科文組織人類非物質文化遺產代表作名錄。這是迄今為止中國申請的
最具有歷史意義與普遍代表性的人類非物質文化遺產項目。二十四節
氣作為中國人認識世界的時間知識體系，在中國已有數千年的歷史，
它不僅是黃河中游農業地區的時序指南，同時也是中國多民族、多地
區的時間座標，是中國人的自然哲學觀念的生動體現，甚至還是海外
華人與故鄉國度歷史文化發生聯繫並強化文化認同的文化時間。

　　我們知道，二十四節氣的形成與國人對自然時序的理解有關。中
國人很早就發明了一套思維方式，如陰陽五行的觀念，主要用陰陽
二氣的運動變化來理解時間的流轉。古人認為冬至是陰陽二氣變化
的關鍵期，陰氣處於最高點，但陽氣開始發生，即所謂的「冬至一

陽生」。中國人對事物關係從來沒有固定的看法，習慣在運動流轉中理解世界，理解時間。最寒冷的時期，人們看到陽氣發生所帶來的溫暖的氣息，在近似絕望的環境中營造希望的心境。這也是節氣帶給我們的生活服務價值的特殊體現。對於我們今天的人來說，很重要的一點，我覺得這是一種文化認同的價值。傳統時間制度與觀念，代表一種文化歸屬，在每個節氣點，通過共同的儀式活動以及共用食物，帶來一種共同的感受，凝聚大家的文化認同感。馬來西亞華人的「二十四節令鼓」的發明，就代表著他們意識到了二十四節氣作為華人族群的文化標誌意義，以及由此產生的文化認同的精神價值。此外，二十四節氣，在今天的農事活動與養生方面，仍然持續地發揮著生活服務價值。其帶給人們的尊重、順應自然的價值觀，也尤為重要。因為人類最終逃不出自然的時間秩序，違背這些客觀規律，就會釀成災難，比如今天人們對自然環境過度利用所帶來的破壞，以及由此引起的氣候災難等。

二十四節氣列入人類非物質文化遺產名錄，給我們祖國傳統文化以很高的榮譽與地位，對於我們中國人來說既是驕傲也是責任，如何進一步保護與傳承二十四節氣文化，值得我們認真思考。

借助人類非物質文化遺產申請成功的契機，全社會需要進行二十四節氣知識的普及與價值功能認識的再動員，實現其在社區、家庭、學校的落地生根。我們應該充分利用節氣文化，開展多種形式的活動，讓人們直接感知與節氣相關的知識與文化，從而把節氣作為生活的一部分。其實它本來就是我們生活的一部分，只是我們對此缺乏足夠的認識與了解。節氣不僅與農時、養生相關，也不僅是一般飲食，還與許多花花草草，與生活中審美的東西聯繫在一起。大家共同參與，讓與節氣相關的文化成為一種生活儀式甚至特定的生活方式，只有這樣，二十四節氣才不會僅僅是過去留下來的傳統遺產，而是成為一種不斷再生產的文化資產，成為我們生活中天道與人道互相感應的周而復始、循環不絕、永保生機的物質資源與精神資源。

立春

立春

春冬移律呂，天地換星霜。

冰泮游魚躍，和風待柳芳。

早梅迎雨水，殘雪怯朝陽。

萬物含新意，同歡聖日長。

雨水

雨水洗春容，平田已見龍。

祭魚盈浦嶼，歸雁過山峰。

雲色輕還重，風光淡又濃。

向春入二月，花色影重重。

驚蟄

陽氣初驚蟄，韶光大地周。

桃花開蜀錦，鷹老化春鳩。

時候爭催迫，萌芽互矩修。

人間務生事，耕種滿田疇。

春分

二月中

春分

二氣莫交爭，春分雨處行。

雨來看電影，雲過聽雷聲。

山色連天碧，林花向日明。

梁間玄鳥語，欲似解人情。

清明

三月節

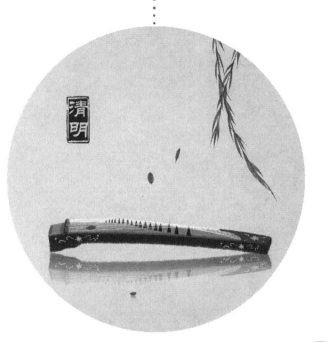

清明來向晚，山淥正光華。
楊柳先飛絮，梧桐續放花。
鴛聲知化鼠，虹影指天涯。
已識風雲意，寧愁雨穀賒。

穀雨

三月中

穀雨春光曉，山川黛色青。

桑間鳴戴勝，澤水長浮萍。

暖屋生蠶蟻，喧風引麥葶。

鳴鳩徒拂羽，信矣不堪聽。

立夏

四月節

欲知春與夏，仲呂啟朱明。
蚯蚓誰教出，王菰自合生。
簾蠶呈繭樣，林鳥哺雛聲。
漸覺雲峰好，徐徐帶雨行。

小滿

小滿

小滿氣全時，如何靡草衰。
田家私黍稷，方伯問蠶絲。
杏麥修鐮釤，鉏葽竪棘籬。
向來看苦菜，獨秀也何為？

芒種

五月節

芒種看今日，螳螂應節生。

彤雲高下影，鶪鳥往來聲。

淥沼蓮花放，炎風暑雨情。

相逢問蠶麥，幸得稱人情。

夏至

夏至

處處聞蟬響，須知五月中。

龍潛淥水穴，火助太陽宮。

過雨頻飛電，行雲屢帶虹。

葵賓移去後，二氣各西東。

小暑

六月節

鷹鸇新習學，蟋蟀莫相催。
戶牖深青靄，階庭長綠苔。
竹喧先覺雨，山暗已聞雷。
倏忽溫風至，因循小暑來。

大暑

大暑三秋近，林鐘九夏移。

桂輪開子夜，螢火照空時。

菰果邀儒客，菰蒲長墨池。

絳紗渾卷上，經史待風吹。

立秋

七月節

立秋

不期朱夏盡，涼吹暗迎秋。

天漢成橋鵲，星娥會玉樓。

寒聲喧耳外，白露滴林頭。

一葉驚心緒，如何得不愁。

處暑

七月中

向來鷹祭鳥，漸覺白藏深。

葉下空驚吹，天高不見心。

氣收禾黍熟，風靜草蟲吟。

緩酌樽中酒，容調膝上琴。

白露

八月節

露沾蔬草白，天氣轉青高。

葉下和秋吹，驚看兩鬢毛。

養羞因野鳥，為客訝蓬蒿。

火急收田種，晨昏莫辭勞。

秋分

八月中

秋分

琴彈南呂調，風色已高清。

雲散飄颻影，雷收振怒聲。

乾坤能靜肅，寒暑喜均平。

忽見新來雁，人心敢不驚？

寒露

九月節

寒露驚秋晚，朝看菊漸黃。
千家風掃葉，萬里雁隨陽。
化蛤悲群鳥，收田畏早霜。
因知松柏志，冬夏色蒼蒼。

霜降

九月中

風捲清雲盡，空天萬里霜。

野豺先祭月，仙菊遇重陽。

秋色悲疏木，鴻鳴憶故鄉。

誰知一樽酒，能使百秋亡。

立冬

十月節

霜降向人寒，輕冰漉漉水漫漫。

蟾將纖影出，雁帶幾行殘。

田種收藏了，衣裘製造看。

野雞投水日，化蜃不將難。

小雪

十月中

小雪

莫怪虹無影，如今小雪時。
陰陽依上下，寒暑喜分離。
滿月光天漢，長風響樹枝。
橫琴對涼醑，猶自斂愁眉。

大雪

十一月節

積陰成大雪，看處亂霏霏。
玉管鳴寒夜，披書曉絳帷。
黃鐘隨氣改，鶗鳥不鳴時。
何限蒼生類，依依惜暮輝。

冬至

十一月中

冬至

二氣俱生處，周家正立年。

歲星瞻北極，舜日照南天。

拜慶朝金殿，歡娛列綺筵。

萬邦歌有道，誰敢動征邊。

小寒

十二月節

小寒連大呂，歡鵲壘新巢。

拾食尋河曲，銜紫繞樹梢。

霜鷹近北首，雛雉隱叢芽。

莫怪嚴凝切，春冬正月交。

大寒

臘酒自盈樽，金爐獸炭溫。
大寒宜近火，無事莫開門。
冬與春交替，星周月詎存？
明朝換新律，梅柳待陽春。

上 篇

總 論

二十四節氣探源

二十四節氣是我國傳統曆法中的重要內容，「根據太陽在黃道上的位置，將全年劃分爲二十四個段落，以節氣的開始一日爲節名」（溥奎《中國百科全書・天文地理卷》）。節氣與曆法有著緊密的聯繫，我國的傳統農曆本質上屬於陰陽合曆，「就是以太陽和月亮的運行作爲曆法的天文根據，融入回歸年和朔望月，並把二者並列作爲制曆的基本週期，同時還增加了閏月，以協調回歸年、朔望月之間的關係」（蔡傑《中國古代堪輿小史》）。但是，由於二十四節氣是依照太陽的視運動軌跡確定的，所以在陽曆中日期基本固定，反而在傳統的農曆中日期的變化比較大。

二十四節氣是我國傳統的天文與人文合一的曆法現象，有著數千年的歷史。但是，對於二十四節氣的起源時間與過程，學界並沒有統一的、比較明確的說法，主要原因當是二十四節氣正式形成於秦漢之前，而這一時期的古代文獻本身即存在辨僞和考證的問題，很難理清脈絡[1]。本文雖仍以這些文獻爲基礎，但並不妄圖解決起源模糊的問題（或許根本不能解決），只是通過考辨呈現二十四節氣更爲清晰的形成過程。

一、萌芽期：兩分與兩至

從天文曆法本身的發展規律來看，二十四節氣並不是也不可能是一次性完成劃分的，它隨著人們對於氣候感知的加深以及觀測技術的

進步而逐漸形成和完善。對於二十四節氣中最初確定的節氣，現有研究大致分為兩個方向：一是起於兩分（春分和秋分），一是起於兩至（冬至和夏至）。這兩種結論都與人們最初對於天象的觀測有關，前者主要以觀測星象為主，後者主要以觀測日影為主。

我國古代對於天象的觀測於很早便已經開始了：「古代人民，日出而作，日入而息。白天戶外勞動就以太陽為依據。夜晚沒有人工照明，就拿星星月亮做指南。人們根據日月和星辰等天象逐漸產生了方向和時間的概念。」（中國天文學史整理研究小組《中國天文學史》）新石器時代出土的彩陶之上，便已經能見到太陽、月牙和星星的圖案。而根據相關研究，觀測星象應該是我國古代釐定方位、推算歲時的主要依據之一：「中國古代凡推算歲時變化，所依據之基礎及推算方法，均採取永恆性常規運轉之星辰為標準，實最穩定而客觀。」（王爾敏《中國二十四方位觀念之傳承及應用》）這說明通過觀測恒星位置可以幫助釐定歲時，這種觀測發生的時間應該比較久遠，只是到了有信史可據的殷商才被發現。

我國有文字可考的歷史始於殷商，殷墟甲骨卜辭的發現，為研究商代的曆法提供了文字資料。據考證，最早的星名始見於殷商甲骨文，武丁時期殷墟的甲骨片中，曾發現「火」與「鳥」等星名[2]。「火」星也稱大火，《左傳・襄公九年》記有：「陶唐氏之火正闕伯居商丘，祀大火，而火紀時焉。相土因之，故商主大火。」後大火星都被注為「心星」，即心宿二（天蠍座 α 星），並用「大火星伏見南中」代表季節。大火星是明亮的一等星，每年到了晝夜等長（春分）時，太陽落下，大火星恰從東方地平線上升起，代表寒冷漸去。此後，黃昏時大火星越來越高，數月後到達正南方，隨後越來越低，時至晝夜等長（秋分）時，大火星便隱而不見。因此，人們通過年復一年地觀察大火星見來確定春天。天文學家認為最利於人們觀測大火星來定春分的時代是西元前2400年前後，最有利於觀測大火星來定秋分的時代是西元前2000年左右。[3] 這兩個年限都處於尚無文字資料可考的歷史中，因此以現在推斷的當時的星象，去確定那時人們對於季節

的認知自然不是嚴謹的做法。

除此之外，在對甲骨文字的考源中也存在相關的認識。于省吾在考證甲骨卜辭之後認為，「冬」字的意思並非冬天，而是終結，因此「可以判定商代只有春秋二時制」（于省吾《歲、時起源初考》）。同樣，在對甲骨文中「春」、「夏」、「秋」字的考源中，「春」一般被認為是花草樹木生長的樣子，「秋」則被認為是蟲類（蟋蟀等）的叫聲，而「夏」卻是一個拿著武器的骷髏，更接近「嚇」[4]。這樣解釋的話，「春」與「秋」的字源更接近與節氣相關的物候，或為春分和秋分先出現的例證之一。如果這種考證得到更多資料支援的話，當可作為兩分先出的基礎。但是，在這個時間段裡，並沒有確鑿的文字或者考古資料，可以證明春分和秋分已經是人們生活的時間刻度。

以此類推，認為冬至與夏至是最早出現的節氣的說法雖有一定的道理，但也不是十分確鑿。從感受層面來說，冬季與夏季的氣候變化較為明顯，在天文知識尚不發達的情況之下，冬與夏是最容易被人們所感知的季節。而從天文學發展的歷史來看，夏至和冬至分別是北半球白天最長的一天和最短的一天，這應與我國古代人民何時掌握測量日影的技術有關。

根據現有研究，商人已經使用專名稱呼一天中的不同時間段[5]，也已知通過置閏的方式平衡陰陽曆[6]。但是，對於商代是否可以測量冬至與夏至尚存在爭議。天文學家們依然持樂觀的態度：「旦測南中以定冬至，約西元前2100年前後；昏測南中以正夏至，約西元前1000年前後（殷周之交）。」[7]這種論斷自然也是沒有可靠的考古資料或是文字資料可以佐證的，唯一可以進行考證的還是甲骨文。有部分學者是通過分析卜辭的記日法，得到殷商時代已經存在兩至的結論[8]；也有部分學者認為甲骨文中的阜、甲、中等字的本意都取自「立表測影」，表示殷商時期已經可以通過這種辦法確定時刻和冬至與夏至兩個節氣[9]。立表測影當時在卜辭中被稱為「立中」，有學者認為這是人們進行的一種祭祀儀式，是在一塊平地的中央標誌點上立一根附有下垂物的杆子，在某些特定日子進行這種「立中」的儀式，目的在於

通過對表影的觀測求方位、知時節[10]。

其實在殷商之前，還有夏朝需要稍作探討，但是流傳於後世的《夏小正》被考證是在夏代曆法的基礎上又經過後人增補、修飾的文本[11]，而其本身的曆法性質也存在爭議[12]。從內容來說，《夏小正》中僅存有關節氣的部分，是在其描繪「五月」提到的「時有養日」以及描繪十月時提到的「時有養夜」，一般認為這兩句話的意思是五月有長日，十月有長夜，很多人便將其歸為夏至和冬至。但是，這一說法也並不嚴謹，因為並未出現確切的節氣名稱，夏天日長、冬天夜長當是人們自身經驗的總結。另外，也有人提出《夏小正》裡有了「啟蟄」，即是二十四節氣中的「驚蟄」[13]。這種直接勾連的做法也不妥當，因為《夏小正》本就以描繪天象、物候、農事為主，「啟蟄」雖與氣候變化、動物活動相關，可能也是此後確定節氣的源頭，但認定此時已有節氣則過於主觀。

綜上所述，從今本《夏小正》的記載中，大致可以推斷夏代人們已經開始關注並有意識地通過天象觀測、物候觀察等手段，來初步形成對於節氣的認識；至遲到殷商時期，已經可以確定分、至（至少是其中一部分）。值得注意的是，無論是依照恒星位置測定春秋分還是依照日影測定冬夏至，其雖然都表達了人們對於季節的感知與認識，但是這與後代形成的二十四節氣與農耕生活的緊密關係還有著一定的距離。這一時期，由於觀測技術尚掌握在特定的人群手中，而且受「經天授時」觀念的影響，分、至的出現事實上更多地表達「天命」。

二、發展期：從四時到八節

如前所述，殷商時期是否已有四時之分尚存爭議，爭議的主要源頭是對於甲骨文字的解讀：認為殷商為二時之分者多否認甲骨卜辭中存在冬夏，代表人物如于省吾[14]；認為殷商為四時之分者，多認為甲骨文字中包含春夏秋冬各字並有相關卜辭，代表人物如翦伯贊[15]。甲

骨文字的考源尚存在可繼續挖掘的方面，因此要秉持審慎的態度，還是不妄斷殷商的季節劃分爲好。不過可以確定當時人們確已瞭解自然物候的變化，並嘗試對其規律性進行總結，於是節氣開始逐漸形成。

四時之分起於何時，很難得出確切的答案，但從文字資料的角度來看，到了西周時期，才出現了相關的文本文獻記載：

乃命羲和，欽若昊天，曆象日月星辰，敬授人時。

分命羲仲，宅嵎夷，曰暘谷。寅賓出日，平秩東作。日中，星鳥，以殷仲春。厥民析，鳥獸孳尾。

申命羲叔，宅南交。平秩南爲，敬致。日永，星火，以正仲夏。厥民因，鳥獸希革。

分命和仲，宅西，曰昧谷。寅餞納日，平秩西成。宵中，星虛，以殷仲秋。厥民夷，鳥獸毛毨。

申命和叔，宅朔方，曰幽都。平在朔易。日短，星昴，以正仲冬。厥民隩，鳥獸氄毛。

帝曰：「咨！汝羲暨和，期三百有六旬有六日，以閏月定四時，成歲。

允釐百工，庶績咸熙。」

《尚書·堯典》

這段文字記載的是帝堯時代的四時觀象授時工作，「日中」、「日永」、「宵中」、「日短」分別相當於春分、夏至、秋分、冬至，並測定了一個回歸年的長度。自古以來，天文曆法家對這段文字的討論和爭辯甚多。氣象學家竺可楨先生從當時作四仲中星觀測的日期、時間、地理緯度，並且考慮到黃昏的蒙影與所指的星宿而得出：「要而言之，如堯時冬至星昴昏中則春分夏至秋分時鳥火虛三者不能昏中。吾人若信星昴爲不誤，則必置星鳥星火星虛而不顧，而此爲理論上所不許；則《堯典》四仲中星蓋殷末周初之現象也。」（竺可楨《論以歲差定尚書堯典四仲中星之年代》）除此之外，還有國外學

者也對四仲中星進行了時間上的測算：法國學者宋君榮（P.Gaubil）
算出它的年代爲西元前2796年至前2155年；另一位法國學者畢奧
（J.B.Biot）所得的結果是西元前2357年；日本學者新城新藏定其年
代爲西元前2500年±300年。[16]這些推斷的時間都比竺可楨推斷的時
間還要早，說明至遲到殷末周初，我國已經有四時之分，並將一個回
歸年定爲366天，通過設置閏月的方式調節年歲。

在通過制度來表達治國理想的儒家經典文獻《周禮》[17]中，也記
載了對於天象觀測的描述：

馮相氏掌十有二歲，十有二月，十有二辰，十日，二十有八星之
位，辨其敘事，以會天位。冬夏致日，春秋致月，以辨四時之敘。

《周禮·春官宗伯》

這便說明在周代，已經存在對於四時的認識，並組織相關人員進
行測定，這是節氣發展的重要過程。在天文、曆法發展的同時，逐漸
形成了比較具體的農時觀念。有學者將先秦之前的時令系統，劃分爲
四時時令系統和五行時令系統，認爲前者發源於西部部族，後者發源
於東部部族[18]，而前文所述的《尚書·堯典》便出於四時時令系統。
[19]隨著人們天文觀測和氣象測定能力的進一步提高，從四時的基礎上
逐漸形成了八節，即增添了「四立」：立春、立夏、立秋和立冬。從
主觀層面來講，「四立」較早確定的原因是：「立春、立夏、立秋和
立冬是春、夏、秋、冬每季的開始，有了它，其他的節氣就更易發展
和確立起來了。」（陸仁壽《二十四節氣》）從文本記載來看，四立
節氣也有呈現：

五年春，王正月辛亥朔，日南至。公既視朔，遂登觀台以望。而
書，禮也。凡分、至、啟、閉，必書云物，爲備故也。

《左傳·僖公五年》

這裡記載的是冬至（即「日南至」）這天，魯僖公太廟聽政之後登上觀台觀測天象並加以記載。其後所提「分、至、啓、閉」便是春分、秋分，夏至、冬至，立春、立夏，立秋、立冬，由此「八節」確立。《禮記・月令》中也有這八個節氣的名稱：立春、日夜分、立夏、日長至、立秋、日夜分、立冬、日短至。其中春分和秋分皆用「日夜分」代表，說明這一天晝夜平分[20]。

綜上所述，殷商之際是否有四時之分，尚待相關資料的進一步發現及研究，但是至遲到西周時期，春分、秋分、夏至、冬至便已經存在，隨之逐漸確定了立春、立夏、立秋和立冬，合稱「八節」。八節的確立是節氣形成過程中的重要環節，也表明至遲到春秋時期，二十四節氣的核心部分已經劃分完畢。四時八節是爲我國傳統的祭祀時令：「四時八節日，家家總哭聲。侍養不孝子，酒食祭先靈。」（王梵志《四時八節日》）《禮記・月令》雖被認定爲戰國時代的文獻，但其中所記載的天文曆法當是承繼夏商周而來，其對於節氣及其物候的記載，可以明顯地表達出時序對於政事、農事的規劃與安排[21]，這也是高度重視「時」與「政」關係的表現。從四時到八節的發展，也成爲後世時間的基本範本：「八節的時間模式，基本上表明了年度時間內的自然變化過程，後世人文性的節日在時間上，基本上沿襲四時八節這一時間框架。」（蕭放《天時與人時—民眾時間意識探源》）發展中的節氣，已然在天時的基礎之上，逐漸表現出與社會生活更多方面的密切聯繫。

三、定型期：二十四節氣

在「八節」的基礎之上，進一步發展成爲「二十四節氣」的歷史過程很難考證，但就其被文獻記載的情況大致可探究一二。

首先，關於二十四節氣其他內容的記載，始見於戰國時期的文獻《呂氏春秋》。《呂氏春秋》一書中已提到正式的節氣，此外書中還

記錄了其他與節氣劃定相關的內容，比如「孟春紀」中的「蟄蟲始振」，「仲夏紀」中的「小暑至」、「霜始降」等等，說明了節氣在完成了對於季節的劃定之後，開始向氣溫、雨量、物候等方面發展，最後才逐漸形成了二十四節氣。[22]

其次，關於完整的二十四節氣的記載，也見於被確定為戰國時期編撰的文獻《逸周書·時訓解》中，其中已經記有比較固定的二十四節氣名稱與序列[23]，其內容與現今流傳的二十四節氣稍有不同。《逸周書》今見版本經過數次亡逸與修訂，從漢代到宋代偽託和增補了很多內容，但是其中「雨水」條目後有注文曰「古雨水在驚蟄後，前漢末始易之」，這說明至少在西漢之前便已經出現了「驚蟄」和「雨水」的節氣。情況相似的還有《周髀算經》，經考證其部分內容也是後代修補，但其中所記二十四節氣與現今流傳的版本幾乎完全一致，唯有「驚蟄」仍為「啟蟄」[24]。有人因此考證《周髀算經》成書時代至遲不晚於西漢，而在此之前二十四節氣已經形成並基本固定。

最後，時間、內容都比較確定的關於二十四節氣的記載，主要見於西漢時期的文本文獻。《淮南子·天文訓》中對於二十四節氣的記載是比較公認的、沒有異議的，也是與現今流傳版本最為相近的文字資料，其中從「白露降」到「白露」，大致還能呈現出節氣發展變化的動態軌跡。此外，使用節氣注曆的發展，也清晰地印證了二十四節氣形成的過程：「從已發現的漢代曆譜來看，屬顓頊曆的臨沂元光元年（西元前134年）曆譜僅用冬至、夏至、立春、立秋四節氣注曆，太初改曆後開始用八節注曆，地節元年曆譜是已發現的漢代曆譜中，用八節注曆的最早實例。從元康三年（西元前63年）、居攝三年（西元8年）諸曆譜可知，太初曆一直沿用八節注曆。由敦煌遺書北魏太平真君十一年、十二年的隸屬來看，用全部二十四個節氣名稱注曆，至遲不會晚於南北朝時期。」（殷光明《從敦煌漢簡曆譜看太初曆的科學性和進步性》）

二十四節氣及其相關內容主要文本記載一覽表

《呂氏春秋》	《禮記》	《逸周書》	《周髀算經》	《淮南子》
立春	立春	立春	立春	立春
蟄蟲鹹動	蟄蟲鹹動	驚蟄	雨水	雨水
始雨水	始雨水	雨水	啟蟄	驚蟄
日夜分	日夜分	春分	春分	春分
時雨將降	時雨將降	穀雨	清明	清明
——	——	清明	穀雨	穀雨
立夏	立夏	立夏	立夏	立夏
——	——	小滿	小滿	小滿
命農勉作	命農勉作	芒種	芒種	芒種
日長至	日長至	夏至	夏至	夏至
小暑至	小暑至	小暑	小暑	小暑
土潤溽暑	土潤溽暑	大暑	大暑	大暑
立秋	立秋	立秋	立秋	立秋
涼風至	涼風至	處暑	處暑	處暑
白露降	白露降	白露	白露	白露
日夜分	日夜分	秋分	秋分	秋分
——	——	寒露	寒露	寒露
霜始降	霜始降	霜降	霜降	霜降
立冬	立冬	立冬	立冬	立冬
水始冰	水始冰	小雪	小雪	小雪
冰益壯	冰益壯	大雪	大雪	大雪

日短至	日短至	冬至	冬至	冬至
冰方盛	冰方盛	小寒	小寒	小寒
——	——	大寒	大寒	大寒

綜上所述，關於二十四節氣最終確定的時間，雖然確切的文字記載以漢代爲準，但是其可上推至戰國時期，即一般認爲在秦漢之前便已形成。而在從八節向二十四節氣的發展過程中，物候起到了極爲重要的作用。如前文所述，包含有古老的夏代曆法成分的《夏小正》即是一種物候曆，但由於其屬於月令系統，所以這裡的物候還多與月份進行勾連。到《呂氏春秋》的「十二紀」以及承襲於此的《禮記・月令》（即節氣發展到「四時八節」時段）中開始出現節氣與物候相交的記錄，仍與月令系統的「孟」、「仲」、「季」相關聯。後來隨著物候的進一步確定和豐富，直至《逸周書・時訓解》才出現正式以物候配節氣的記錄，其過程大致如下圖所示：

二十四節氣發展過程簡圖

如圖所示，二十四節氣在起源、發展到定型的過程中，與我國傳統的月令系統的變化以及自然物候知識的發展緊密關聯起來，遂使得月份、節氣和物候逐漸配合，成爲我國傳統曆法中的重要部分。

四、餘論

二十四節氣的起源過程，是我國古代天文物候、歲時曆法不斷變化和發展的過程，從星象測定到文字記載可以厘清其起源的大概脈絡，但是由於時間久遠、文本逸失等問題，想要確切地為二十四節氣的形成過程排出更為清晰的時間表，還有待於更多考古資料的發掘以及文本辨偽工作的推進。除此之外，從形而上的層面進行考量的話，二十四節氣本就與我國古代廣為流行的陰陽五行觀念有著密切的關係。西漢初期，二十四節氣定型以後，又在陰陽學說極盛的情況之下，呈現出了一種更新的面貌，也更加凸顯了其作為天時、農時與人時合而為一的時間刻度的文化內涵。

註釋

1　在現有研究之中，《二十四節氣形成年代考》是梳理得較爲明晰的一篇文章，其最後將二十四節氣的形成過程描述爲：『萌芽可能源於夏商時期，當時已能由測日影而定冬至、夏至，西周時期人們進一步測得春分、秋分。到了春秋時期，隨著測量水準的進一步提高，八節已經確立。戰國時期隨著二十四節氣天文定位的確定，二十四節氣已基本形成，並在秦漢之時趨於完善並定型。』本文受此啓發，但對於其中部分分期持不同觀點，並在此基礎之上補充了相關的其他文獻內容，以期更完整地呈現二十四節氣的形成脈絡，並做商榷。參見《二十四節氣形成年代考》，沈志忠撰，載《東南文化》2001年第1期，第53—56頁。

2　關於武丁時期卜辭的研究，詳見《殷虛卜辭綜述》，陳夢家著，中華書局，1988年版，第173—183頁。

3　關於通過大火確定春分、秋分的推斷，詳見《中國天文學史》，中國天文學史整理研究小組編，科學出版社，1981年版，第9—10頁。

4　關於甲骨文字的釋義參見《甲骨文字源》，黃慕鈞著，2007年版，第38—39頁。

5　關於這一點，詳見《殷虛卜辭綜述》，陳夢家著，中華書局，1988年版，第229—233頁。

6　關於這一點，董作賓、陳夢家都有相關討論，前者認爲商人曆法爲「年中置閏」，後者認爲是「年終置閏」，參見《20世紀中國歷史學回顧（中冊）》，《歷史研究》編輯部編，社會科學文獻出版社，2005年版，第659—660頁。

7　關於通過大火確定冬至、夏至的推斷，詳見《中國天文學史》，中國天文學史整理研究小組編，科學出版社，1981年版，第10頁。

8　張政烺、楊升南等人都持此觀點，前者認爲（某條卜辭）「是在六月即夏至月占卜的。等著過了五百四十七日半，到明年十二月的日短至（即冬至）丁亥這天，照卜兆行事，開始畎田。這條卜辭的卜日（干支）雖然缺失，推測當在庚辰，即夏至日」，參見《卜辭畎田及其相關諸問題》，張政烺撰，載《考古學報》1973年第1期，第98頁；後楊升南也

認同此説並詳加論述，參見《商代經濟史》，貴州人民出版社，1992年版。

9 董作賓、李亞農、溫少峰等人都持此觀點，具體内容參見《殷曆譜》，董作賓著，中國書店，1980年版；《殷代社會生活》，李亞農著，上海人民出版社，1955年版；《殷墟卜辭研究—科學技術篇》，溫少峰、袁庭棟著，四川省社會科學院出版社，1983年版。

10 此説爲蕭良瓊所證，出自《卜辭中的「立中」與商代的圭表測景》，轉自《中國古代天文學史略》，劉金沂、趙澄秋著，河北科學技術出版社，1990年版，第41頁。

11 關於《夏小正》的辨僞，可參見《上古授時儀式與儀式韻文—論〈夏小正〉的性質、時代及演變》，韓高年撰，載《文獻》2004年第4期，第99—111頁。

12 關於《夏小正》有「十二月太陽曆」和「十月太陽曆」兩種説法，持前者觀點是因爲今本《夏小正》中十一月、十二月記有少量的文字，而後者觀點是通過星象及與彝族曆法對比而得出的，詳見《論〈夏小正〉是十月太陽曆》，陳久金撰，載《自然科學史研究》第1卷第4期，第305—319頁。

13 關於《夏小正》裡的「啓蟄」即是節氣的這種説法，參見《中國天文學史》，中國天文學史整理研究小組編，科學出版社，1981年版，第94頁。

14 參見《歲、時起源初考》，于省吾撰，載《歷史研究》1961年第4期，第100—106頁。

15 參見《中國史綱·第一卷》，翦伯贊著，五十年代出版社，1944年版，第245—248頁。

16 這些資料來源於《中國恒星觀測史》，潘鼐著，學林出版社，1989年版，第5頁。

17 關於《周禮》的成書年代，歷代學者各抒己見，形成了西周説、春秋説、戰國説、兩漢説等多種觀點，其中尤以戰國説影響最大。參見《百年來〈周禮〉研究的回顧》，劉豐撰，載《湖南科技學院學報》2006年

第2期，第10—15頁。

18 關於這一點，詳見《中國上古歲時觀念論考》，蕭放撰，載《西北民族研究》2002年第2期，第85—96頁。

19 五行時令系統的節氣代表當爲《管子》中記載的「三十時節」，關於其劃分及與二十四節氣的關係也有學者進行討論。參見《〈管子〉三十時節與二十四節氣—再談〈玄宮〉和〈玄宮圖〉》，李零撰，載《管子學刊》1988年第2期，第18—24頁；《〈管子〉書中的「幼官」和有關節氣問題》，張富祥撰，載《民俗研究》2012年第5期，第33—40頁。

20 關於《禮記·月令》中記載的節氣，詳見《禮記集解》，〔清〕孫希旦，中華書局，1989年版，第399—505頁。

21 從這一點來說的話，《夏小正》和《禮記·月令》便是兩種不同的文體，前者更注重描繪，後者更注重教令，關於這一點的論述詳見《先秦月令文體研究》，林甸甸撰，載《北京師範大學學報（社會科學版）》2014年第4期，第66—75頁。

22 關於這一點，沈志忠認爲：「『十二紀』中明確作爲節氣名稱的只有八個：立春、春分（日夜分）、立夏、夏至（日長至）、立秋、秋分（日夜分）、立冬、冬至（日短至）……（其餘物候現象）嚴格說來不能論定爲節氣名稱。」此論可作進一步商討，節氣本來就是在動態中形成的，名稱未定但是不能忽略其發展的可能。詳見《二十四節氣形成年代考》注釋36，沈志忠撰，載《東南文化》2001年第1期，第56頁。

23 關於《逸周書》中的二十四節氣名稱與序列，詳見《逸周書集訓校釋》，朱右曾著，商務印書館，1937年版，第87—92頁。

24 從「啓蟄」到「驚蟄」的變化，與漢代的避諱相關。西元前157年，漢景帝劉啓接位，其後爲避諱其名而把啓蟄改爲驚蟄，從這一點來說的話，《逸周書》中尚記「驚蟄」，應該比《周髀算經》更晚。詳見《〈周髀算經〉成書年代考》，馮禮貴撰，載《古籍整理研究學刊》1986年第4期，第37—41頁。

農業社會的標準時間體系

　　節氣就是氣候變化的時間點。二十四節氣便是按照氣候的變化，把一年的時間平均分成二十四個節次，所以稱為二十四節氣。二十四節氣是我國傳統的天文知識與人文生活合一的文化技術，有著數千年的歷史。在二十四節氣起源與形成的過程中，天文、農耕和人事都起著不可或缺的重要作用。

一、天時：星象與日影

　　上古顓頊依據天文制定曆法，確定孟春為歲首，就是後世傳說的顓頊曆。從天文學發展的歷史來看，夏至和冬至分別是白天最長的一天和最短的一天，也可能是最早被劃定的節氣，這應與我國古代人們何時掌握測量日影的技術有關。立表測影當時在卜辭中被稱為「立中」，是在一塊平地的中央標誌點上立一根附有下垂物的杆子，在某些特定日子進行這種「立中」的儀式，目的在於通過對表影的觀測求方位、知時節。《周禮·地官司徒第二》中有關於土圭測日影的記載：「以土圭之法，測土深，正日景，以求地中。」《文選》中張衡《東京賦》：「土圭測景，不縮不盈。」其中李善注引鄭玄曰：「土，度也；縮，短也；盈，長也。謂圭長一尺五寸，夏至之日，豎八尺表，日中而度之，圭影正等，天當中也。」

　　這些均為對夏至日杆影長度的記錄，同我們現代測定的尺寸是一致的。

天文學家們對於商代可以測量冬至與夏至持樂觀的態度：「旦測南中以定冬至，約西元前2100年前後；昏測南中以正夏至，約西元前1000年前後（殷周之交）。」（《中國天文學史》）這種論斷自然是沒有可靠的考古或是文字資料可以佐證的，但有部分學者認為甲骨文中的皁、甲、中等字的本意都取自「立表測影」，這表示殷商時期已經可以通過這種辦法確定時刻和冬至與夏至兩個節氣。

上古時期，人們以太陽的視運動確定「日」，十日為一旬，而從現代對於二十四節氣的認識來看，其與太陽的關係更為密切。節氣的劃分以黃道為準，黃道是一年中太陽運行的視軌跡，即我們看到的太陽運行軌跡。地球公轉時環繞太陽的軌道成一個平面，這個平面叫作黃道平面，它與天空相切的線便是黃道。除了公轉，地球還要由西向東圍繞地軸進行自轉。地軸與黃道平面的夾角為66度34分，於是世界各地就有四季和晝夜長短的變化。

黃道之外，還有天赤道，是垂直於地球地軸把天球平分成南北兩半的大圓，理論上有無限長的半徑。相對於黃道平面，天赤道傾斜角為23度26分，是地軸傾斜的結果。黃道一年中會穿越天赤道兩次，一次是在春分，另一次是在秋分。由於在黃道上沒有明顯可以作為黃道經度0度的點，因此春分點被任意地指定為黃經0度的位置。春分這天，全球各地的晝夜都是十二個小時，「分」指的便是平分的意思。從這裡出發，每前進十五度就為一個節氣，從春分往下依次順延，清明、穀雨、立夏……。待運行一周後就又回到春分點，此為一個回歸年，合三百六十度，因此分為二十四個節氣。

上古社會，人們經歷了一段「寒暑不知年」的漫長時期，在與自然的長期接觸中也慢慢求索，逐漸發現了天時物候的週期變化。由於時代的變遷，天文物象的觀測技術也慢慢被掌握在特定的人群手中，天文被神聖化，時序成為神秘的上天的意志，因此有了「唯聖人知四時」的說法，認為只有通曉天命的人才能按照自然時序安排人事。

二、人時：四時與五行

中國傳統的思維模式主張「天人合一」，即強調人與自然的關係，追求人與自然的平衡與協調，《管子》中有：「故春仁，夏忠，秋急，冬閉，順天之時，約地之宜，忠人之和。」人類生存繁衍的基礎是自然，人與自然的關係是人們社會生活的核心問題。在與自然的互動關係中，人類既是受惠者，又是維護者與貢獻者。人類的生存發展及對自然的依賴和控制，要在人與自然具有良好的適應性前提下進行，這是人類社會可持續發展的本質之所在。

古時觀測天文氣象，掌握天時的重要目的即是「敬授人時」，依從時序安排人事活動。節氣最根本的文化特性當然是它的自然性，而它在古時最基本的功能是調整人與自然的關係，通過歲時節氣的確立使人們順應自然時序，以利於民眾生活。節氣是人們為適應自然而進行的文化創造，雖然在先秦時期人們對天時奉若神明，認為它從屬於天帝的意志，時序具有神聖不可逆轉的性質，但畢竟人們對自然運動的規律性有了初步的認識。

二分二至可以通過日影的測量來確定，四立的測定沒有那麼簡易直觀，它們需要依照冬至點來推算，並參考其他物候確定，於是有了「伏羲畫八卦」的神話：「伏羲始畫八卦，列八節而化天下。」（《屍子·卷下》）八節的確立是節氣形成過程中的重要環節，也表明至遲到春秋時期，二十四節氣的核心部分已經劃分完畢。北宋時期，有了「八節化二十四氣」的說法：「伏犧氏以木德王，天下之人未有室宅，未有水火之和，於是仰觀天文，俯察地理，始畫八卦，定天地之位，分陰陽之數，推列三光，建分八節，以交應氣，凡二十四，消息禍福，以制凶吉。」（《太平御覽》卷七十八）

自然界的變化、四季不同的氣候與人倫世界的生命和政治秩序聯繫起來，人事配合自然，祭祀時間也被賦予了深刻的文化內涵。上古時間觀念主要是以時令祭禮的形式出現的，節氣的意義主要在於它們與天時的對應：「禮書中記載的周代四時之祭祀當是春祠、夏礿、秋

嘗、多烝；而春礿、夏禘、秋嘗、冬烝則被漢、清兩代的學者看成夏殷之禮。」（劉源《商周祭祖禮研究》）人們依照四時的變化舉行祭禮，昊天掌握著時間，安排著人事的秩序，人們的活動必須順從天時：「故作大事，必順天時。」（《禮記・禮器》）

上古時期，除四時時令系統之外，還有五行時令系統：「先秦以前，中國大致有兩大時令系統：一種是四時時令系統；一是五行時令系統。二者有不同的文化淵源，前者發源於西方部族，後者起於東方部族。」（蕭放《天時與人時－民眾時間意識探源》）五行時令系統也強調人與自然的關係：「作立五行以正天時，五官以正人位，人與天調，然後天地之美生。」（《管子・五行》）該系統將木、火、土、金、水作爲一年五季的名稱，然後把三十節氣分配到各季之中，每季包括六個節氣。這種時令系統在後世的漢族地區不再流傳，但是與彝族的太陽曆或有著共同的淵源。

三、農時：節氣與物候

節氣最根本的特性是它的自然性，是依據自然變化規律而提煉出來的時間段落，先民生存在自然狀態中，對於季節氣候的變化更爲敏感。關於二十四節氣最終確定的時間，雖然確切的文字記載以漢代爲準，但是其可上推至戰國時期，即一般認爲在秦漢之前便已形成。而在從八節向二十四節氣的發展過程中，物候起到了極爲重要的作用。

上古時代，先民擁有相當豐富的節氣物候知識，這與農耕文化有著密切的關係。農民從事田間耕作，須時時留意自然環境的變化，尤其如草木榮枯、候鳥往返等具有指示意義的物候現象。《夏小正》是已知現存最早的有關物候的古代文獻，其中包含了「啓蟄」、「雁北向」、「田鼠出」等自然物候現象。《禮記・月令》中的物候記載與《夏小正》有著淵源關係，應該也是以農事活動爲中心的物候觀測與時序祭祀。

傳統農業遵循人與自然的協調與統一。農業生產實踐要針對農業

生產特點，遵照自然規律，協調農作物與外界環境條件的關係。這種思想貫穿於傳統農業的始終。二十四節氣通俗易懂地表明了一年四季氣溫、物候和雨量變化的不同，告訴人們根據節氣安排農業勞動。除四時八節以外，關於二十四節氣其他內容的記載，始見於戰國時期的文獻《呂氏春秋》。《呂氏春秋》一書中除已提到正式的節氣，還記錄了其他與節氣劃定相關的內容，比如「孟春紀」中的「蟄蟲始振」、「仲夏紀」中的「小暑至」、「霜始降」等等，說明了節氣在完成了對於季節的劃定之後，開始向氣溫、雨量、物候等方面發展，最後才逐漸形成了二十四節氣。

《逸周書・時訓解》中最早出現了七十二物候，只不過所有候應（氣候、動植物的變化）的原始資料皆出於《禮記・月令》，其將原本按月份記載的物候現象分佈到七十二物候之中，實現二十四節氣與七十二物候的勾連，如「清明之日桐始華，又五日田鼠化爲駕，又五日虹始見」。七十二物候編成後，其內容至今少有變動。二十四節氣充實爲七十二物候，每候有一定的候應，是古代曆法更進一步的發展。我們知道每個節氣是十五天左右，又可以分爲三候，即每五天是一候。物候最早起於秦朝，但當時節氣還在發展中，候應更多的是與「孟」、「仲」、「季」相對應。大約到了南北朝時，曆書裡開始載錄候應，自此經過數代都沿襲下來。時間、內容都比較確定的關於二十四節氣的記載，主要見於西漢時期的文本文獻。《淮南子・天文訓》中對於二十四節氣的記載，是比較公認的、沒有異議的，也是與現今流傳版本最爲相近的文字資料，其中「白露降」到「白露」大致還能呈現出節氣發展變化的動態軌跡。

漢武帝太初元年，由鄧平等人創制並施行的《太初曆》，是中國歷史上第一部較爲完整的陰陽曆。它第一次把立春、雨水、驚蟄、春分、清明、穀雨、立夏、小滿、芒種、夏至、小暑、大暑、立秋、處暑、白露、秋分、寒露、霜降、立冬、小雪、大雪、冬至、小寒、大寒共二十四個節氣確定下來。也從此時起，二十四節氣歷代沿用，指導農業生產不違農時，按節氣安排農活，進行播種、田間管理和收穫

等農事活動：

> 春雨驚春清穀天，夏滿芒夏二暑連。
> 秋處白秋寒霜降，冬雪雪冬小大寒。
> 每月兩節日期定，最多相差一二天。
> 上半年來六二一，下半年來八二三。
> 立春蠢動春意生，雨水春雨雨量增。
> 驚蟄春雨驚蟄物，春分春半晝夜平。
> 清明斷雪種瓜豆，穀雨斷雪雨利農。
> 立夏開始過熱天，小滿麥粒未長圓。
> 芒種麥收穀添種，夏至晝長到頂點。
> 小暑天熱還可忍，大暑炎熱汗如泉。
> 立秋植物快成熟，處暑暑天將結束。
>
> 白露天氣轉涼意，秋分日封赤道毒。
> 寒露水氣將凝住，霜降潤葉見霜無。
> 立冬作物已儲藏，小雪冬菜要收光。
> 大雪雪多做麥被，冬至數九夜最長。
> 小寒降溫冰雪地，大寒冷氣刺脊樑。
> （《中國歌謠集成·山東卷·節氣歌》）

　　二十四節氣是我國傳統天文曆法、自然物候與社會生活共同融合而創造的文化時間刻度。節氣是氣候變化的時間點，從遙遠的天體運行到身邊的生活勞動，每一個節氣都是人們對自然的感知和對生活的體認。從歷史發展的角度來看，節氣的起源時間較為久遠，但從文字記載的角度來看，可充分考證二十四節氣形成過程的文本文獻並不十分確鑿和充足。以現存的資料可大致梳理出：二十四節氣萌芽於夏商時期，兩分（春分和秋分）和兩至（冬至和夏至）為首先出現的節氣；發展於西周至春秋時期，開始由四時形成八節（加上立春、立

夏、立秋和立冬），最後定型於戰國至西漢時期，成爲與現今版本相近的二十四節氣。在二十四節氣的起源與發展過程中，人們既較多地依賴自然給予，通過時序規整自己的生產與生活，也相信時序與神靈有著密不可分的關係，視天命爲人事的前提條件。因此，時間系統體現出天時、人時與農時的合而爲一，也是節氣所表達出的最爲深刻的文化特徵。

多樣的風土，共用的時序：
廣西的二十四節氣文化

　　二十四節氣作為中國人通過觀察太陽周年運動而形成的時間知識體系及其實踐，是在漫長歷史過程中逐步產生的。《尚書・堯典》有關於「四仲中星」的記載，就是通過觀察四組恆星黃昏時在正南天空的出現情況來定季節，仲春、仲夏、仲秋、仲冬，即春分、夏至、秋分、冬至四個節氣。而據研究，「四仲中星」這項觀象授時的重要成果，至遲到商末周初已取得。雖然全部二十四節氣名稱在西漢初的《淮南子・天文訓》中才出現，但戰國末成書的《呂氏春秋》中，已記載有二十四節氣的大部分名稱。秦統一時開始廣為推行的顓頊曆，把曆元定在立春，也證明二十四節氣產生在秦統一全國之前。[1]

　　二十四節氣一直流傳至今，因為其與農業生產有密切關係。立春、春分、立夏、夏至、立秋、秋分、立冬、冬至反映四季的變化；雨水、穀雨、白露、寒露、霜降、小雪、大雪表徵雨量；驚蟄、清明、小滿、芒種有關農事。從命名可以看出，節氣的劃分充分考慮了季節、氣候、物候等自然現象的變化，展現著春夏秋冬四季的變化，寓意著「春種、夏長、秋收、冬藏」的節奏。[2]

　　二十四節氣起源於黃河流域，是以黃河流域的天文物候為依據的。春秋以前人們已用土圭測日影測定「四立」，分別表徵春、夏、秋、冬四季的開始，即立春、立夏、立秋、立冬，其農業意義為，全面概括了黃河中下游農業生產與氣候關係的全過程。[3]然而中國幅員

遼闊，地理條件複雜，各地氣候相差懸殊，四季長短不一，因此，「四立」反映黃河中下游四季分明的氣候特點，「立」的具體氣候意義卻不顯著，不能適用於全國各地。但是二十四節氣卻在傳承與擴展的過程中，不斷地與各地生產、生活規律相適應。雖然同樣的節氣在不同地域的物候不盡相同，但其對整體時間的劃分卻被廣泛接受，成為中華各地共用的時序。

廣西遠離黃河流域，有著大為不同的地形地勢、物產氣候，各地廣泛居住著各個民族，遵循不同的自然秩序，傳承不同的文化傳統，但是都一樣以二十四節氣為參考安排生產、生活，應時而動。

一、廣西風土與時序觀念

廣西壯族自治區地處祖國南疆，在北緯20°54′—26°26′、東經104°29′—112°04′之間，北回歸線橫貫中部，經過蒼梧—桂平—上林—那坡一線，是我國四個北回歸線貫穿的省區之一，屬低緯地區。廣西東至賀州市八步區南鄉金沙村，西達西林縣馬蚌鄉清水江村，北抵全州縣大西江鄉炎井村，南到北海市斜陽島，北接貴州、湖南，東南連廣東，西靠雲南，西南與越南社會主義共和國接壤。廣西大陸海岸線長達一千五百九十五公里，是唯一一地處沿海的自治區，屬中、南亞熱帶季風氣候，是中國季風氣候最明顯的地區之一。[4]廣西地形屬雲貴高原向東南沿海丘陵過渡地帶，具有周高中低、形似盆地，山地多、平原少，岩溶廣布、山水秀麗的獨特地形地貌特點。廣西地域遼闊，南北跨緯度約5.5°，直線距離約六百公里；東西跨經度約7.6°，直線距離約八百公里，因而氣候的地域差異明顯，南北不同，東西有別。南北溫差大，東西降水量和日照差異大。[5]

廣西古屬西甌、駱越故地。自秦代以來的兩千多年間，人口流動、民俗漸滲，新中國成立後，經過民族識別，有壯、漢、瑤、苗、侗、仫佬、毛南、回、京、彝、水、仡佬十二個民族。各民族交錯雜居，互相影響，形成了既有共性又有各自鮮明個性的民族風俗習慣。

據考古發現，距今八九千年至三四千年前，居住在廣西境內的古越人已開始農耕稻作，用有肩石斧、有段石錛、有柄石鏟進行農作，駕駛獨木舟、竹筏，結網捕魚，飼養豬、狗等家畜。兩千多年前，壯族先民就依據河水漲落規律耕種「駱田」。秦漢以後，尤其是明清時期，中原漢族不斷地遷入廣西，帶入先進的工具和技術，促進開發。農業生產一直是各族民眾主要的生產活動，並逐漸形成多種多樣的農事習俗。廣西絕大部分地區以種植水稻爲主，兼種豆麥、薯芋、果類、瓜蔬。桂西石山地區則以種植旱地作物爲主，除種植主要糧食作物玉米外，還多種植高粱、黍等。一些高寒山區則種植冷禾或糯禾。[6]

廣西各族先民很早的時候，就意識到太陽運行對農業生產的影響，但意識到一年有四季之分是在與漢文化有了接觸以後。「çin¹（春）、ha⁶（夏）、çou¹（秋）、toŋ¹（冬）的壯語讀音與古漢語讀音對應十分嚴整，可見兩者之間的密切聯繫。與四季變化關係最爲密切的，當是二十四節氣了」。二十四節氣的壯語讀法是：lap⁸çin¹（立春）、haɯ⁴θiː³（雨水）、kiŋ¹çik⁸（驚蟄）、çin¹fan¹（春分）、çiŋ¹miŋ²（清明）、kok⁷haɯ⁴（穀雨）、lap⁸ha⁶（立夏）、θiːu³muːn⁴（小滿）、muːŋ²çuŋ⁵（芒種）、ha⁶çi⁵（夏至）、θiːu³θaɯ⁵（小暑）、taːi⁶θaɯ⁵（大暑）、lap⁸çou¹（立秋）、çaɯ⁵θaɯ⁵（處暑）、peːk⁸lo⁶（白露）、çou¹fan¹（秋分）、haːn²lo⁶（寒露）、çuːŋ⁵kjaːŋ⁵（霜降）、lap⁸toŋ¹（立冬）、θiːu³θiːt⁷（小雪）、taːi⁶θiːt⁷（大雪）、toŋ¹çi⁵（冬至）、θiːu³haːn²（小寒）、taːi⁶haːn²（大寒）。從讀音來看，這也與古漢語嚴整對應。二十四節氣是黃河流域一帶的漢文化產物，吸收進壯語裡之後，它就跟壯族本地的氣候物候結合起來運用了。[7] 而廣西其他民族民眾也如此，以二十四節氣爲生產、生活的重要時序依據。

二、二十四節氣謠諺

廣西歷來是少數民族聚居之地，民眾能歌善舞，熱情飽滿，而歌

謠和諺語是這種生產、生活的激情與智慧的重要表達方式。

（一）民間歌謠中的二十四節氣

　　民間歌謠自然成文、淳樸優美，而廣西是民間歌謠的海洋，處處都有動人的歌聲，歌謠是民眾生活的重要組成部分。這些歌謠中有不少都與二十四節氣有關，有的是對民眾生產的知識指導，有的則在普及知識的同時抒發情感。壯族人喜愛唱山歌，傳授農業生產知識的有《十二個月農活歌》、《二十四節氣歌》、《時令農事歌》，還有專門的鋤地、插秧、種玉米、收割、探茶、馴牛等勞動歌。毛南族有《二十四節氣種植歌》，瑤族有《十二月歌》、《二十四節氣歌》。崇左地區的壯族廣泛流傳著《二十四節氣歌》，如江州區江州鎮、太平鎮一帶的《二十四節氣歌》[8]：

> 立春節氣最頭先，春寒未過還冷天；
> 多積肥料管好牛，冬種作物該收撿。
> 雨水氣溫漸回升，翻犁翻耙整田園；
> 種好玉米種花生，防止爛秧保苗全。
> 驚蟄突然變冷天，老牛最怕這一變；
> 體弱多病防寒冷，體壯也要多保健。
> 春分季節豔陽天，燕子銜泥回家園；
> 天氣逐日變溫暖，不冷不熱好耙田。
> 清明人人盼晴天，天氣晴朗兆豐年；
> 山清水秀秧苗壯，歌聲灑綠滿垌田。
> 穀雨布穀叫連天，不誤農時搶插田；
> 中耕玉米播黃豆，及時施肥早稻田。
> 立夏雨量正增添，田間管理要提前；
> 合理施肥勤排灌，水面不深又不淺。
> 小滿前後插中造，山塘水庫要加堅；
> 雨多病蟲蔓延快，邊除蟲害邊耘田。

芒種雨水漸增添，暴風雷雨壓滿天；
低窪作物要防澇，成熟玉米要收先。
夏至河水漲到邊，近水坡地要防淹；
早稻攻胎要抓緊，晚造插秧也提前。
小暑進入炎熱天，夏收夏種緊相連；
早稻成熟要搶收，避免稻穀變黴爛。
大暑日頭如火煎，邊收邊打邊犁田；
晚造玉米要搶種，花生急收在眼前。
立秋氣溫轉下降，晚造插秧要提前；
春爭時來秋爭分，秋種花生擇晴天。
處暑颱風暴雨多，防洪堤壩要加堅；
多種雜糧紅薯類，山塘蓄水備旱天。
白露秋風漸漸起，雨量漸少天氣變；
秋旱注意勤灌溉，施肥管好晚稻田。
秋分雲高多晴朗，難求暴風大雨天；
趕收蕎麥收花生，種植秋蔗爲明年。
寒露風吹樹葉黃，氣溫急速往下降；
晚稻保溫最重要，好比健人防風傷。
霜降秋高天氣爽，高粱紅熟橘子黃；
晚稻勾頭迎風擺，森林火災要提防。
立冬過後雨量少，冷風吹拂人身寒；
晚稻成熟要收割，曬乾風淨送進倉。
小雪收完莫要歇，冬翻冬種仍大忙；
麥豆油菜冬小麥，力爭三造多打糧。
大雪冬寒落冰霜，冬種作物要提防；
香蕉鳳梨木薯種，還要爲牛備草糧。
冬至狗肉水圓湯，日曬太陽要經常；
糖蔗榨季開始了，抓緊砍蔗運輸忙。
大寒過後是年關，掙錢買貨個個忙；

深耕改土多積肥，爭取明年翻兩番。

演唱者：于文仁

　　崇左地處廣西南端，氣候溫暖、濕潤，這首《二十四節氣歌》比較完整地道出了各個節氣的物候、農業生產特點等內容，簡單明瞭又充實可靠，是當地人農業生產的重要知識依據，同時也是我們瞭解崇左農耕習俗的重要資料。

　　而瑤族《二十四節氣歌》[9]則不僅傳達了物候和相關生產知識，更通過歌謠表達婚姻愛情觀，述說自己對愛情、家庭的渴望，另有一番情趣。

正月想妹是立春，立春雨水不調勻；
世上一男配一女，虧哥苦命打單身。
二月想妹是驚蟄，春分路上鬧沉沉；
人家有雙又有對，哥打單身難出門。
三月想妹是清明，穀雨到來把田耕；
出門望見人雙好，人雙搖動哥心生。
四月想妹是立夏，小滿禾苗垌上青；
滿天都下細蒙雨，無帽遮頭只望晴。
五月想妹是芒種，家家包粽滿村香；
節過端陽夏季到，望哥半人走路光。
六月想妹是小暑，最恨日頭大暑天；
天時熱熱哥心冷，冷落無雙大半年。
七月想妹是立秋，處暑禾苗勾了頭；
哥今好比鴨仔樣，鴨仔無娘跟水游。
八月想妹是白露，秋分雨水白如霜；
霜水流往眉毛下，眼前冷落好淒涼。
九月想妹是寒露，霜降北風冷颼颼；
人家有雙又有對，哥打單身到處遊。

十月想妹是立冬，小雪飛飛起北風；

家家捶布叮咚響，無人送布給哥縫。

十一月想妹是大雪，冬至房屋空又空；

黃鱔無鱗撞著雪，問妹如何過得冬。

十二月想妹是小寒，大寒雪上又加霜；

無枕無人雙足冷，收縮又是兩頭難。

（原存廣西金秀瑤族自治縣長峒鄉平道村韋公力家，曹廷偉等收集。）

（二）民間諺語中的二十四節氣

諺語是民眾口頭流傳的通俗而精闢的定型化語句，往往具有一定的認知和教育作用，廣西因二十四節氣而產生的農諺非常豐富，春夏秋冬每個季節都有。「二十四節氣是為了方便農事而制定的，事實上農民也都一直在根據它來安排生產活動。這一套天文知識進入壯族地區後，人們就更加容易掌握季節的變化規律了。人們知道冬至那天白天最短，夜間最長，而夏至那天則反過來。春分秋分那兩天是晝夜長短一樣，所以就有諺語：二月八月，日夜各半。春不分不暖，秋不分不涼。……春分在農曆二月，過了這個節氣，白天開始變長，天氣也漸漸變暖變熱。秋分在農曆八月裡，過了這個節氣，白天又開始變短，隨後天氣就變得涼爽起來。」（蒙元耀《壯族時空概念探微》）

以下以立春、立夏、立秋、立冬四個節氣的諺語為例。

「立春晴，春季雨水勻。」（宜州）「立春晴，百物成。」（貴港）「立春晴一日，耕田不費力。」（金秀、蒙山）「但求立春一日晴，薑瓜薯芋綠連連。」（桂平）「盡望立春晴一日，黃牛耕地不用力。」（橫縣）可見立春之日天晴預示著有利於莊稼生長。「立春有雷，春雨調勻。」（合浦）春雷表示氣候的調和。「立春晴，好年成；立春漏，水橫流。」（象州）「立春晴，好收成；立春漏，百日漚。」（武宣、柳江）「立春打霜百日旱。」（興業）「立春雪，有旱災。」（全州）「立春蒙黑四邊天，大雪紛紛是旱年。」（北流）

「立春水分渣，無雨旱得怕。」（桂平）而下雨則會影響年成，打霜、下雪更是糟糕。「立春丙丁遇大旱，壬癸就會水滔天。」（荔浦）這是以立春日期總結和預測天氣、收成。而即使是在祖國南疆，立春之時還是比較寒冷的，這種冷是在比較之中總結出來的：「年內立春春不冷，年後立春三月冷。」（上思）「正月立春二月寒。」（羅城）「立春不冷雨水寒。」（馬山）「立春暖，後期冷；立春冷，後期暖。」（荔浦）「立春一日，水熱三分。」（融安、德保）「立春冷，春天暖。」（宜州）「冷不過春頭，熱不過秋後。」（南寧）

「節到立夏，大水過壩。」（馬山、南寧）「四月立夏水添河，三月立夏河燒水。」（扶綏）立夏最鮮明的物候就是多雨，因此民眾也一定會根據經驗儘早地做好防汛的準備。而立夏下雨是很好的物象，表徵著豐收：「立夏無雨下，豐收是假話。」（武宣）而若是打雷則會影響降雨，以致影響收成：「雷落立夏垌，不用帶蓑衣。」（防城）

立秋忌諱打雷：「立秋響雷，穀子歉收；立冬響雷，凍死耕牛。」（三江）立秋忌刮東風，而喜南風，西風、北風皆主雨：「立秋吹東風，漁家肚皮空。立秋南風起，農民不愁食。立秋發西風，風暴來得凶。立秋吹西風，雨水一日落到晚。」而立秋下雨也被認為是好的，會豐收：「立秋有雨雨調勻。」（東興）「立秋下雨，糧菜俱豐。」（德保）「立秋有雨雨水足，立秋無雨天大旱。」（馬山）「立秋有雨秋秋有，立秋無雨半成收。」（扶綏、橫縣）「立秋愛雨，白露喜晴。」（德保）

立冬宜在靠前時段，晚了則不好：「冬在頭，穀滿筐；冬在中，娘賣米；冬在尾，賣油來換米。」（龍州）[10]

三、節氣習俗的地域性與民族性

二十四節氣中「四立」（立春、立夏、立秋、立冬）、「二分」

（春分、秋分）、「二至」（夏至、冬至），就是我們通常說的「四時八節」。圍繞四時八節等節氣時令，依據節氣的順序，傳統社會形成了系列的信仰與儀式活動。[11]廣西民眾依照二十四節氣安排生產、生活，也由此在各重要節氣形成了固定的特色習俗。以下以立春、清明、夏至、霜降、冬至為例。

（一）立春

廣西傳統水田耕作有開耕之俗，稱「開春」、「開犁」，是一年農事活動開始的標誌。各民族、各地區開耕的具體時間不定，儀式也不盡相同。但一般春節過後，立春之時即要開始，而此時黃河流域還處於封凍之中。

壯族「開耕」多在立春或春節期間舉行。屆時，擇一吉日，焚香犁上，以祈吉利。隨後牽牛扛犁下田，每塊田只犁一行，寓意新年農活輕鬆快捷。賀州壯族農戶有大年三十守夜、待次日早耕的習慣，謂之「一年之計在於春，一日之計在於晨」。巴馬壯族開犁以木棉花開為期。瑤族也有開春試犁的習俗。恭城一帶每到立春，縣官要親自試犁，昭示春耕開始，百姓不得怠慢、閒遊。山區瑤族立春上山砍竹，插到準備育秧的田裡，或到地裡挖上幾鋤，謂之「動春」。仫佬族立春前一日，由縣官到縣城東郊水田中試犁，各「冬頭」（冬組織的頭人）跟隨於後，象徵性地把穀種撒到田裡。各家各戶紛紛仿效舉行開土迎春儀式。「冬頭」在立春之日把剩下的穀種分給各戶，各戶焚香祭祖，牽牛到田裡犁三犁，把穀種撒到田裡，春耕生產便由此開始。[12]

（二）清明

雖然廣西有部分民族在三月三祭掃，但仍有不少民眾在清明節祭掃，把清明節稱為「掃墓節」、「掛紙節」、「拜山節」。民間掃祭方式有戶祭、族祭、聯宗祭祖。掃墓的祭品有肉類、香燭類、糖果煙酒類，還有有色糯米飯，又稱「烏飯」、「三色飯」、「五色飯」。

廣西侗族在清明節，用水熬一種當地人稱爲黃飯花的草，榨汁煮糯米飯，呈黃色，侗語稱此爲「醋糯飯」，用於祭祖，民眾當天也吃。廣西客家人清明節吃五色糯米飯，而此俗在嶺南瑤族、壯族中也極爲流行。

除此之外，各地還有一些特色食品用於清明祭掃。比如較爲普遍的生菜包，桂林的粉蒸肉，靈川的清明粑（糕），橫縣、興安的公雞血祭祖，融水的白頭婆艾糍粑，宜州、憑祥的黃花飯，北海的金豬等。祭掃當日，人們整修祖墳，擺上祭品，燒香化紙鳴炮，子孫依次在墓前祭拜。祭拜完畢，由長房子孫在墳頭壓一張紅紙作爲已祭標誌。隨後還要聚餐，離家近則回家，遠則在墳前席地宴飲，意謂與祖先同餐。[13]

三江高定村的侗族清明時要舉行大祭，全村人迎薩並到村頭的墳前祭祀。[14]廣西環江毛南族自治縣等地，清明節有趕陰圩的習俗，又稱「趕祖先圩」。毛南族民間認爲，人死後，清明時還要趕圩。因此陽間的人清明要去趕陰圩，否則，祖先靈魂得不到慰藉，就會回家來作祟，以致人畜不寧。因此清明天還未亮，全家就要去趕陰圩。陰圩的貨攤上有豬肉、糖、紙錢、香燭、清水盆。陰圩交易時，先扔錢到清水盆中，若錢浮在水面，表示祖先已來。人們便趕緊回家祭祖。出嫁的女兒也要帶著祭品，回娘家上墳。[15]

廣西清明節還有打秋千、放風箏的習俗。廣西壯族青少年喜愛打磨秋千，其形狀像一把去掉傘衣而撐開的傘架。人們在地上栽一根木椿（高出地面一公尺左右），將一塊中間挖有圓孔的長形橫板安裝在椿頂上，板面兩頭各坐一人，一同有節奏地用腳蹬地，使橫板和人在上面旋轉。

在快速旋轉的過程中，頭不暈目不眩的人會受到稱讚。[16]

（三）夏至

傳統社會夏至不僅是一個節氣，更是民間重要的節日，被稱爲「夏節」、「夏至節」。據《周禮・春官》記載：「以夏日至，致地

示物彪。」周代夏至祭神，意爲清除荒年、饑餓和死亡，以祈求消災年豐。清代之前，每到夏至都放假一天，宋朝時期百官還放假三天。廣西夏至之時天氣特別炎熱、濕溽，人們容易覺得困倦疲乏，因此非常重視飲食養生。俗話說「冬至餃子，夏至麵」，但廣西夏至卻有著聞名全國的特殊食俗—吃狗肉。廣西欽州、玉林等地區，夏至吃狗肉和荔枝。北方廣大地區在冬天吃狗肉是因爲狗肉屬熱性，冬天吃可以暖身抗寒，而在夏天吃則易上火，故而不食用。而在南方尤其是兩廣，傳統上則有夏天吃狗肉的習俗，故俗語有「夏至狗，無處走」的說法。嶺南雨水多，濕氣大，而狗肉被認爲能祛風濕和止痛，防治風濕。北方人喜吃黑狗，按中醫理論，黑狗肉強於補腎，食之身體強健。而南方人認爲夏季燥熱，食欲缺乏，極易損傷脾胃，而黃狗肉補脾胃，祛風除濕。[17]另外，這也與南方人冬病夏治的習俗有關，「吃了夏至狗，西風繞道走」，人們認爲夏至吃了狗肉，身體就能抵抗西風惡雨的入侵，少感冒，身體好。

（四）霜降

霜降是秋季的最後一個節氣，而在廣西西部、南部的壯族地區，霜降不僅是一個節氣，也是一個隆重的、富有特色的節日。壯族霜降節在每年陽曆10月24日左右舉行，已經有三百六十多年的歷史，主要流行於廣西大新、天等、德保、靖西、那坡等縣的壯族德靖土語地區。《歸順直隸州志》中關於霜降節的記載有：「前一日，州城各戶裏粽，謂之『迎霜粽』。節間燃燭燒香，供祖先，給小孩。四鄉亦作糯米糍，謂之『洗鐮』。推原其故，蓋幸登場事竣也。」而其作爲一個共用的節日，廣泛地影響了廣西南寧和崇左兩市、雲南省及越南高平省等地。這些地區非常重視霜降節，不亞於中國的傳統節日春節。壯族霜降節在壯語裡稱「旦那」（晚稻收割結束），其間勞作了一年的壯族民眾，用新糯米做成「糍那」、「迎霜粽」，招待親朋好友，並趁此走親訪友，對歌看戲，售賣農產品，購買生產生活用具，爲第二年的春耕做準備。

由於壯族地區多處特殊的地理位置，並傳承了久遠的土司文化，因此霜降節融入了土司文化、抗倭文化。相傳，壯族婦女岑玉音，英勇善戰，為保衛壯族民眾安定的生活，同丈夫許文英一起率兵抵禦外敵入侵，打敗敵人時，正值霜降日。為此人們歡慶三天並將其定為節日。又有傳說，料敵如神、用兵果斷的岑玉音，在霜降日率兵到廣東、福建沿海抗擊倭寇，威震東海。從此民眾便在霜降之時舉行祭祀活動，遂形成節日。[18]然而，史書並未記載許文英夫婦抗倭的事蹟，並且「婭莫」岑玉音的故事不只在大新縣下雷鎮流傳，在天等縣向都等地也有類似的傳說和祭祀儀式。[19]有學者認為這可能是抗倭女英雄瓦氏夫人的故事嫁接的結果。瓦氏夫人也姓岑，其出生地靖西那簽（現舊州）和下雷一樣，歷史上同屬鎮安府土州。[20]

2014年11月11日，壯族霜降節經國務院批准，被列入第四批國家級非物質文化遺產代表性擴展項目名錄。

（五）冬至

冬至在廣西是一個非常重要的日子，民間有「冬至大過年」之說。冬至這一天，廣西各地都有用米粽祭祖、饋贈親友的習俗。武鳴、南寧一帶，冬至之日出嫁的女兒要回娘家「吃冬」，但天黑前要趕回夫家，否則會被認為不吉利。鐘山、陽朔、上林、大新、三江等地冬至有集體祭拜宗祠、社公、土地公的風俗。桂林一帶冬至要打太平清醮。桂平等地的瑤族人民將冬至稱為「敬老節」，兒女們要在這一天向父母、老人、師長拜節並獻鞋帽襪子。貴港冬至要祭掃新墳，稱為「攔冬」。清陳芝誥就有詩描述此俗：「惆悵新墳土未開，泉台冬至不勝寒。一杯暖酒含愁奠，淚落如珠不忍彈。」

湯圓被認為象徵天圓，因此冬至吃湯圓寓意祭天。龍州地區將冬至稱為「湯圓節」，這天清早家家戶戶搓湯圓祭祖，然後全家分食，晚上還要辦酒席致祭，祭後舉行家宴。玉林、梧州的漢族人民要吃豆腐釀，德保等地的壯族人民吃南瓜飯，此兩種食物象徵宇宙伊始的混沌，寓意萬物開端，與北方冬至吃百味餛飩的寓意相同。此外，粽

子、沙糕、糍粑（又稱「多糍」或「大肚糍」）等也是冬至常見的食品。賓陽、龍州、那坡、扶綏等地的壯族、漢族人民，冬至要吃魚生。「冬至魚生，夏至狗肉」，人們認爲冬至雖是陰氣極盛之時，卻也是陽氣回升之始，宜吃性涼的魚生潤腸。廣西各地冬至這一天還醃製臘味食品，可以長期保存不變質。桂北有諺語「冬至臘肉不用鹽」，貴港等地還要在這一天釀冬酒。[21]

四、結語

廣西雖然地處祖國南疆，有著與黃河流域迥異的物候條件，但是在文化的交流過程中，各族民眾廣泛地接受了二十四節氣的時序安排，並因地制宜地對其內涵進行了調整。廣西各地各族廣爲流傳的民間歌謠、諺語中有大量二十四節氣的內容。二十四節氣是指導民眾生產、生活的重要標準，而後又不斷地豐富、積累，成爲農業生產不可或缺的知識系統。二十四節氣不僅僅是抽象的時間標準，還有著豐富的內涵，直接指導著民眾的農業生產和物候預測，是未雨綢繆的重要依據。另外，有些節氣還成爲重要的節日，衍生出複雜的信仰與儀式活動，成爲民俗生活的重要組成部分。二十四節氣作爲一種內容豐富的時序觀念，長期以來廣泛地影響著中國民眾的生產、生活。雖然祖國幅員遼闊，各地風土相異，但是應時而動的智慧卻是統一的。

註釋

1　此述參見白壽彝總主編，徐善辰、斯維至、楊釗主編：《中國通史3·第三卷·上古時代（上冊）》，上海人民出版社，2015年版，第478頁。

2　參見余耀東：《二十四節氣》，黃山書社，2012年版，第3頁。

3　參見余耀東：《二十四節氣》，黃山書社，2012年版，第8頁。

4　參見廣西壯族自治區氣候中心：《廣西氣候》，氣象出版社，2007年版，第1頁。

5　參見廣西壯族自治區氣候中心：《廣西氣候》，氣象出版社，2007年版，第1頁。

6　廣西壯族自治區地方誌編纂委員會：《廣西通志·民俗志》，廣西人民出版社，1992年版，第1頁。

7　相關內容參見蒙元耀：《壯族時空概念探微》，載《壯學首屆國際學術研討會論文集》，覃乃昌、岑賢安主編，廣西民族出版社，2004年版，第353頁。

8　載于譚先進：《崇左文化述要》，廣西人民出版社，2010年版，第527—528頁。

9　載於《中國少數民族社會歷史調查資料叢刊》修訂編輯委員會：《廣西瑤族社會歷史調查·7》，民族出版社，2009年版，第5—6頁。

10　本文所引諺語載於中國民間文學集成全國編輯委員會、中國民間文學集成廣西卷編輯委員會：《中國諺語集成·廣西卷》，中國ISBN中心，2008年版。

11　此述參見蕭放：《二十四節氣與民俗》，載《裝飾》2015年第1期，第12頁。

12　參見廣西壯族自治區地方誌編纂委員會：《廣西通志·民俗志》，廣西人民出版社，1992年版，第10頁。

13　參見張廷興等：《中華民俗一本全》，廣西人民出版社，2013年版，第51頁。

14　參見梁敏娟：《廣西三江縣高定村薩神初探》，載於《中國民俗傳承與

社會文化發展》，林繼富主編，中央民族大學出版社，2014年版，第
144頁。

15 參見鐵木爾·達瓦買提：《中國少數民族文化大辭典：中南、東南地區
卷》，民族出版社，1999年版，第101頁。

16 參見張廷興等：《中華民俗一本全》，廣西人民出版社，2013年版，第
54—55頁。

17 參見南朝君：《食療、營養與烹調》，中國醫藥科技出版社，2014年
版，第997頁。

18 參見李萬鵬，山曼：《中國民俗起源傳說辭典》，明天出版社，1992年
版，第26頁。

19 參見陳麗琴：《多學科視野下的壯族女性民俗文化研究》，民族出版
社，2013年版，第89頁。

20 參見許曉明：《壯族霜降節：迎霜粽香慶豐稔，趁圩歌揚念英雄》，載
《當代廣西》，2011年，第21期。

21 參見嶺南文化百科全書編纂委員會：《嶺南文化百科全書》，中國大百
科全書出版社，2006年版，第623頁。

自媒體環境中的二十四節氣傳播

　　「非物質文化遺產」是人類文化多樣性的熔爐，旨在增強對文化多樣性和人類創造力的尊重，從而達到相互欣賞的目的。保護非物質文化遺產是各國普遍的意願和共同關心的事項。在全球化與社會轉型進程中，非物質文化遺產面臨損壞乃至消失的嚴重威脅，在當下的世界語境裡，如何更好地保護與繼承人類共有的文化財富，是每個國家共同致力的方向。

　　聯合國《保護非物質文化遺產公約》中強調「提升人們，尤其是年輕一代對非物質文化遺產及其保護的重要意義的認識」是極為必要的。各締約國應竭力採取種種必要的手段，以使非物質文化遺產在社會中得到確認、尊重和弘揚，應向公眾，尤其是向青年進行宣傳和傳播信息。在《實施〈保護非物質文化遺產公約〉的業務指南》「提高對非物質文化遺產認識」章節中，還專門制定了「傳播與媒體」條款，從第110到115條特別指出：「媒體可以有效提高人們對非物質文化遺產重要性的認識。鼓勵媒體協力提高對非物質文化遺產作為促進社會和諧、可持續發展和預防沖突手段重要性的認識。」

　　截至2016年底，在世界非物質文化保護名錄上，中國已有三十九個項目，項目總數位居世界第一。其中，人類非物質文化遺產代表作名錄三十一項，急需保護的非物質文化遺產名錄七項，非物質文化遺產優秀實踐名冊一項。2016年11月30日，中國申報的「二十四節氣—中國人通過觀察太陽周年運動而形成的時間知識體系及其實踐」，成為最新列入聯合國教科文組織人類非物質文化遺產代表作名錄的專

案。「二十四節氣」凝聚著中國古人與自然和諧相處的智慧和創造力，體現了中國人尊重自然、順應自然規律和適應可持續發展的理念，這一項目真正體現了每一位中國人的實踐與傳承職責。

在擁有如此眾多遺產資源的中國，如何行之有效地將遺產知識進行傳播，提升大眾的自覺意識以及實現傳統文化的復興，值得深思。本文試從近年來一直於自媒體傳播中實踐的案例一二十四節氣入手，探詢其傳播表像、路徑、內容與特質，以此說明在飛速發展的新媒體時代，非物質文化遺產保護完全可借力於自媒體傳播，達到增進國民認同感，增強社會凝聚力與向心力，構建和諧社會，於新時代充分發揮優秀傳統文化價值的功用。

一、自媒體是非物質文化遺產知識傳播的全新思路

（一）自媒體定義及傳播特點

「自媒體」（We Media），是一種區別於「傳統媒體」的傳播生態，又稱「公民媒體」或「個人媒體」，是指私人化、平民化、普泛化、自主化的傳播者以現代化、電子化的手段，向不特定的大多數或者特定的單個人傳遞規範性及非規範性信息的新媒體的總稱。自媒體平臺主要包括博客、微博、微信、新聞用戶端、論壇／BBS等。此定義由美國的謝因波曼與克里斯威理斯兩位學者在他們的《自媒體研究報告》中提出，謝因波曼與克里斯威理斯在報告中稱，「自媒體是大眾經由數位科技強化，並與全球知識體系相連之後，一種開始理解大眾如何提供與分享自身的事實、信心及新聞的途徑。這一概念涵蓋技術（數位科技）、知識（知識體系）、自我認識（提供與分享自身）三個內容，並揭示出它們之間的關係」。[1]

媒介與傳播技術的融合，使網路和智慧手機擁有海量信息、交互性、超時空、超文字等特性，形成一種新型傳播模式。隨著信息技術的發展與信息化程度的提高，BBS（Bulletin Board System 電子佈告欄系統）、Pod-casting（播客）、Blog（博客）和 MicroBlog／

Weibo（微博）、SNS（SocialNetworking Services 社交網路服務）、Group Message（手機群發）等一系列普通大眾提供與分享他們本身的事實、新聞的途徑的「自媒體」平臺大量湧現，自主化的傳播者們通過這些平臺隨時隨地用文字、聲音或圖像在互聯網上傳播信息，信息被自由的傳播者隨意地傳播，影響力迅速攀升。自媒體傳播的顯著特徵集中表現在以下幾方面：（1）傳播個體化。自媒體使用者個人可以就是信息編寫者、發佈者、傳播者，即時發佈增強了交互性。（2）內容多樣化。涵蓋社會生活各方面，可分為用戶原創內容（如原創博文）和轉發內容（來自互聯網，也可通過超文字連結進入互聯網龐大而多彩的信息世界）。（3）方式多元化。改變了傳統的溝通和交流方式，例如，聲音、圖像、視頻等信息是自媒體傳播的亮點與核心競爭力。（4）功能設計人性化。全方位、立體化的社交平臺，例如，微信不斷推出適用於遠距離陌生人交際圈的諸多功能，如搖一搖、漂流瓶、LBS定位、二維碼等。（5）傳播目標精準化。依靠平臺，增加用戶黏度，特定的朋友圈以及微信公眾號是精準行銷傳播的重要平臺。

　　與傳統的印刷與廣電媒體相比，自媒體消解了符號權力，打破了意識形態與商業資本等力量的傳播壟斷，實現了人際自主交流、共用、娛樂和學習。自媒體具有用戶黏性大、傳播影響力大、覆蓋範圍廣、傳播速度快等特點，利用自媒體自身優勢以及其快速興起與發展的趨勢，無疑可為非遺知識以及中華傳統文化的普及和傳播提供一種全新的思路。

（二）「認同理論」與「強弱連接理論」

　　自媒體改變了行之多年的新聞傳播模式，以往媒體機構由上至下傳播新聞給受眾的「廣播」（Broadcast）模式，已經開始演變為傳播者與受眾隨時改變角色的點對點（Peer to Peer）傳播模式，也就是「互播」。社會網路（Social Network）的傳播，即是一種平等的互動傳播。英國文化研究者斯圖爾特‧霍爾（Stuart Hall）的「社會學

主體」認同理論主張，人的自我認同是在與世界互動中產生的，認同是連接自我與世界的橋樑，將個人通過文化、情感、信仰的共用嵌入社會結構之中。自我建構與文化共同體之間，一方面自我的形成離不開文化共同體的影響；另一方面文化共同體的產生是自我意識集體呈現的結果。[2]基於網路技術的微博和微信等自媒體傳播，使分散的個體從自身訴求出發，主動尋找具有共同文化訴求的群體圈子，也使原本通過地緣關係、血緣關係、學緣關係、宗教信仰、大眾傳媒等形成的地域、民族、國家等共同體產生鬆動和分化，將歷時性的文化記憶置換成共時性的全球文化體驗。基於此點，自媒體構建的認同與非遺文化傳播的要求不謀而合。

美國著名社會學家馬克・格蘭諾維特（Mark Granovetter）提出的「強弱關係理論」，也可以為強勢的自媒體傳播提供理論支撐。他將人際關係分為「強連接」與「弱連接」。「強連接」指的是人類在傳統社會中接觸最頻繁的「熟人關係」，如父母、同事、朋友等。這是一種十分穩定然而傳播範圍有限的社會認知，對於以微信為代表的自媒體而言，其主要功能流通於熟人關係圈中，可以說，微信傳播是基於「強連接」關係的產物。「強連接」關係通常代表著行動者彼此之間具有親密的互動關係形態，並持有相似的態度，社交雙方互動的頻率也會更高。

而另外一類基於廣泛社會關係的相對膚淺的社會認知，例如廣播裡被提及的人，這樣的社會關係被稱為是「弱連接」。有趣的是，與一個人的工作和事業關係最密切的社會關係並不是「強連接」，而往往是「弱連接」。「弱連接」雖然不如「強連接」那樣堅固，卻有著極快的、可能具有低成本和高效能的傳播效率。「強連接」中，親朋好友圈裡的人可能相互熟識，在此類圈子中，他人提供的交流信息可能是冗餘的，因為最親近的朋友生活圈子具有相似性，生活的大部分是重合的。比如，我從朋友或親戚這裡聽到的，可能早已經在另一個朋友或親戚那裡聽說了，而他們之間也都相互交談過此話題，日常生活中不乏這樣的事例。而那些久不見面的或是生活圈之外的人，他

們可能掌握了更多你所不瞭解的情況。「弱連接」在我們與外界交流時發揮關鍵的作用，為了獲取新信息，我們更需要「弱連接」所帶來的陌生信息。正是這些「微弱關係」的存在，為信息抵達不同的圈子搭建了橋樑，信息才能在不同的圈子中流傳，「弱連接」的威力正在於此。微信媒體訂閱號和自媒體帳號功能正是提供了這樣一種「弱連接」。因此，並非人人對非遺熟知瞭解，利用好訂閱號和自媒體功能等點對面的大眾傳播條件，也是擴大非遺知識與傳統文化輻射範圍和影響力的良好途徑。

（三）中國自媒體發展情況

中國互聯網路信息中心發佈的調查報告顯示，2013年全國即時通信（如微信）、微博或其他社交網路的使用率分別為86.2%、45.5%和45%。截至2014年10月，我國手機用戶達十二億，線民數量達到六·三億，微博微信用戶達五億，每天信息發送量超過兩百億條。2016年11月騰訊公佈第三季度及中期業績報告，內容顯示到報告發佈時止，微信與WeChat（微信海外版）合併月活躍用戶數已經達到了8.46億，同比增長30%。效果廣告收入增長達83%，數額更是達到了43.68億元，這些收入主要來自微信公眾號、微信朋友圈。

在最具代表性的自媒體平臺中，微信公眾號用戶群數量最大，是用戶打發碎片化時間的主要閱讀平臺，也是企業品牌的第一自媒體、自助服務媒體。「今日頭條」擁有四億的用戶群體，每日有四千萬活躍用戶，具有信息權威影響廣泛的特點。（截至2016年2月）「搜狐自媒體」原創優質文章能獲得大量流量，主要因為「搜狐自媒體」是百度的新聞源。騰訊開發媒體平臺（企鵝媒體平臺）、「一點信息」自媒體平臺、UC自媒體平臺等，都具有較大的影響力。

騰訊的《2016年微信用戶資料報告》對微信使用者使用情況也做了深入分析：超過九成微信使用者每天都會使用微信，半數用戶每天使用微信超過一小時。擁有兩百位以上好友的微信用戶占比最高，61.4%的用戶每次打開微信必刷「朋友圈」。35.8%的微信讀書用

戶，提升了自己的閱讀量。社交網路成為第二大新聞管道，滲透率超過電腦加上電視。促成用戶微信分享新聞的三要素為：價值，趣味，感動。泛媒體類公眾號比例最高，超過四分之一。對微信企業運營者的調研顯示，傳統製造業占比最高。

基於短時間內自媒體資料增長之驚人，覆蓋範圍之廣，平臺用戶之活躍，已證實「自媒體」的時代已然到來且成為傳統媒介的挑戰。這是不可抗拒的新勢力。非遺保護借力於自媒體傳播是全新的發展思路。

二、自媒體環境中的二十四節氣傳播路徑與表現舉隅

（一）二十四節氣概述

「春雨驚春清穀天，夏滿芒夏暑相連。秋處露秋寒霜降，冬雪雪冬小大寒。」二十四節氣起初只是作為一種曆法指導農耕，如今已經演化為中華民族的一種文化時間，凝結著中華民族的智慧，是實踐著的真理，不僅規範著民眾的行為，而且啟迪了大眾的思想。歷經數千年的世代傳承，二十四節氣儼然是一座巨大的文化資源寶庫，蘊含著大量的歷史傳說、節令飲食和養生文化、節俗慶典以及豐富多彩的民俗生活，豐富著中國人的精神文化生活，成為中華傳統文化的重要組成部分。2006年5月，二十四節氣成功列入國家級非物質文化遺產名錄，並於2016年11月列入世界非物質文化遺產代表作名錄。

有關節氣記載的最早文獻記錄見於《尚書·堯典》：「日中，星鳥，以殷仲春。……日永，星火，以正仲夏。……宵中，星虛，以殷仲秋。……日短，星昴，以正仲冬。」據研究，「日中」、「日永」、「宵中」、「日短」分別相當於春分、夏至、秋分、冬至。至遲在戰國時代，二十四節氣的天文定位已經確立，並且有了節氣、中氣之分。《逸周書·時訓解》有完整的二十四節氣的排列。傳世文獻中最早完整記載二十四節氣名稱的是西漢的《淮南子·天文訓》，分別為：冬至、小寒、大寒、立春、雨水、驚蟄、春分、清明、穀雨、

立夏、小滿、芒種、夏至、小暑、大暑、立秋、處暑、白露、秋分、寒露、霜降、立冬、小雪、大雪。[3]它和現在通用的二十四節氣名稱和次序完全相同。也就是說最遲到西漢時期，二十四節氣已經形成，二十四節氣的名稱已經確定下來，並且至今未變。在歷史的長河中，經過朝代的更迭、社會的變革，二十四節氣從古人把握農作物生長時間、認知自我生命規律、觀測動植物生長活動規律的文化技術，演變成如今中華民族共同的文化時間。

　　然而，隨著經濟全球化進程的不斷加快，中西方文化和價值觀的交撞成爲常態，加之我國經濟建設中某些急功近利的思想的影響，不少國人過激地將西方價值觀念凌駕於中國傳統價值觀念之上，否定中華五千年文明，拋棄優秀傳統文化傳承，諸如二十四節氣之類的傳統文化，被貼上了應被淘汰的舊知識標籤。顧炎武曾在《日知錄‧卷三十》中說：「三代以上，人人皆知天文。『七月流火』，農夫之辭也；『三星在天』，婦人之語也；『月離於畢』，戍卒之作也；『龍尾伏晨』，兒童之謠也。後世文人學士，有問之而茫然不知者矣。」對明朝國人不瞭解傳統文化知識的種種現象，大有針砭之意。推及至今，年輕的一代熱衷於過洋節、吃西餐，追求物質與快速消費，對本國傳統文化一問三不知的情形愈發嚴重，長此以往，丟棄了中國文化的「根本」，「家」、「國」概念薄弱，危險性顯而易見。

（二）自媒體中二十四節氣的傳播內容

　　自媒體傳播以微信、微博爲代表，微信中二十四節氣的傳播主要有朋友圈分享、原創文章發佈與轉載、公眾號（企業與個人）推送等；微博推送的形式更細，分爲原創、視頻、文章、圖片、音樂等。傳播內容主要集中在以下幾類：

1.二十四節氣天文曆法與自然、農事知識

　　推送的內容主要爲二十四節氣的知識體系構成、由來、形成歷史以及相關天文、自然與農事知識。如：「在東漢的《四民月令》和北魏的《齊民要術》中，就記錄了人們依據節氣來進行農業生產的耕、

種、收，節氣成為我國農業生產的重要依據。」、「清明忙種麥，穀雨種大田。……芒種開了鏟，夏至不納棉……立秋忙打靛，處暑動刀鐮……這些諺語描述了根據節氣來制定合理的農事活動安排才能達到預期效果，這對現代農業生產仍有參考借鑒意義。」此外，還有大量博文、微信文章是描寫不同節氣特徵的，如：「春分，今日晝夜均，寒暑平……盛春花宴，百花濃重，緋櫻繽紛，遍地金黃，酡茶滿樹，青柳垂風，一派姹紫嫣紅……」以及物候的描述介紹：「小寒時節，一候雁北鄉，二候鵲始巢，三候雉始雊……」通過文章與信息的複製與擴散，人們對於二十四節氣的基本知識體系會有一定的掌握與瞭解。

2.中醫養生保健、飲食文化

推送內容主要為順應氣候變化，關注個人保健養生，進行相宜的體育鍛煉等。例如介紹中醫原理「治未病」，「養生保健」離不開順應時序的博文：「《黃帝內經》中詳盡地講到了時間物候與人體生理、病理以及養生的關係，這些因素的關聯往往以二十四節氣時令物候的獨特形式聯繫起來。」還有養生類公眾號與美食平臺推送的時令養生美食，如：「『小暑黃鱔賽人參』，到了小暑節氣，很多家庭都會以黃鱔入菜。小暑時，食用具有溫補作用的黃鱔，可調節臟腑，冬季便能最大限度地減少這些疾病的發作。」、「大暑吃羊肉，處暑吃西瓜，小寒吃糯米……祖先們堅持在各種節氣之際食用特定食品，以達到保健養生的目的。」在幅員遼闊的中華大地，南北時令美食也不盡相同，通過自媒體用戶的分享，每一節氣的時令美食，均會以美圖以及大量評論的形式出現。這些與日常生活緊密相關的點滴，緊扣時下注重養生保健的理念，此類文章關注度高、點擊數量多，是極受歡迎的傳播內容。此外還有相關的養生體育運動指導等。

3.時間節點與節俗慶典、民俗活動

在相應的時間節點推送各種時令節俗與慶典的歷史淵源與典故。例如：「立春之日，天子親率三公、九卿、諸侯、大夫，以迎春於東郊。立夏之日，天子親率三公、九卿、大夫，以迎夏於南郊。立秋之

日，天子親率三公、九卿、諸侯、大夫，以迎秋於西郊。立冬之日，天子親率三公、九卿、大夫，以迎冬於北郊。」配有大量圖文與視頻，以介紹各地民間節慶活動，如：「春季民俗活動『迎春接福』中的祭祖儀式；大暑前後，台州一帶送『大暑船』下海的海神祭奠儀式等；夏季，人們舉行『祭龍』儀式，划龍舟以禳災祈年，以祈盼農事活動順利進行；白露時節，太湖人祭禹王，祈求禹王佑護他們的美好生活；立冬吃餃子時要先敬土地神，感謝他在秋天裡慷慨地給予；寒露，則露水增多，北方人便會知曉已至深秋，紛紛登高遊玩。」中華大地南北風俗迥異，精彩紛呈，人們在節慶的同時，也關注了其他場域的節俗活動，加上平臺上的即時互動，在問答與對比之中，收穫不同的生活知識。這具有十分積極的傳播價值。

4.詩意生活與美學生活知識

越來越多的藝術形式與二十四節氣融合，為我們的日常生活提供美學的參照。推送內容主要體現在：（1）詩歌、文學作品與傳說故事。歷代文人創作了大量與二十四節氣有關的詩詞作品並流傳至今。如「《詩經》中《七月》展現了古代農民在一年二十四節氣變化過程中的農事活動，『無衣無褐』展現多日生活，『春日載陽，有鳴倉庚』展現了春天萬物復甦」；又如：「唐代韓翃的《寒食》，『春城無處不飛花，寒食東風御柳斜。日暮漢宮傳蠟燭，輕煙散入五侯家』展現了清明寒食間的歷史場景。」通過對每一時令主題詩歌作品的搜集、整理以及推送，公眾完成了一個對文學作品從陌生到熟悉再到推廣的自主性學習過程。無論對於二十四節氣本身還是文學作品，自媒體的傳播都起到事半功倍的作用。（2）宣傳弘揚與二十四節氣相關的音樂作品。自媒體平臺交互海量音訊與視頻，推送古老的節氣歌以及新創作的各類節氣音樂作品，形式多樣。如民間歌手的節氣民謠頌唱，還有民族樂團的節氣音樂會，特別是傳統樂器—古琴演奏的曲目，讓人感受音樂作品中的時令之美。（3）與攝影、美術、藝術相關的節氣作品。如網路紅人青簡的個人公眾號主推個人攝影作品。青簡是較早關注節氣主題的博主，其圖文被大量轉載，粉絲多達

十五萬。還有插花師在不同節氣推出的插花作品，以二十四節氣與茶道融合而推出的時令茶席等，使得中國傳統藝術形式也借助傳播之勢而不再遙遠，變得觸手可及。（4）與二十四節氣相關的傳統手工技藝類。傳統生產工具、生活器具、工藝品、服飾等紛紛被挖掘並呈現出來，多種形式的二十四節氣文創產品湧現，如「節氣書籤」、「節氣筆記本」、「節氣繪本」等。正是這些自媒體的多元解讀，使得二十四節氣與現代文化藝術融合，形式更為多樣，與時代共同發展。

5.與節氣相關的企業產品

二十四節氣的傳播，對於企業更是意味著無限商機。與二十四節氣相關的金融產品、投資理財、商業促銷活動不勝枚舉。如：某知名電商平臺的全年促銷活動，便是緊扣著二十四氣相關節令及假日安排進行的。每一個特殊的時間節點，對於電商平臺來說，就是一場沒有硝煙的戰爭，而對於消費者來說，則是一個又一個的狂歡日，由此產生的交易額令人驚詫。還有金融機構創新推出的「二十四節氣」網購行銷，吸引了不少知名電商平臺參與活動。

總之，從自媒體傳播所包含的種種內容與表現上看，二十四節氣滲透到人們的日常起居、生產活動、禮儀、信仰、節日、集會以及民間工藝、民間藝術等方方面面，表達了中華民族對美好生活的寄寓，體現了人們日常生活、娛樂中趨利避害的精神追求和精神寄託。雖然時代發展早已遠離了農耕生活語境，但在自媒體環境中，二十四節氣從無數微不足道的個體記錄中，以一個個微觀的視角，真實反映出二十四節氣體系隨時代而演變的生命力。特別是當所有信息碎片聚集在一起時，就會構成一幅宏大而豐富的節氣圖景，反映出這一特殊的文化時間體系，是如何真實而深刻地影響著人們的日常生活以及思維方式的。作為時間的踐行者與傳播者，二十四節氣就是要用有形、有聲、有色的活動，來讓人們度過無形、無色、無聲的時間。

三、如何更好地利用自媒體做好非遺以及傳統文化的傳播

　　基於對自媒體的傳播特質，以及對於二十四節氣在自媒體傳播中的表現的分析，我們看到在全新的傳播生態中，自媒體與非物質文化遺產保護以及傳統文化，是有著良好契合基礎的。如何更好地利用新媒體以促進更好的文化交流與傳播，筆者認為應從以下幾方面考量：

（一）佔領移動社交陣地，人人可做非遺保護與傳統文化的傳播使者

　　在傳統媒體時代，媒體所傳播的信息大多代表了官方的意志，是一種「自上而下」的傳播，有時官方發聲並不容易被大眾所接受。而博客、微信記錄的更多是普通民眾個人的真情實感與經驗教訓，易產生共鳴，取得信任，這在某種程度上是對傳統媒體的補足。根據博客、微博、微信、網路論壇等平臺的社交特徵，自媒體為個人提供了信息生產、積累、共用、傳播的獨立空間，使得一人面向多數人的、內容兼具私密性和公開性的符號傳播得以實現，並將彼此的即時互動回饋循環進行。在二十四節氣的傳播中，自媒體使用者多利用超文字連結、網路互動、動態更新，將差不多半月一節氣自動設為生活時間座標，將自己對時間的感悟、思想歷程、靈感閃現等及時記錄並即時發佈，利用獨具特性的個人表達來以文會友，並通過結識與會聚朋友，在擴大自己的網路社交圈的同時，也將非遺知識與保護意識最大限度地擴散，取得與傳統媒介不同的傳播效果。加上智慧手機的普及應用，更是強化了自媒體的參與性和互動性，擴大了人際傳播網路，使得使用者對於自我的建構更為自由、主動和豐富。正是有了絕大多數普通百姓的真切的喜愛，並以人人都是傳播者、踐行者為前提，非遺保護與傳統文化才能以更多群眾喜聞樂見的形式得以普及、繼承和發展。

（二）發揮專業學術研究機構與團體的力量，提高自媒體平臺文化影響力

在自媒體個性化傳播的同時，我們也必須注意到，伴隨自媒體暫態性、碎片性的傳播方式，對非遺知識的簡化、解構、速食性消費以及娛樂化傾向，勢必會引發錯誤的解讀並影響非遺保護的正確傳播。將非遺保護以及傳統文化過度娛樂化，其嚴肅性、科學性與正確性自然會大打折扣，影響文化傳播的真正效果。所以我們急需具有專業知識的團隊，在自媒體平臺的有效傳播上佔據主導地位，編創正能量、高品質的文章，做到信息全面、資料可靠、研究科學，以供自媒體用戶閱讀並複製，為傳播起到積極的推進作用。一是要讓具有影響力的公眾人物、自媒體人或是實名認證的權威用戶（俗稱「大V」）發揮引領作用，利用他們自身作為公眾人物的影響力，來對粉絲群造成潛移默化的影響，使之成為非遺保護以及傳統文化「口口相傳」的主力軍。二是要充分利用專家學者的學術研究成果。他們的文章選題具有針對性，邏輯嚴密，資料翔實，內容有深度，具有極強的學理性與啟發性。應充分利用專家學者的氣質風格來提高自媒體用戶的閱讀與接受能力。三是要讓專業院校與研究機構打造自己的自媒體平臺，如民俗學論壇、北師大民俗學，都建立了學術公眾號來增加非遺與傳統文化愛好者或粉絲。做好人才培養，加強文化人才隊伍建設和融合，發揮專業學術研究機構與團體的力量，才能提高自媒體平臺文化影響力。

（三）打造好互動平臺，設計數位交互App，提高娛樂性與關注度

要充分利用自媒體技術，設計開發優秀的App應用軟體來推廣非遺的傳播領域，增強非遺知識的應用性。App軟體基於移動端的隨時隨身性、互動性等特點，易通過微博、SNS等方式分享和傳播，快速實現裂變式增長，特別是整合了LBS（Location Based Service，基於位置服務）、QR（Quick Responce，快速反應）、AR（Augmented

Reality，增強現實）等新技術之後，能帶給用戶前所未有的體驗。相比傳統行銷手段，其成本也更低，更重要的是App通過新技術運用以及資料分析，可實現精準定位企業目標使用者，商機無限。

例如已上架的數款二十四節氣的App，有的捆綁日曆，適時推送相關二十四節氣知識，也有許多以主題形式設計的互動式App，涵蓋養生、食品、旅遊、節俗、文學等諸多方面，風格多樣。其內容豐富，圖文並茂，更有音樂、視頻、遊戲等多種形式，體現了《實施〈保護非物質文化遺產公約〉的業務指南》中「鼓勵媒體主要通過製作針對不同目標群體的專門節目和產品，在提高大眾對非物質文化遺產表現和表達方式多樣性的認識方面做出貢獻。鼓勵信息技術機構主要通過製作針對青年人的互動節目和遊戲，推動信息的互動交流，強化非物質文化遺產的非正規傳播手段」之條款精神。

（四）既要加強自媒體傳播核心文化的保護，又要通過文化重塑，增強創新動力，大力開發二十四節氣相關的民俗經濟

田兆元在他的《經濟民俗學：探索認同性經濟的軌跡—兼論非遺生產性保護的本質屬性》中，從以下三個方面界定了民俗經濟[4]：（1）與民俗直接關聯的生產與消費，包括生活相關的衣、食、住、行與婚、喪、嫁、娶等產品的生產與消費；（2）民俗的演藝，及民間文藝相關的文化創意產品的生產與消費；（3）民俗活動帶來的消費，如民俗旅遊、節日消費等。二十四節氣就是這樣一座蘊藏巨大民俗資源的經濟寶藏，應充分認識其經濟價值，發掘相關的民俗資源。自媒體平臺上的微商、微店早將目光投向了節氣時令相關的商業行銷。如線上推廣養生產品、節氣時令食品、與歲時相關的節慶民俗活動與民俗旅遊等。電商們更是忙不迭地利用時令節氣「大做文章」，推出了一個又一個的購物狂歡節，甚至與銀行聯手，進一步促進購物消費。這些無不說明優秀的傳統文化不應隨時間湮滅，而是應該順應時代的發展，加以挖掘利用，創造出更多新的價值。

（五）利用自媒體傳播，積極推動中國非遺與傳統文化走向世界

非物質文化遺產是培育社會凝聚力、可持續發展和預防衝突的手段之一，可通過爲社區與群體提供認同感與持續感，來增強人們對於人類文化多樣性和創造力的尊重，特別是增強國際之間的交流與尊重，眞正做到不同文化間的相互欣賞。中國非遺以及傳統文化要走向世界，多途徑的傳播是大爲必要的，其中自媒體的傳播不容小覷。根據2014年統計數據，在海外生活的華人華僑人數多達六千多萬，分佈在全球一百九十八個國家，建立在華人生活輻射圈基礎之上的自媒體傳播範圍廣泛。加之近年與中國商務貿易往來的增多，越來越多的國外商戶使用WeChat。相關數據顯示，截至2016年6月，中國線民規模爲7.1億，手機線民規模爲6.56億。這意味著在統計口徑一致的情況下，微信的海外用戶數量亦將非常可觀。因此，通過自媒體傳播中國非遺與優秀傳統文化並走向國際，是切實可行的有效路徑。

四、結語

誕生於中國的悠久的農業文明，二十四節氣具有濃厚的自然屬性，體現著科學探索精神，高度凝練著天、地、人和諧共處的哲學理念，更是中國傳統生活方式的詩意呈現，讓置身於科技高度發展時代的現代中國人，仍能在俯仰體察天地自然之間，重獲心靈的自由。以二十四節氣爲代表的中國優秀傳統文化，具有增強民族認同感、強化民族精神、塑造民族品格的功效，對人們的精神生活具有調節作用，也對群體的價值取向具有凝聚作用。作爲世界級的非物質文化遺產，二十四節氣更是全人類共有的財富。利用好自媒體這一新媒介，做好傳播與保護工作，具有深入研究與推廣的價值。

綜觀人類文化史，每一次傳播技術的革新，都會給人類文化帶來深刻的變革，我們也應清醒地看到，自媒體傳播既能促進文化的發展繁榮，而不當地使用也會造成文化的沉淪與迷失。人們通過微博、微

信、網路社區等產生的交流互動，一方面營造出信息、情感、精神共用的場域，另一方面又解構了廣場集會、民族節慶、傳統廟會等文化交流共用的實體空間。所以無論是對於自媒體的研究還是對於非遺以及傳統文化傳播的研究，都應避免單一的技術論或功能論的單向度研究，而應對「傳統與創新」進行多角度，諸如哲學、社會學、民俗學、心理學等方面的多維觀照，以期達到更爲完整與良性的傳播功效。

註釋

1　參見代玉梅：《自媒體的傳播學解讀》，載《新聞與傳播研究》2011年第5期。

2　參見郭講用：《自媒體中的自我建構與文化認同》，載《新聞與傳播研究》2015年第3期。

3　《淮南子‧天文訓》所載二十四節氣以冬至開始。

4　田兆元：《經濟民俗學：探索認同性經濟的軌跡─兼論非遺生產性保護的本質屬性》，載《華東師範大學學報（哲學社會科學版）》2014年第2期。

下 篇

分論

立春：一年之計在於春

一年之計在於春。春天是生命勃發的季節，春天是播種希望的季節，我們從冬至開始描畫著梅花消寒圖，吟誦著數九的歌謠，經歷小寒大寒節氣的苦寒之後，終於迎來立春節氣。

立春是春季到來的標誌日。立春位於二十四節氣之首，時間在西曆2月4日前後。從天文上看，立春處在黃經315度，從物候上看，東風開始化凍，溫度在十攝氏度以上。這一時節，人們明顯感覺氣候轉暖，草木開始萌動，民諺云「立春陽氣生，草木發新根」。立春時節的花信是迎春、櫻桃、望春三信。

從農時看，此時小春作物長勢加快，油菜抽薹和小麥拔節時耗水量增加，應該及時澆灌追肥，促進生長。大春備耕也已開始。立春之後，農時趨緊。河北邯鄲民諺：「寧捨一碗金，不捨一日春」、「捨了一日春，秋收少一分」。立春到來的時間大約在傳統夏曆正月前後，它與夏曆歲首大體同步。在民國曆法改革之前，「春節」指的就是立春，而不是我們今天所說的春節。

春天是充滿神性與靈性的季節，人與萬物的生命都離不開「春」的促動。一年中春天的習俗信仰與儀式表演最集中。

一、春神祭祀與迎春儀式

由於立春是春天到來的標誌，中國傳統社會一向重視立春日，自朝廷至民間，立春前後有諸多或嚴肅或歡樂的儀式與習俗，如迎春、

鞭春、說春、演春、望春等。

春季爲四季之首，是溫暖季節的開始，對於以農業爲本的中國人來說，立春意味著生命活力的復歸與豐收的期待。自然節氣的「天時」，是人間生活的依據與行動指南。在王朝時代，天時的預測與掌握，首先需要統治者的儀式性接收與確認。在周官月令時代，周天子在立春之前三天齋戒，立春之日，天子親率三公、九卿、諸侯、大夫，到東郊迎春，祭祀東方天帝太昊與春天之神芒神。同時行「藉田」之禮，以宣導農事。

漢朝繼承周制。在天人感應氣氛濃郁、講究服色制度的漢朝，皇家復興了周人月令的時間制度，立春日，漢家天子率眾朝臣浩浩蕩蕩赴東郊迎春，迎春的車馬人員清一色的青色服飾，一路上人們唱著《青陽》之歌，舞著《雲翹》之舞，迎春儀式搞得有聲有色。不僅京師百官要穿青色衣服，郡縣的官吏也得戴上青色的頭巾，在門外立起迎春的旗幡，婦女也戴上迎春的華勝。自漢以後，立春日東郊迎春成爲朝廷的慣制。

六朝時期，人們在立春日，剪綵爲燕，戴在頭上，作爲迎春的彩飾；還要在門上貼「宜春」二字。隋唐十分重視迎春儀禮，皇帝親率百官，「祀青帝於東郊」。皇帝還給百官賜「春羅幡勝」。唐人以立春剪綵爲時尚，詩人李遠的《剪綵》詩云：「剪綵贈相親，銀釵綴鳳眞。雙雙銜綬鳥，兩兩度橋人。葉逐金刀出，花隨玉指新。願君千萬歲，無歲不逢春。」立春剪綵中蘊含著對情人的深深祝福。這種春天戴勝的習俗歷代傳衍，它既是婦女迎春的飾物，也是春天風景的點綴。

（一）鞭春與進春

除朝廷迎春典禮外，唐代開始出現了立春日鞭春習俗，即地方官員一以杖打土牛，以表達迎春的意願。宋朝雖然迎氣之禮淡薄，但對立春日鞭春的習俗十分熱衷，鞭春成爲國家迎春禮儀的中心內容。《東京夢華錄》記載了開封府進春牛鞭春的情形，街市上還有小春牛

出賣，以供市民迎春之用。

明朝政府仍然十分重視迎春儀式，從京城到地方府縣，立春之日官員都要組織迎春、鞭春儀式。《帝京景物略》記載，明代北京迎春的「春場」，在東直門外五里。先立春一日，京城最高首長京兆尹（相當於今天的北京市長）帶領府屬官吏，或騎馬，或乘轎，皆著紅色禮服，頭簪彩花迎春。迎春的隊伍以旗幟前導，接著依次為田家樂班、句芒神亭、春牛台及附屬縣的官吏等。迎春隊伍遊行的路線是由春場遊至府衙，表示春氣接到了府內。然後由京兆生員以塑好的小春牛、芒神送入宮廷，進皇上春，進中宮春，進皇子春。儀式完畢後，「百官朝服賀」。

立春日，府縣官吏都要穿上官服，祭祀句芒，各人用彩杖鞭打春牛三下，以表示官府宣導農耕之意。

明代杭州立春的儀式，由附郭的仁和、錢塘二縣輪年值辦。仁和縣於仙林寺，錢塘縣於靈芝寺。立春日，郡守親率僚屬前往迎春，前面是社火表演，後面跟著春牛，人們聚集沿路圍觀，競相用麻、麥、米、豆拋打春牛。社火表演的社首，身著冠帶，騎驢跳躍，大呼小叫，並以人扮皂隸士卒簇擁前行，稱為「街道士」。街道士等經過官府豪門時，都用讚揚的語詞祝福主人。最後來到州府廳堂，以彩鞭鞭碎春牛，隨後以彩鞭、土牛，分送各級官員與地方賢達。而民間婦女，才「各以春幡春勝，鏤金簇彩，為燕蝶之屬，問遺親戚，綴之釵頭」（田汝成《西湖遊覽志餘》第二十卷，熙朝樂事）。

清代北京迎春儀式與明朝略同，立春前一日，順天府尹率僚屬朝服至東直門外迎春。立春日，大興、宛平縣令設供案於午門外正中，以芒神、土牛恭進皇帝、皇太后、皇后，還呈上用春天花草插成的春山。

（二）揚州「打春」

這是揚州以優伶官妓為行春的儀仗隊伍。康熙年間，裁減樂戶，沒有官妓後，人們用花鼓戲中的角色代替，在揚州花鼓中，女性人

物角色均由男性扮演，所以揚州有俗語：「好女不看春，好男不看燈。」（《揚州畫舫錄》卷九）蘇州等地，立春前一天，郡守率僚屬迎春於東郊婁門外的柳仙堂。觀者如市，男女爭著用手摸春牛，以求新年好運氣。民諺云：「摸摸春牛腳，賺錢賺得著。」立春日，太守在府堂舉行鞭春儀式，用鞭子鞭碎土牛，謂之「打春」。

民國之前，各地立春仍有「打春牛」的習俗。人們用泥土做成春牛，塗上五彩，還要做一個芒神。縣令在衙門內主持鞭春儀式。縣令用彩鞭鞭碎春牛，眾人爭搶土塊帶回家，說是今年就會有好收成。也有人將土塊塗在灶上，有說可旺六畜，還有說可少蟲蟻之害。「民國共和，禮儀漸減」，民國時期，因為政府改行西曆，官方立春迎春祭儀也就逐漸停止。

（三）報春與說春

民間的立春活動雖沒有官方儀式那樣浩大，但更加生動有趣。小兒女在立春日頭戴彩燕或春蝴蝶，或者佩戴名為「春娃」的人偶，以迎春、慶春；或者用松柏枝條編成圓圈戴頭上，以祈「四季清健」。春天的孩子輕靈快樂，而大人們重視的是春天與豐收的聯繫，「報春」就是豐收信息的民俗預報。報春在立春前就開始了，有人扮作春官，帶著木刻印製的春牛圖，走村串戶報春。浙江寧波一些地方報春人手持小銅牛沿門唱春歌，主人一般會將報春人迎進庭院，報春人拿著青銅小牛在米缸、穀倉上左繞三圈、右繞三圈，邊繞邊唱「黃龍盤穀倉，青龍盤米缸」等歌詞，並分送印有芒神與二十四節氣的春牛圖。主人要以錢物酬謝。在奉化，報春從立春日開始，報春人由乞丐充任，他們牽著塗有烏漆的木牛挨戶送春牛圖報春。他們邊送邊說「春牛到門庭，今年交好運。春牛耕爛田，今年大熟年」等吉利話。每當乞丐牽著木牛出現，旁邊總是圍滿了孩子，大人會讓孩子摸摸春牛，說摸過春牛的手會勤勞靈巧，會攢錢，會端滿飯碗，還會心地善良，待人忠厚。（浙江省民間文藝家協會編《浙江民俗大觀》）

報春也伴隨著遊戲與娛樂，在湖北稱為「說春」與「講春」。湖

北黃陂每逢立春前後，就有人下鄉說春並兜售芒神春牛。說春人紅袍紗帽，敲著小鑼，似說非說，似唱非唱，內容大都是吉利話，主人家要以米酬謝。春官一般口齒伶俐，善於即景唱說。一次，一戶貧家見春官來，忙托一板凳讓他坐，凳缺一腳，春官說：「見了春官把凳托，托個板凳三只腳。不是春官看見快，險險栽破後腦殼。」也有的人家境不好，不願給春官報酬，見了春官趕快關門，春官就唱：「一見春官把門門，交了霜降打脾寒。」（胡樸安《中華全國風俗志》）四川宜賓琪縣春官一手拿著打狗棍，一手拿著紅紙春詞，遊走鄉間「說春」。在西北地方也有唱春習俗，山西的春官由樂戶充任。春官的詼諧與笑罵成為鄉村春日的娛樂。

遊走鄉村的春官，成為春天鄉野的一道風景。

貴州石阡的說春活動，仍然在民間傳承。這裡說春的春官，立春期間，手托春牛，走家串戶，派送春帖。春官在門口就開始說唱春詞：「遠看財門大呀大地開，步步登高到呀府裡來，來到貴府無呀別的事，特為主家送呀春裡來。」春官以碎步來回走動的方式演唱春詞，春詞講究韻律，其格調喜慶吉祥，可以說唱歷史、神話、倫理故事、勞動、生活等，不能說男女私情。春官身兼報春使者與勸課農桑的雙重職責，這在民族村寨特別具有農時提示意義。「石阡說春」列入了國家第三批非物質文化遺產代表作名錄，石阡還是人類非遺代表作名錄的支撐地之一。為了履行非遺保護傳承義務，實現非遺在當代社會的有效傳承，石阡除了傳統春官說春外，當地學校都設立了說春傳習班，將說春活動納入課堂教學，舉辦了說春比賽，具有順應自然時序、提示農耕時間的習俗傳統在當代社會得到傳承與弘揚。

（四）演春

演春，是傳統社會民間迎春的儀式活動之一，它以民間小戲的形式酬神娛人。民國河南《陽武縣誌》記載：「立春前一日，土人扮故事，鄉民攜田具，唱農歌，為興農作之狀，名曰『演春』。」鄉里立春時期所演的這些草台戲，也叫春台戲，其實是官方迎春儀式的民俗

版。在湘西以前每年立春前一日會開演迎春戲，按照習慣一年十二月要紮十二個戲台，閏年紮十三個，立春節日期間，男女老少穿上新衣服，前往觀賞。迎春的小戲戲臺搭在曠野中，給神演出的目的很明顯，當然「又引閒人野外看」。

（五）望春

立春是生命力萌生的時節。民間信仰中認為立春前出嫁的婦女歸寧，在立春日當天穿著青色衣服，打著青色雨傘，在交節時分，趕回婆家，可望得到子嗣，這種習俗稱為「望春」。由此可見在民間傳統觀念中女性的生殖力量，既來自母系，也來自自然天時。

現代中國春神祭祀與迎春儀式，已經相對寥落，但在部分地域仍有傳承，引人矚目，並列入了國家非物質文化遺產名錄。浙江衢州柯城區「九華立春祭」是其中之一。在衢州九華鄉外陳村有一座梧桐祖殿，供奉的主神是句芒，神像用整株桐木雕刻而成，民間稱句芒為「梧桐老佛」。

每年立春日，當地舉辦祭祀廟會，舉行立春祭祀民俗活動。其主要活動內容有祭拜春神句芒、迎春接福賜求五穀豐登、供祭品、扮芒神、焚香迎奉、紮春牛、演戲酬神、插花、踏青等，構成了衢州地方特有的立春廟會形式。

九華立春祭

句芒神

遂昌的「班春勸農」，已有四百多年歷史。「班春」即頒佈春令，「勸農」是勸農事，策勵春耕。明代著名文學家、戲劇家湯顯祖於萬曆二十一至二十五年（1593—1597）任遂昌知縣時，以勤政愛民、興教化、勵農桑著稱。他於立春前一日，祭春神、鞭土牛、向士民贈春鞭，以鞭春禮儀，向邑人頒佈「春耕令」。湯顯祖的名著《牡丹亭》中第八齣「勸農」的民俗背景也取材於遂昌。從那時起，「班春勸農」成為每年春天縣衙鼓勵農人春耕生產的一項重要活動。清代乾隆年間，迎春活動演變為社會性的民俗活動。民國後，官方勸農活動不再舉行，民間立春迎春儀式也一度中斷。2009年3月，遂昌首次舉行「班春勸農」典禮活動，之後在每屆湯顯祖文化勸農節上作為重頭戲進行展示。在石練鎮淤溪村建成了「班春勸農廣場」，讓勸農活動有了現代傳承空間。2011年，遂昌「班春勸農」被列入國家級非物質文化遺產名錄，2016年，遂昌成為人類非物質文化遺產二十四節氣傳承的支撐地之一。

二、立春時令飲食與養生

春天是陽氣發生的時節，人們以食用生鮮事物扶陽抑陰，以戶外的遊戲娛樂釋放心情，享受與自然同在的身心愉悅。

（一）立春的飲食：咬春與嚐春

中國人享受春天，從吃開始。春天時令飲食品種繁多，春韭、春筍、椿樹芽、嫩蒿、薺菜、榆葉、春茶、春酒等，舉不勝舉。春雨過後，借著挖野菜的名頭，遊逛山野，你能聽到自然生長的聲音，感受到春泥的溫暖。立春時節，人們為了迎春應節，要吃春天新生菜蔬如生菜、蘿蔔，以及包裹這些生鮮菜肴的春餅、春捲等。人們常將這些菜肴置於盤中供人食用，名為「春盤」。唐宋春盤「翠縷紅絲，備極精巧」。杜甫《立春》詩曰：「春日春盤細生菜，忽憶兩京梅發時。盤出高門行白玉，菜傳纖手送青絲。」生菜、蘿蔔這些平日普通的菜

肴，在立春日詩人的筆下，成為典雅而耐人尋味的文化成品。

　　民俗中將享用春盤的過程，稱為「咬春」或「嚼春」。明代北京地區的人們立春日都嚼蘿蔔，稱為「咬春」。山東鄒縣，「立春戴彩燕，食蘿蔔，謂之咬春」（胡樸安《中華全國風俗志》）。河北新河，「立春日，以紅白蘿蔔切作細絲，和以五辛，謂之『春盤』。製麥麵為餅，無論貧富家，是日必食，謂之『嚼春』」（宣統《新河縣誌》）。春盤在古代也叫「五辛盤」，因為盤盛五種辛辣生菜而得名，民間的五辛盤，一般盛蔥、薑、小蒜、大蒜、韭菜、油菜、香菜等，並無定規，《本草綱目》的記載與此大致類似，認為都是「取迎新之義」。五辛盤興起於仙道信仰流行下重視養生護生的六朝時期，人們以五種辛辣之物，「發五臟之氣」。南朝梁人庾肩吾《歲盡應令詩》詩贊：「聊開柏葉酒，試奠五辛盤。」五辛盤，元旦、立春都可食用。

　　立春的節俗食品，全國大體相同，至今我們每逢立春都習慣品嚐春餅、春捲。如潮州春餅：用麵粉製成薄皮，包上去皮的綠豆、蒜頭、蝦米、香菇、豬肉等，捲成長方形，油炸至金黃色，外酥裡嫩，味極香。臺灣新竹地區新春時節流行的潤餅，大約就是古代春餅在民間生活中的留存。武漢春捲是武漢的有名小吃之一，它以薄薄的麵皮捲成圓筒狀，然後用素油炸成金黃，中間放的是初春在野外採來的薺菜（武漢人也稱地菜）。這春捲酥脆上口，薺菜的特殊香味，令人口齒留香。而薺菜又諧音「聚財」，立春吃春捲，不僅品賞了春天的美味，又討了好口彩。

　　雖然各地春餅、春捲中的菜肴未必一致，但我們在同一節日品嚐著春之美味，迎新迎春的心境則一。

三、立春與生肖

（一）「無春年」與生肖屬相起算時間

　　近年來社會上流行著「無春年」的說法，即在農曆年中沒有立春

節氣，2016年就是如此。人們說「無春年」不能結婚，其實這種禁忌就來源於我們傳統的「春即生命」的觀念。傳統觀念認爲沒有春氣，自然就不利於子嗣。由此我們還可以說到另一個與立春相關的民俗信仰，那就是生肖屬相的眞假問題。我們通常將夏曆年週期內出生的人說成一個屬相，其實並不一定。因爲我們看到眞正的季節週期的起點在立春，立春與夏曆歲首並不一致。民間俗諺：「十年難逢初一春。」由於夏曆置閏的關係，立春在夏曆歲末或年初移動。命相術士按陰陽五行推算時間是以立春爲起點，所以在他們眼中只有立春之後出生的人才有新的屬相，否則即使生在新年之後，但尚未立春，其生肖屬相還屬去年。另外一種情形是，雖然舊年未完，但立春已至，立春之後出生的人屬相與新年相同。

比如某年臘月立春了，臘月中立春後出生的人屬相屬虎，而不屬牛。當然屬相只是一個時間標誌，與本人的命運、性格並沒有必然的內在關係。

（二）賣春困和迎春雷

還有兩則有趣的立春節俗。一則是「賣春困」。春困是春天氣候所造成的人的生理現象，但傳統社會人們認爲春困是一種外在的惰性因素，可以通過巫術手段予以祛除，於是在江浙一帶產生了立春「賣春困」的習俗。立春這天，天未明時，小孩子就出門沿路叫賣「春困」，假如有人應答，「春困」就賣掉了。陸遊《歲首書事》中「呼盧院落嘩新歲，賣困兒童起五更」的詩句，描寫的就是這一情形。據宋人范成大說，碰到賣春困的兒童，最好以掉頭不應爲妙。當然如果你是失眠症患者，就可「特地回頭著耳聽」了。另一則是廣西龍勝等地的侗族民俗「迎春雷」。立春日當天如遇春雷，無論男女老少，都要跳幾跳，抖一抖身上的衣服，表示春來了，雷公降臨了，災難也抖掉了，一年全家平安。人們還將日常生產工具也抖一抖，以求新春生產順利，五穀豐登。

中國有著高度發達的農業文明，農事活動重視人與自然的協調，

中國人時間觀念起源於生存與發展的需要，它依循自然節律，形成了獨特的時間認知與時間經驗，二十四節氣是傳統中國農業文明的時間體系。作爲二十四節氣之首的立春，它在中國人的心目中，具有溝通自然、開啓幸福與希望之門的神聖地位。立春日，人們在迎春、祭祀春神，說春、唱春、演春，嚐春、咬春等充滿春光與春色的儀式與活動中，謳歌、擁抱著溫暖的春天，雖然可能還有料峭的春寒，但人們堅信春天已到來。

　　「新故相推，日生不滯」，歲首新春，一年大吉。

雨水：天一生水，雨潤大地

雨水是充滿詩意的節氣，也是適於表達感恩、播撒希望的節氣。

一、鴻雁來，雨水至

每年西曆2月18日至20日之間、農曆元宵節前後，太陽到達黃經330度。這時候我國大部分地區的嚴寒即將過去，氣溫回升，冰雪消融，萬物復甦。淅淅瀝瀝的初春小雨，伴隨著和緩的微風，領我們走進雨水節氣。

雨水是緊隨立春之後的第二個節氣，它與穀雨、小雪、大雪相似，都是反映降水情況的節氣。雨水後，天氣轉暖，雨量漸增，植物返青。元代吳澄《月令七十二候集解》載：「正月中，天一生水。春始屬木，然生木者必水也，故立春後繼之雨水。且東風既解凍，則散而為雨矣。」意思是說，春在五行中屬木，而木生於水，離不開水。雨水節氣像是懂得春天的心思，在她最需要水露滋潤的時候，應時悄然而來，送上輕柔細雨，呵護天地間萌動的萬物。

雨水為正月中氣，但歷史上它曾一度排在驚蟄之後，成為二月節氣，在唐中期以後，雨水排在驚蟄之前的節氣次序才被固定下來。

古代曆法將一年劃分為二十四個節氣，每個節氣又分為三候，每候五日，各候都有一個候應，通常是鳥、獸、蟲、魚、草木等在不同節氣表現出的生態變化。雨水節氣的物候是：一候獺祭魚，二候鴻雁來，三候草木萌動。就是指，雨水節氣的第一個五日，河水融化，魚

兒浮出水面，水獺開始大肆捕捉魚類，它們將捕捉到的魚陳列在水邊，像是祭天，感恩自然的饋贈，於是有「豺獺知報本」（豺祭獸、獺祭魚）的說法；五天過後，能看見從南方飛來的大雁；又過五天，在春雨的潤澤下，草木抽出嫩芽，空氣裡蕩漾著沁人心脾的氣息，大地充滿生機，呈現「草色遙看近卻無」的早春美景。

又有花信之說，自小寒至穀雨八個節氣，共有一百二十天，二十四候。根據花期，古人為每一候選出一種最有代表性的花，作為這一候的花信。雨水節氣的花信是：一候菜花，二候杏花，三候李花。其中，杏花在春季開得早，又嬌豔喜人，頗受詩人青睞。「誰道梅花早，殘年豈是春。何如豔風日，獨自占芳辰。」（歐陽修《和梅聖俞杏花》）在歐陽修看來，梅花雖早於杏花開放，但它開在殘冬之時，哪如杏花，獨領早春的風流。杏花帶雨，是春天來臨的景致，這個時節，在宋代深幽的小巷裡還會看到賣杏花人的身影。「小雨空簾，無人深巷，已早杏花先賣。」（史達祖《夜行船·正月十八日聞賣杏花有感》）「小樓一夜聽春雨，深巷明朝賣杏花。」（陸游《臨安春雨初霽》）從這些詩詞中，我們可以看出，雨水節氣賣杏花，是宋代都市的一種習俗，這一直延續到清代，「和了滿城微雨，頻上街頭賣」（陳維崧《探春令·詠窗外杏花》）。古時賣花盛行吆喝，如《夢粱錄》所描述：「賣花者以馬頭竹籃盛之，歌叫於市，買者紛然。」隨著悠揚的杏花叫賣聲，溫暖的春天回到了大地。「午夢醒來，不覺小窗人靜，春在賣花聲裡。」（王嵒《夜行船》）

雨水宜雨，諺云：「雨水有雨莊稼好，大麥小麥一片寶。」、「好雨知時節，當春乃發生。隨風潛入夜，潤物細無聲。」杜甫這首家喻戶曉的詩，寫盡了春雨的特點。每個季節都有雨天，但不同季節的雨給人的感受不同。盛夏的雨，電閃雷鳴，氣勢兇猛，常造成災患；金秋的雨，敲打落葉，易使人生悲；入冬的雨，裹著北風，讓人感到濕冷。只有初春細雨，最善解人意。一是適時，待萬物需要雨水滋潤時，它靜悄悄地到來；二是適度，潤物而不傷物，使人感到舒適愜意，如韓愈所描繪的「天街小雨潤如酥」。雨水節氣的綿綿細雨，

是自然饋送人類的禮物，被人們喚作「喜雨」。

「雨水洗春容」，雨水節氣花草萌生吐芽，生機勃然，這個節氣的一些民俗也如「好雨知時節」般順應春生之氣，四川省一些地方雨水節氣裡「拉保保」、「撞拜寄」的習俗就是這方面的例子。

「拉保保」是一種民間拜寄行為，就是父母為了孩子的健康成長，找命好的人做孩子的乾親。在四川方言中，「保保」有乾爹、乾娘的意思。四川興文縣「拉保保」也稱作「拜保保」、「拉索索」，受拜者稱保爹、保娘、保保，拜者稱乾兒、乾女。（《興文縣誌》）拜寄是中國民間較為流行的習俗，很多地方都有，但不一定跟雨水節氣有關。四川西部有些地方的「拉保保」在雨水日舉行，取「雨露滋潤宜生長」的吉祥寓意。雨水這天，打算「拉保保」的家庭帶著孩子在人群中穿梭，若遇到中意的成年人，則請其做孩子的保保，對方若同意，小孩就要行跪拜禮，若是還不會走路的嬰兒，則讓新拉來的保保抱一會兒。隨後，拉保保的一方拿出提前準備好的酒菜招待新結識的保保，在吃飯的過程中雙方獲得進一步的瞭解，正式確定乾親關係。四川廣漢市的拉保保時間固定在每年正月十六，雖然沒有安排在雨水日這天，但也是在雨水節氣前後，有人認為它由「正月十六遊百病」的習俗演化而來。自1991年始，廣漢市拉保保已由過去的傳統習俗，發展成為一個盛大的新興節日「保保節」。（呂夢茜《從拉保保到保保節─四川省廣漢市拉保保習俗研究》）

「撞拜寄」也是給孩子認乾親的一種方式，它事先不預設明確的目標對象，講求緣分，撞著誰就是誰。川西地區的一些人家，將雨水日清早在外面遇到的第一位成年人攔下，請對方做孩子的乾爹或乾娘。

當我們沐浴在霏霏春雨之中，滿懷欣喜之時，不要忘了這是自然對我們的垂愛。獺祭魚，尚知報本，而況於人乎？面對自然的恩賜，我們應常懷感激之情，從這個層面上講，雨水是一個適於表達感恩的節氣。巧合的是，民間也確有雨水日表達感恩的習俗。四川西部有些地方流行雨水日「回娘屋」，在這一天，出嫁的女兒紛紛回娘家看望

父母，女婿也要給岳父岳母送禮。女婿準備的禮物通常是兩把籐椅，上面纏上一丈二尺長的紅棉帶，寓意是祝福岳父岳母健康長壽，稱爲「接壽」。若是新婚女婿，岳父岳母會回贈一把雨傘，祝願女婿在外奔波時能夠遮風擋雨，人生旅程順利平安。女兒送給父母一罐親自燉好的肉（當地稱爲「罐罐肉」），感謝他們的養育恩情。這一習俗也被稱作「送雨水」，它與自然節氣相稱，恰如其分地表達了雨水節氣的人文屬性。

三、最是一年春好處，播撒希望

「戶家最解農田事，備好犁機陌野耕。」雨水節氣的自然氣候特徵，一是開始降雨，二是氣溫回升轉暖，而雨水和氣溫正是農作物生長的基本條件。因此，雨水節氣到來後，一些越冬的農作物進入生長的重要節點，農民就要告別漫長的農閒時光，準備選種、春耕、施肥和灌溉，開始忙碌起來。農諺說得好：「七九八九雨水節，種田老漢不能歇。」、「立春天漸暖，雨水送肥忙。」儘管如此，對農民而言，這還沒有到一年中最繁忙的時節，但一年之計在於春，人們都想有個好的開端，希望「春種一粒粟，秋收萬顆子」。在這個時候，人們對新的一年充滿了期盼，有些地方的農民會在雨水日預卜一年的豐歉，最簡單的辦法就是看雨水這天下不下雨。雨水這天若下雨，預示農業將會獲得豐收，如民間諺語所云：「雨水有水，農家不缺米。」若是晴天，則主旱，影響農業生產，所謂「雨水無水多春旱」、「雨水不落，下秧無著」。華南地區過去還流行雨水日「占稻色」的習俗，這在元代婁元禮《田家五行》中有專門記述：「雨水節，燒乾鑊，以糯稻爆之，謂之孛羅花，占稻色。」即通過爆糯穀占卜農業收成，爆出來的糯谷米花越多，成色越好，代表這一年的稻穀收成越好；反之，則意味著歉收。不獨農事，學校也往往是在雨水節氣開始新的學期，學子們返回校園，在和煦的春風中，向著新的目標出發。因此，雨水是播撒希望的節氣，揚帆起航正當時，春若不耕，秋無希

望，在這個萬物萌動的節氣裡，我們要告別慵懶，抖擻精神，計畫好一年的事情，爭取好的開頭。

在身體調護方面，雨水節氣要注重補益脾胃之氣。唐代醫家孫思邈說：「春日宜省酸，增甘，以養脾氣。」就是說，春天到來時，在飲食上宜少吃點酸味的食物，增加甜味的食品，如大棗等。還要注意預防「倒春寒」，因為進入雨水之後，天氣雖然逐漸變暖，但這個時候的氣候還不穩定，忽冷忽熱，乍暖還寒。因此，在雨水節氣裡，不要過早減少衣物，即民間常說的「春捂秋凍」，衣著宜「下厚上薄」。另外，隨著氣溫回升，一些病毒也開始活躍起來，因此，在雨水節氣裡，要注意個人保健，預防流感等流行疾病的發生。

在二十四節氣中，雨水節氣的民俗相對較少，但這並不妨礙它在現代生活中潛在的社會文化價值。一方面，雨水有望成為表達感恩的節氣，如前文所述的川西雨水日「回娘屋」、「送雨水」的習俗，表達的是對父母養育之情的感恩。雖然這種習俗流行的區域不廣，但它與雨水節氣的自然特徵相稱，應該得到肯定和弘揚。讓二十四節氣融入現代社會生活之中，首先要尊重節氣的自然屬性。雨水滋養萬物，是自然的饋贈，我們應珍愛這份自然的禮物，對大自然的賜予心懷感激，讓我們的工作、生活自覺遵循自然時間的節拍。因此，雨水也是一個適於感恩自然的節氣，它可以給人們留出一個反省人與自然關係的時間點，而這正是我們這個時代所需要的。另一方面，雨水是一個播撒希望的節氣。一年之計在於春，雖然春季始於立春，但一年之中的許多人事活動往往始於雨水節氣。草木的萌動在提示著人們珍惜春日時光，安排好一年的事情，播撒希望的種子。

驚蟄：春雷起，桃花開

　　驚蟄，「驚」乃驚動，「蟄」為隱匿，是二十四節氣中的第三個節氣。驚蟄時分，蟄蟲驚醒，天氣轉暖，漸有春雷，大部分地區進入春耕季節，這也預示著人們開始進入一年中較為繁忙的日子。

一、驚蟄之義

　　每年西曆3月6日前後，當太陽運行至黃經345度時，是為驚蟄。《月令七十二候集解》中說：「二月節，萬物出乎震，震為雷，故曰驚蟄，是蟄蟲驚而出走矣。」驚蟄之前，動物冬藏伏土、不飲不食，到了驚蟄節，天上的雷聲驚醒伏居的動物，又一個生機勃勃的春天即將到來：

　　今朝蟄戶初開，一聲雷喚蒼龍起。吾宗仙猛，當年乘此，遨遊人世。玉頰銀須，胡麻飯飽，九霞觴醉。愛青青門外，萬絲楊柳，都撚作，長生縷。

　　七十三年閑眼，閱人間幾多興廢。酸鹹嚼破，如今翻覺，淡中有味。

　　總把餘年，載松長竹，種蘭培桂。待與翁同看，上元甲子，太平春霽。

　　　　　　　　　　　　〔元〕吳存《水龍吟・壽族父瑞堂是日驚蟄》

驚蟄在歷史上也曾被稱爲「啓蟄」，《夏小正》曰：「正月啓蟄。」漢朝第六代皇帝漢景帝名劉啓，爲了避諱而將「啓」改爲「驚」字。同時，孟春正月的驚蟄與仲春二月的雨水的順序也被置換，即「立春→啓蟄→雨水」轉換爲「立春→雨水→驚蟄」，也就成了現在固定的二十四節氣的順序。

二、驚蟄三候

初候：桃始華。陽春三月，桃花開始綻放。桃花開放，在中國古代文獻中常被記作春天的自然物候。《呂氏春秋·仲春紀》有「仲春之月……始雨水，桃李華」，《禮記·月令》也有「仲春之月……始雨水，桃始華」，《逸周書·時訓解》、《淮南子·時則訓》中也有關於仲春桃花的記載。

二候：倉庚鳴。倉庚，亦作「鶬鶊」，即黃鶯。《詩經·豳風·東山》曰：「倉庚于飛，熠燿其羽。」《詩經·豳風·七月》又曰：「春日載陽，有鳴倉庚。」驚蟄時分，黃鶯開始鳴叫。

三候：鷹化爲鳩。鳩，鄭玄注《禮記·月令》時認其爲「搏穀」，即布穀鳥（大杜鵑）；段玉裁注《說文解字》時認其爲「五鳩」，即斑鳩類的總稱。這些鳥類都與小型鷹有著相似的外表。杜鵑、斑鳩和鷹都是遷徙類動物，於是古人以爲春天的杜鵑、斑鳩是由秋天的老鷹變化而來的。《世說新語·方正》曰：「雖陽和布氣，鷹化爲鳩，至於識者，猶憎其眼。」

蒼鷹 鄭豔拍攝

三、驚蟄農事

驚蟄在農忙上有著非常重要的意義，它被視為春耕開始的日子：

微雨眾卉新，一雷驚蟄始。
田家幾日閑，耕種從此起。
丁壯俱在野，場圃亦就理。
歸來景常晏，飲犢西澗水。
饑劬不自苦，膏澤且為喜。
倉廩無宿儲，徭役猶未已。
方慚不耕者，祿食出閭裡。

〔唐〕韋應物《觀田家》

農諺也有說「過了驚蟄節，春耕不能歇」、「九盡楊花開，農活一齊來」、「到了驚蟄節，鋤頭不停歇」等。「春雷驚百蟲」，溫暖的氣候條件也容易致使多種病蟲害發生和蔓延，田間雜草也相繼萌發，應及時做好病蟲害防治和中耕除草；「桃花開，豬瘟來」，家禽家畜的防疫也要引起重視。

東北地區：全面開展耙壓整地工作，注意森林防火。西北地方：春麥播種，冬麥防禽畜危害。西南地區：夏收作物追肥，適時灌溉，防治病蟲害。華中地區：麥田肥水管理，整地進糞，修剪茶園，加強畜禽防疫。華北地區：冬小麥開始返青，土壤仍凍融交替，需要及時耙地以減少水分蒸發，當地人稱「驚蟄不耙地，好比蒸饅走了氣」。

江南地區小麥已經拔節，油菜也開始出花，對水和肥的要求都很高，應該適時追肥，少雨的地方適當灌溉。華南地區早稻播種需要抓緊進行，同時也要做好秧田防寒工作。隨著氣溫回升，茶樹漸漸開始萌動，應及時追肥，促其多發葉，提高茶葉產量。此外，桃樹、梨樹、蘋果樹等果樹也要施好花前肥。「一遭春雷動，遍地出蟄蟲」。

貴州地區，驚蟄是正春的開始，應該馬上做翻土、挑糞、鏟火

灰、砍坎草、發豆芽等備耕準備。「驚蟄種瓜，不開空花。」桐子花含苞待放時有三至五天需要低溫，習稱「凍驚」或「凍驚蟄」。民間以為「凍驚蟄，曬清明」才好。如在「驚蟄」前打雷，人們可推斷春季為低溫多雨天氣，在農事上有「驚蟄不到先動鼓，悠悠哉哉過十五」或「驚蟄有雨早撒秧，驚蟄無雨不要忙」之說。

四、驚蟄養生

驚蟄後萬物復甦，也是各種病毒和細菌活躍的季節。《黃帝內經》曰：「春三月，此謂發陳。天地俱生，萬物以榮。夜臥早行，廣步於庭，披髮緩行，以便生志。」驚蟄時節人體的肝陽之氣漸升，陰血相對不足，飲食起居應助益脾氣，可以多食用一些新鮮蔬菜和蛋白質豐富的食物，比如春筍、菠菜、芹菜、蛋、牛奶等，增強體質，抵禦病菌的侵襲。驚蟄這天，民間還有吃梨的習俗，梨可令五臟平和，以增強體質。蘇北及山西一帶流傳有「驚蟄吃了梨，一年都精神」的民諺。也有人說「梨」與「離」諧音，驚蟄吃梨可讓蟲害遠離，保佑一年的好收成。

驚蟄桃花始盛，鮮花入酒盛行於魏晉南北朝時期，因此以三月桃花釀酒也具有悠久的歷史。《法天生意》中有載：「三月三日，採桃花浸酒飲之，除百病，益顏色。」《千金方》中也有桃花酒的釀造方法：「桃花一斗一升，井華水三斗，曲六升，米六斗。炊之一時，釀熱，去糟。」

清代《壽世秘典》中也曾提道：「三月採桃花浸酒飲之，能除百病益顏色。」據《隨園詩話》所記，涇縣桃花潭士人汪倫邀請李白的信中云當地有十里桃花，萬家酒店。李白看後欣然應邀，可到了涇縣卻看不見桃花、酒店。李白為此十分困惑，汪倫解釋：「十里桃花是指十里處有桃花渡；萬家酒店，是說潭邊有家姓萬的酒肆。」李白聽罷，大笑不已。兩人相談甚歡，李白為了感謝汪倫的情誼，臨別作詩，流傳至今：

李白乘舟將欲行，忽聞岸上踏歌聲。

桃花潭水深千尺，不及汪倫送我情。

〔唐〕李白《贈汪倫》

　　盛開的桃花還與女性及其妝容有一定的聯繫，人們（尤其是文人）對與女性有關的某些物象和事項以桃花命名之風肇始於南朝。南朝梁簡文帝《詠初桃詩》中「懸疑紅粉妝」的描寫，開啓了以桃花比喻女性妝容的先河，這可能是因爲塗了脂粉的女子白裡透紅的臉色與桃花相近。

　　隨著時代與文化的發展，桃花與女性的關係愈加密切，隋朝出現了「桃花面」、「桃花妝」命名的妝容。《事物紀原》卷三「妝」條記載：「周文王時，女人始傅鉛粉。秦始皇宮中，悉紅妝翠眉，此妝之始也。宋武宮女效壽陽落梅之異，作梅花妝。隋文宮中紅妝，謂之桃花面。」《妝台記》記載：「美人妝面，既傅粉，復以胭脂調勻掌中，施之兩頰，濃者爲酒暈妝，淺者爲桃花妝。」

五、驚蟄習俗

桃花　鄭豔拍攝

　　驚蟄時節，桃花盛開，也是古代所認同的適宜男女結合的婚戀季節，這便給三月桃花增添了很多情愛的色彩。

　　《白虎通義》曰：「嫁娶必以春者，春，天地交

通，萬物始生，陰陽交接之時也。」仲春之際開放的桃花，就成了古人婚姻的信號之花，這也使桃花具有了兩性結合的色彩。南朝時期廣為流傳的漢代劉晨、阮肇入天臺山採藥遇仙女的故事，又為桃花的情愛色彩添上了奇幻的成分，而桃花的這種意蘊也常常以「劉郎」、「阮郎」來表達：

洞口春紅飛簌簌，仙子含愁黛眉綠。
阮郎何事不歸來，
懶燒金，慵篆玉，流水桃花空斷續。

〔五代〕和凝《天仙子》

桃花源，是美好的又一個代名詞，是以陶淵明為首的文人構建出的一個美不勝收的理想世界：「忽逢桃花林，夾岸數百步，中無雜樹，芳草鮮美，落英繽紛。」這裡沒有仙女投懷送抱，沒有仙桃長生不老，卻隱匿著一個阡陌交通、雞犬相聞、往來種作、怡然自樂的田園社會。中國的烏托邦從《詩經》的「樂土」，到《老子》的「小國寡民」，再到《列子》的「華胥國」，都是現實與理想交融後的美好訴求。桃源村，雞犬桑麻，桃花流水，素樸無爭，悠然自得，成為這種理想的極高峰。

驚蟄還與雷聲相關，《周禮》說：「凡冒鼓，必以啓蟄之日。」其注曰：「驚蟄，孟春之中也，蟄蟲始聞雷聲而動；鼓，所取象也；冒，蒙鼓以革。」古人認為雷神的形象是鳥嘴人身並且長了翅膀，他手持錘敲天鼓，才會發出隆隆的雷聲。驚蟄這天，天庭有雷神擊天鼓，人們也利用這個時間蒙鼓皮，以順應天時。後來，為了祈求風調雨順，家家戶戶貼上雷神的貼畫，擺上供品，或者去廟裡燃香祭拜。

驚蟄還會喚醒所有冬眠中的蛇蟲鼠蟻，所以古時人們會手持艾草等熏家中四角，以驅趕蛇蟲蟻鼠等。《千金月令》曰：「驚蟄日，取石灰糝門限外，可絕蟲蟻。」石灰具有殺蟲的功效，驚蟄這天人們將其灑在門檻外，認為蟲蟻一年內都不敢上門。山東地區，驚蟄當天農

民要在庭院之中生火爐烙煎餅，用煙薰火燎來殺滅蟲蟻。陝西地區的人們要吃炒豆，將用鹽水浸泡後的黃豆放在鍋中爆炒，發出劈劈啪啪的聲音，代表著蟲子在鍋中受熱煎熬。

在雲南地區，驚蟄為舊曆二月節，有咒罵鳥雀之俗。咒雀需走遍自家田間範圍，隨行敲鼓，邊敲邊唱咒雀詞：「金嘴雀，銀嘴雀，我今朝來咒過，吃著我的稻穀子爛嘴殼。」雖屬遊戲之舉，卻也反映出人們愛惜莊稼的心情。

在廣東和香港地區，驚蟄這天還有「打小人」和「祭白虎」的儀式。驚蟄之日，各種污薉不堪之物包括小人、白虎星君等也開始活動，人們會利用各種象徵物如鞋、木劍甚至是香枝或香燭等擊打紙小人，口裡還常會念一些咒語，如「打你個小人頭，打到你有氣無得透；打你隻小人手，打到你有眼都不識偷」、「打過小人行好運」等。除此之外，民間傳說白虎星君乃是非之神，每年都會在驚蟄當天出來覓食，開口噬人。如果遇上，在這一年，便會常遭小人興風作浪，導致百般不順。於是，大家便在驚蟄祭白虎，即拜祭用紙繪製的白老虎，以豬血餵之，使其吃飽後不再出口傷人，然後再用生的豬肉抹在紙老虎的嘴上，使之不能張口說人是非。

今天是農曆正月二十七，新曆三月五日，節氣上是「驚蟄」，亦稱白虎日。萬物逢春，一切蛇蟲鼠蟻惡毒妖邪，都為旱天雷驚醒，復活出土，危害人間。十分兇猛，非打不可。

灣仔鵝頸橋底，平日也有三數位老婦，當「職業打手」打小人。但一年一度的大日子，武林盛會便水洩不通了。

來自港九各區的打手，雲集橋底各據山頭，有些甚至是大埔的神婆，也來分一杯羹。朱婆婆是個拾荒婦，她撿垃圾已有二十年，到了祭白虎打小人正日，便是豐收期。朱婆婆不屬豬，她屬牛，乃本命年，犯太歲，所以她不但幫人打小人，也為自己打小人，以免撞邪遇鬼。

她同其他打手早早準備好謀生工具：一個破木箱、香爐、化寶鐵

桶、金銀、白虎和一堆切成細粒的肥豬肉。祭白虎得另收十元。朱婆婆搭好神位，供奉了一炷香、兩支蠟燭，擇吉時（上午九時）開工。她以爲自己夠早了，誰知憤怒不安的苦主比她還要早。打而後快。

李碧華《驚蟄》

　　驚蟄時節，萬物萌生，春雷炸響，桃花始盛，是開始的契機，也有湧動的暗流。對於期待著又一年風調雨順的人們來說，春天總是美好的，也是充滿活力的，要取其善者，抑其惡者，爲著秋日的碩果進行最爲小心翼翼的籌備工作。

春分：晝夜平分，春意融融

一、「升分」

　　春分是二十四節氣中最早被劃分出來的節氣之一，立春、春分、立夏、夏至、立秋、秋分、立冬、冬至八個節氣被稱爲「八節」，在戰國後期成書的《呂氏春秋》中已有所記載，「八節」清楚地標識出四季的轉換，因此尤爲重要。根據《月令七十二候集解》所云，春分「分者半也，此當九十日之半，故謂之分」。立春到立夏有九十天，而春分正好在立春、雨水、驚蟄之後，經過四十五天，是春季的一半，所以春分含有平分春季的意思。《春秋繁露》云：「春分者，陰陽相半也，故晝夜均而寒暑平。」民諺云「春分秋分，晝夜平分」，所以古人稱春分爲「日夜分」、「日中」、「仲春之月」。

　　春分、秋分兩個節氣晝夜平分，氣候適宜，和諧平衡，因此還成爲傳統社會校驗度量衡的關鍵時節。歷代統治者對度量衡的制定與管理都非常關注，各有詳細而具體的規定，並在長期的發展中積累了豐富的經驗，形成一套固定的制度。從西周開始，凡重視禮儀規範的王朝，無論是建築營建、田地分配，還是器物陳設、車輛製作等都離不開度量衡的規範。《禮記·明堂位》說：「周公制禮作樂，頒度量，而天下大服。」

　　《周禮》說：「合方氏掌達天下之道路，通其財利，同其數器，一其度量。」可見度量衡是由國家權威統治者頒行的，並由專門的官

員管理。度量衡標準嚴明，器物的製作規定嚴格，而且連校驗度量衡的時間都非常有講究。《禮記·月令》記載，仲春之月「日夜分，則同度量，鈞衡石，角斗甬，正權概」，而仲秋之月「日夜分，則同度量，平權衡，正鈞石，角斗甬」。這說明當時已有了比較嚴格的度量衡監管和定期校正的制度。《呂氏春秋》的「仲春紀」、「仲秋紀」條、秦簡《工律》、秦代《呂氏春秋》也沿用了《禮記·月令》對春分、秋分校驗度量衡的記載。

春分、秋分，「晝夜均而寒暑平」，氣溫冷熱適中，校正時不會受溫度變化的影響。而且從更深層推究，春分、秋分的「日夜分」特性，表述了人與自然和諧統一的最佳狀態，既是物候的平衡佳期，也是天人合一的感應，此時校驗度量衡自然被認為是得天時地利人和的。

春分在每年西曆的3月20—22日之間，此時太陽處在黃經0度的位置，太陽直射赤道，南北半球晝夜時間相等。儘管現代天文學以春分為春季的開始，與二十四節氣的劃分方法不同，但所參照的天文依據和氣候特徵是一樣的。大概在殷商時期，聰穎善思的古人就能利用土圭、日晷測定正午太陽影子的長度，來確定冬至、夏至、春分、秋分。春分時節影長為古尺一尺二寸四分，相當於今天的1.78米。而春分當晚，北斗七星的斗柄指向卯的位置，即正東方，時值農曆二月，也稱卯月。春分當日陽光直射赤道，此後太陽的直射點繼續北移，因此春分也稱「升分」。春分以後，北半球晝趨長、夜趨短，南半球反之。所以民諺也云：「吃了春分飯，一天長一線。」

二、地氣貫通，春意融融

「仲春之月，日在奎，昏弧中，旦建星中。其日甲乙，其帝大皞，其神句芒……」（《禮記·月令》）「大皞」即伏羲，又稱太昊、太皞，是東方天帝。根據《春秋繁露·陰陽出入上下》：「至於中春之月，陽在正東，陰在正西，謂之春分。」因此春分在方位上與

東方關係緊密。根據神話，在距中原幾千萬里遠的極樂國土—華胥氏之國，伏羲的母親踏了巨人足跡而生了伏羲。伏羲人首龍身（或說人首蛇身），小時候就顯現出非同的神性，援著昆侖、建木自由上下天地。伏羲發明了一系列事物，為人們的生活生產提供便利。後來伏羲死在了東方。而句芒是東方天帝的屬神，又叫重，是西方天帝少昊的兒子。句芒長著人的臉，鳥的身子，常常披著一件白色的衣裳，足踏一對矯健的飛龍，飄逸瀟灑。句芒對自己的工作認真負責，手裡拿著一把圓規。「句芒」從字形來看，「句」就像一根剛剛萌發出土的小嫩芽，頭是勾著的，而「芒」是嫩芽上茸茸的小毛刺。因此「句芒」意指春天草木生長，彎彎曲曲的嫩芽萌發的樣子。句芒也在與春天的融合中，滋養了熱情慈愛的性格。

句芒輔佐伏羲管理東方一大片土地，即從碣石山開始，經過朝鮮、大人國，一直快到太陽升起的地方，總共近一萬二千里的地域。他還輔佐伏羲管理春天。春天景色繁麗，陽光明媚，暖風軟和，人人喜愛。因為春天正值萬物滋長、生氣勃勃，草木欣然生長，眾生酣然歡樂。因此句芒是木神，又稱青帝，也是掌管春天和生命的神。

春分的意義不僅體現在天文學上，而且在氣候上的特徵更加容易被人們感知和觀察到。於是民眾結合天時、物候，加上自己的想像，為春分時節描繪美麗的圖景。春分時節暖風拂面、鶯飛草長、楊柳依依，是一年春和景明的好時節。春分有三候。初候是「玄鳥至」。春分過後天氣慢慢變暖，燕子從南方飛回北方，並開始銜泥築窩。燕子在房前屋後、田間地頭忙碌地飛來飛去，呢喃鳴叫，給人們帶來春天的信息。燕子忙碌的身影、清脆的叫聲，也給人們的生活帶來了不少的樂趣，有燕子來築巢也被認為是吉祥好運的象徵。第二候是「雷乃發聲」。隨著春天的腳步，天氣轉暖，「潤物細無聲」的春雨也漸漸多了起來，空氣濕潤，雲層密佈，常常伴有轟隆的春雷滾滾而來。唐代杜荀鶴《和友人見題山居水閣八韻》就這樣形容春雷：「和君詩句吟聲大，蟲豸聞之謂蟄雷。」第三候是「始電」。陰雨天增多，雲層摩擦頻繁，於是閃電也開始從密佈的雲層間凌空劈下。霹靂閃電過

後，接著就傳來滾滾雷聲。於是在神話的想像中，春分時節，風師、雨伯、雷公、電母一齊上陣了，天地之間生機勃勃。

春分恰如陶淵明《擬古九首（其三）》所云：「仲春遘時雨，始雷發東隅。眾蟄各潛駭，草木縱橫舒。翩翩新來燕，雙雙入我廬。先巢故尚在，相將還舊居。自從分別來，門庭日荒蕪。我心固匪石，君情定何如？」

消息卦是古人用來配合萬物此消彼長，順應天時物候，以不變應萬變的一種信息系統，與二十四節氣互為映照。消，意謂消退；息，即成長，其陽爻由下而上，與陰爻不相交錯的卦，共有十二個卦，也稱作十二辟卦、十二月卦、十二候卦。而春分十二消息卦為大壯卦，卦象二陰四陽，表示陽氣已占多半，天氣溫暖，十分適宜莊稼生長。

春分時節凍土層已完全融化，土壤透氣性良好，地氣已貫通，春意融融，「二月驚蟄到春分，萬物發芽要出生」。此時正是「九九加一九，耕牛遍地走」的時候。我國大部分地區開始進入播種季節，即農諺云「驚蟄到春分，下種莫放鬆」、「春分種子普遍搶」、「有田種在春分前」等。北方越冬農作物進入生長階段，禾苗茁壯，「驚蟄一犁土，春分地氣通」、「春分麥起身，一刻值千金」。而南方也正是耕地插秧的好時節，「春分春分，犁耙亂紛紛」。

「驚蟄到春分，下種莫放鬆」，各地民眾皆忙於廣興水利，整地除害，精耕細作，施肥灌溉。日平均氣溫在0攝氏度以上的時段叫農耕期，穩定在10攝氏度以上的時段叫積極生長期。而春分時節，除了高寒地區和北緯45度以北的地區外，各地平均氣溫已穩定在0攝氏度以上。然而，春季風多風大，土壤跑墒，「春分地漏如篩」，因此此時一定要澆好小麥拔節水，並施好肥。「春分前後怕春霜，一見春霜麥苗傷」，所以還要密切注意天氣變化，北方要防止凍傷小麥。由於農業生產的需要，春分時節雨水尤其重要和珍貴，「春分麥起身，雨水貴如金」、「春雨貴如油」。以陝西為例，此時平均氣溫已回升到9攝氏度以上，返青後的冬小麥正在拔節，這也是冬小麥的小穗分化後期的孕穗期，即「胎裡富」的關鍵期。此時充分的灌溉非常重要。

因此陝南農諺云「春分有雨家家忙，先種豆子後育秧」，春分逢雨以後，應儘早趁墒播種豆類，待豆類播種完後，氣溫又有所提升，然後再播種稻穀育秧。而南方春分時節是早稻浸種的時候，此時南方雨水充沛，則又擔憂雨水過盛，「春分有雨萬家愁」，如果春分下雨則一年的莊稼都有可能遭受災害。因此，南方春分時節要做好排澇防漬，並注意春季病蟲害的侵入，「春分節氣一來到，中稻穀種趕快泡。搶早時間把種撒，防風防雨防冰雹」。另外，春分還是植樹造林、移花接木的最佳時節，「立春早，清明遲，春分植樹最適時」，因此我國把植樹節定在3月12日。

三、飲食有節，適時調治

民眾關於春分的智慧不僅體現在農業生產上，還體現在自己的飲食和養生上，努力全方位地與自然時序達成和諧統一。

民以食為天，而節氣飲食講究均衡。仲春時節天氣乍暖還寒，此時肝氣旺，腎氣弱，而雨水多，濕氣重，要健脾，並多食用溫補陽氣的食物，忌諱以熱補助長陽氣。根據《古今圖書集成》：「春分卯上二之氣……，為病多發風溫風熱。經曰：風傷于陽，濕傷于陰。故頭痛身熱，發作風溫之候，風傷于衛氣也，濕傷於脾氣也。是以風溫為病，陰陽俱自浮，汗出，身重，多眠，鼻息，語言難出。」因此，無論食物搭配，還是食物烹調方式都要注意陰陽互補，宜著力調節陰陽和諧，宜清補不宜濁補。「至春分之時，陽氣直上，陰氣直下」，大量氣血外行，重補不易運化，清補則有利於輕清之氣通暢，所以要多吃新鮮蔬菜、水果，可以多食用春筍、萵筍、豆苗、韭菜、桑葚、櫻桃等時令蔬果。春天木旺，耗費的水分相對多，因此要多飲食水、粥、湯，以清除肝熱，補充體內流失的水分，忌食大熱、大寒的食物。薄荷粥、銀耳花生綠豆湯、枇杷葉湯等都是很相宜的。

而在穿衣方面，此時雖然天氣漸暖，尤其是白天的溫度上升很快，但溫差仍大，寒氣猶在。不宜大量脫減衣物，應該「春捂」，以

防止寒氣傷身，「要風度不要溫度」並非明智之舉。尤其要注意足部的保暖，「人的寒氣腳上起」。

生命在於運動，特別是在寒冷的北方窩了一個寒冬的人們，都迫不及待地要到戶外運動。而此時運動應避開霧天，且不宜進行過於激烈的運動，散步、慢跑、打太極拳是很好的選擇。

平日室內注意空氣流通，保證充足的睡眠。春分時節陽氣漸長，萬物復甦，各種細菌、病毒繁殖很快，要注意預防感冒、肺炎、麻疹等高發疾病。木旺之時，相應而言，金、土的力量難免削弱，所以呼吸系統、消化系統慢性病發作的概率較大，要注意預防，「因勢利導」，這也是調治這類疾病的好時機。室內可以適量種植一些常春藤、吊蘭、仙人掌、丁香、薰衣草、玫瑰等，這些花草既美觀又有生趣，還可殺菌，淨化空氣，提高負離子濃度，有益於身心健康。春分時節人們往往會感到「春困」，尤其午後，這是季節交替而產生的正常身體反應。可以在午後稍微休息一會，晚飯後稍微活動、放鬆，睡前泡腳，按摩腳心，以消除疲勞，緩解不適。

四、春分時節的信仰與民俗

在舊時民間，春分不僅是一個節氣，還是一個獨立的傳統節日，全國各地都有很多有趣的習俗活動。

（一）祭祀

周代春分是祭日的日子，《禮記》載：「春分時『祭日於壇』，此俗歷代相傳。」清代《帝京歲時紀勝》也載：「春分祭日，秋分祭月，乃國之大典，士民不得擅祀。」可見，清代春分前後，宮中專門有大臣主持致祭事宜，官宦權貴、皇親國戚也都在春分日祭祖祠。古代帝王的祭日場所設在東郊，祭日儀式非常隆重，有專門負責祭祀的大臣，有祭玉帛、奏禮樂、獻祭品、行三跪九拜大禮等固定的祭祀儀節。明清兩代北京春分祭日的地方是朝陽門外的日壇。明朝祭日要奠

玉帛，行三獻禮。清朝祭日則包括迎神、奠玉帛、三獻、答福胙、送神等九項儀式過程，非常隆重。

仲春之月也是祭祀社稷的重要時節，《儀禮》有「仲春祭社」的記載。《禮記·月令》云：「擇元日，命民社。」《白虎通》云：「仲春獲禾，報社祭稷。」《欽定日下舊聞考》中收錄乾隆二十八年、三十三年、三十四年、三十八年等年份的御制仲春祭社稷壇詩，以三十四年詩爲例：「當春舉祈祭，先月沐優恩。祗此誠爲瑞，其他非所論。撰辰應上戊，仰德配元坤。歲歲躬承祀，據茲敬意存。」廣東從化，「仲春之月，社日，同里共祀土神」。武夷山仲春之時城關舉行蠟燭會，二月初六在西門、南門設燭輪，初九舉行祭社，陳設極其豐盛。廣西忻城二月初二，各條街趕豬到社壇。河南陝縣「社稷壇在西明春秋仲月上戊日致祭」。

民間百姓也在春分時節全村、全族人聚集在一起，舉行隆重的祭祖儀式。

根據民國《蕭山縣誌稿》，「皆立宗祠，祖先神主，藏諸祠內，亦有不入祠堂，在家供立祖先神位者。春秋分薦食，則祭於廟」。據安徽《績溪縣誌》記載，當地各氏族宗祠、支祠，春分、冬至日集族丁舉行祭祖大典，尤以冬至最爲隆重，禮生有二十四、三十六或四十八人。有大贊、陪贊、東引、西引、司樽、讀祝（讀祭文）等執事，捧送禮儀。祭堂擺豬、羊、祭儀、樽盞。行禮如儀。祭禮達兩三小時，觀眾滿堂。而閩西一帶春分祭祖活動一直延續至今。春分前的半個月就開始著手準備，從春分凌晨就開始殺豬、宰雞、做糍粑等，準備成百上千人的祭祖宴。祭祖時，主祭引領眾人向祖宗牌位叩首祭拜，然後舉行新丁取名和增訂族譜等活動。福建武平過去每年春分，民間進行掃墓祭祖，稱之「春祭」。其時本姓各族舉行祭禮，殺豬、宰羊，請鼓手吹奏祭樂，然後，由禮生念祭文，帶引全族行三獻禮，祭拜祖先，非常隆重。

同時，春分還是祭祀高禖祈求姻緣子嗣的時節。《禮記·月令》：「是月也，玄鳥至。至之日，以大牢祠于高禖，天子親往，後

妃帥九嬪御。乃禮天子所御，帶以弓，授以弓矢，于高禖之前。」顧頡剛說：「《周禮》仲春令會男女，然則桃之有華正婚姻之時也。」以萬物的生長萌發蘊含人類自己的生育，天人合一，和諧自然。

除了祭祀儀式外，浙江遂昌的民眾還用「春分戲」來酬神。遂昌城內周、葉等八姓祠堂在春分之時演戲酬神，祈求財丁兩旺，吉祥如意，稱爲「春福戲」。在八姓祠堂演完後，春分戲還會在夫人廟、縣衙和土地祠演出。而縣衙、土地祠只演日場，不演夜場。據說此舉是由湯顯祖任遂昌知縣時（明萬曆二十一年至二十五年間）的「縱囚觀燈」衍變成俗的。縣衙舉行的春分戲專爲在押囚犯演出，外人很少去看，爲防意外而不演夜場。（中國戲曲志編輯委員會《中國戲曲志·浙江卷》）

（二）花朝節

花朝節，又稱「花神節」、「挑菜節」，流行於華北、華東、中南等地，具體節期各地不盡相同。北京、河南開封在農曆二月十二日；浙江、東北地區在農曆二月十五日；河南洛陽等地則在二月初二。各個朝代花朝日期也有所差異，唐代花朝定爲二月十五，還成爲與「正月十五元宵節」、「八月十五中秋節」並列的三個「月半」佳節；到了宋代，花朝節於某些地方被提前到二月十二或二月初二。據《廣群芳譜·天時譜二》引《誠齋詩話》：「東京（開封）二月十二日花朝，爲撲蝶會。」又引《翰墨記》言：「洛陽風俗，以二月二日爲花朝節。士庶遊玩，又爲挑菜節。」楊萬里說「唐二月十五爲花朝」，而「東京以二月十二爲花朝」。不過，展示南宋都城臨安風貌的《夢粱錄》則依然遵循舊習：「仲春十五日爲花朝節，浙間風俗，以爲春序正中，百花爭望之時，最堪遊賞。」到了清代，一般北方以二月十五爲花朝，而南方則是二月十二，大概因爲南北緯度跨度大而使得物候有所差異。

相傳花朝是「百花生日」，由來已久，是我國古時民間的歲時八節之一。最早記載見於春秋的《陶朱公書》：「二月十二爲百花生

日，無雨百花熟。」晉人周處《風土記》云：「浙江風俗，言春序正中，百花競放，乃遊賞之時，花朝月夕，世所常言。」唐代司空圖《早春》詩云：「傷懷同客處，病眼卻花朝。」袁宏道《滿井遊記》有「花朝節後，餘寒猶厲」的句子。論節氣，從「驚蟄」到「春分」之間，乍暖還寒，而萬物復甦。清人蔡雲《吳歈》詩云：「百花生日是良辰，未到花朝一半春。紅紫萬千披錦繡，尚勞點綴賀花神。」此時春回大地，草木萌發，百花或含苞，或吐綻，或盛開。其間民間有賞花、種花、踏青、祈福等活動。

花朝這天，花圃裡要設花神神位，焚香祭祀，花農還要設酒宴醑酒祭之。花朝還延續了古已有之的仲春時節祭祀女神的習俗，近代有「百花生日」、「社祭」和「觀音誕辰」廟會。錦州春分時節最大的民間集會，是農曆二月十九的「觀音誕辰」廟會，也是舊時錦州城鄉一年中最大型的廟會之一。據《香山縣誌》載：「花朝後四日插花祀門。」花朝節也是廣西龍州、寧明一帶壯族人民的重要節日。是日，壯家姑娘們帶著繡球、糯米飯，小夥們也帶著禮品，相聚於「木棉墟」（即木棉生長的地方），三五成群對歌，歌頌百花仙子，拋繡球、贈禮物。太陽快要落山時，姑娘們把繡球拋掛在木棉樹上。民間認為，如此把繡球拋給百花仙子，可以求得仙子對美好愛情的護佑。而珠江三角洲地區的姑娘們則在這天採擷鮮花向玉皇大帝行禮，叩拜皇恩，祈求早日擇得佳婿。據記載，過去南海神廟在「波羅誕」正誕之後便舉行花朝節活動，年輕姑娘們在這天相約來到南海神廟，行拜花之禮。明清時期的「波羅誕」長達十幾天，農曆二月初一至十三為「波羅誕」，二月十四至十五則為花朝節（與「唐二月十五為花朝」是相同的）。其時，四鄉民眾白天祭神經商，詩酒會友，晚上便聽戲娛樂，任漁歌唱晚。這種有趣的活動後來在各種當代活動的推廣下得到發展。

舊時上海一帶二月十二日「花朝」，有「張花神燈」的活動。花神燈，也叫「涼傘燈」，即剪紙為傘，鏤刻人物、花鳥。出燈的時候要敲鑼打鼓，並用紙紮成花枝、花籃，敲打細腰鼓，有人扮作採茶

女，一路歌唱表演。後面還跟著一個抬閣，裡面坐著裝扮好的小孩。除此之外，花朝還有採戴薺菜花的習俗，相傳可保一年不頭痛。

（三）豎蛋

春分是玩「豎蛋遊戲」的最佳時節。中國自古就有「春分到，蛋兒俏」的說法，而到了現今，每逢春分之日，全世界都有無數人嘗試著把雞蛋豎立起來。這一古老的中國習俗會成為一種世界範圍的遊戲，讓人覺得不可思議。豎蛋遊戲玩法簡單，趣味性卻很強，因此受到了大眾的青睞。在春分這一天，只要選擇一個光滑勻稱、剛生下四五天的新鮮雞蛋，再將它豎立起來，就大功告成了。北京地區春分還有「摘福」的習俗，即在春暖花開之時摘除春節時貼上的春聯，有「摘福迎春」之意，以祈全家和睦安康。

為什麼要選擇在春分這一天玩豎蛋遊戲呢？因為人們認為雞蛋在這一天裡更容易豎立起來。有人還試圖用現代科學解釋這件事：春分這天是南北半球晝夜等長的日子，太陽直射赤道。傾斜的地球地軸與太陽引力方向處於一種相對平衡的狀態，地球的磁場也相對穩定，這對將蛋豎立起來十分有利。但也有人認為，雞蛋在任何時候立起來的難度都一樣，只不過眾人已經習慣在春分玩這個遊戲。不管上述說法哪個是真，豎蛋確實有一些找平衡的小技巧。雞蛋看似平滑，實則手感略顯粗糙，這是因為蛋殼表面有許多突起的「小山包」。這些「小山包」差不多0.03毫米高，彼此之間的距離大概在0.5到0.8毫米之間。這樣當雞蛋豎起時，它的底部很容易有三座「小山包」構成的一個相對穩定的三角形，當三角形的中心與雞蛋的重心的連線垂直於這個三角平面時，這個雞蛋就可能成功地豎起來。

（四）飲食習俗

老北京在春分祭日之時要吃「太陽糕」。太陽糕是祭祀太陽神的供品，希冀太陽普照，孕育萬福，這是用大米麵和綿白糖蒸製的圓形小餅，上面印著一隻朱紅的引頸啼叫、為人間報春送喜的金雞（或印

太陽）。

　　川西一帶農家春分有吃菜卷子的習俗。而嶺南一帶春來早，春分之時早已草木繁盛，也有春分吃春菜的習俗。「春菜」是一種野莧菜，也稱「春碧蒿」，採摘洗淨後與魚片一起「滾湯」，名曰「春湯」，「春湯灌髒，洗滌肝腸。闔家老少，平安健康」。很多地方還有「粘雀子嘴」的習俗，即每家都煮湯圓吃，並把沒有包心的湯圓煮好用竹籤串成串，置於田間地頭，以免鳥雀來破壞莊稼。

　　湖南長沙春分日，農民將餘下的水稻、黃豆等種子磨粉蒸糕，糕面置紅棗，俗稱「春分糕」，用以食用及饋贈親友，寓祈祝新年五穀豐登之意。此俗現在鄉間猶存。「逐疫氣」也是不少地方春分的重要習俗。安徽南陵一帶「春分節」黃昏，兒童們會爭相敲打銅鐵響器，聲音震耳，意謂驅逐疫氣，保家人健康平安。廣東陽江婦女春分要上山採集百花葉，然後搗成粉末，與米粉和在一起做湯麵吃，據說能清熱解毒。雲南鶴慶一帶的白族，在春分中午舉行「賽會」，各家將頭年收割的稻穀、包穀、小麥、蠶豆及各種瓜果，拿來互相評比，並交流生產經驗。

　　春分在很多地方還是社日，也有相應的特殊食俗。山東淄博春分社日要炒豆炒米吃。當地有俗語云：「社日不炒豆，死人無人候」、「社日不炒胖（炒米），死人無人葬」。貴州江口的「過社」是以土家族為主的傳統節日。從立春算起，第五個戊日即是社日，「五戊為社」；但有一些地方則以春分前後的戊日為社日。戊為土，所以在社日要敬土地神、為新墳掛社清、祭祖等。「過社」要辦社飯，以糯米、大米各半，拌入蒿菜、野蔥、臘肉、豆腐乾、薑、蔥、大蒜等，用木甑蒸熟而食，其味清香可口。次日炒食之，更風味爽口。

　　廣西羅城仫佬族二月社日（春分前後）要包枕頭粽。枕頭粽每只有五六斤重，全家人共吃一個就夠了。製作時先要浸泡糯米幾個小時，然後撈出晾乾，加入城水拌勻；接著把粽葉一層一層地攤開至一尺多寬，在上面放上糯米到一定高度，再加葉子圍邊；每疊一層葉子，鋪放一層米，一圈圈緊緊包裹；最後用繩子綁緊繫牢，再放進鍋

中煮整整一天。

根據當地傳說，枕頭粽是一群砍柴的壯家兒童傳授給放牛的仫佬族兒童的。出嫁的女兒有了孩子以後，社日前兩三天要回娘家，過完社日回婆家時，娘家則要以枕頭粽相贈。而新媳婦第一次在婆家過社日後，婆家也要送枕頭粽給親家。

福建泰寧縣春社日家家做米丸，敬祀神農氏，希望春祈秋報。過去人們還以此預卜米價，認為若是先春社後春分，米價不會漲；若是「先春分後春社，米價受驚嚇」，米價看漲。

春分時節也是採茶的重要節點，按節令採摘新茶製作嫩尖茶。陝西安康春分所採的茶為雀舌茶，茶形如雀舌頭，茶嫩色白帶綠。廣西浦北官垌石梯山春分時節出產名貴的「春分茶」。石梯山崇崗疊嶂，山深谷幽，植被茂密，每年冬至到翌年春分皆霧雨霏霏。春分時節茶漸出，山民採擷茶芽，謂「頭盞春分茶」。經過炒茶青、搓捶、翻炒、搓揉，三炒三搓之後，茶葉揉捲成穀粒狀，再用文火翻炒焙乾，火候是由高到低，待堅實的茶粒漲鼓呈泡凸狀，即成名貴的「春分茶」。「春分茶」馨香鮮嫩，清爽回甘，如石梯山的春分時節一樣，如夢如幻，又生機勃勃。（《浦北縣文史資料》）

五、辛勤耕耘，恬靜自在

二十四節氣是中國人長期以來應時而動智慧的實踐性表達，春分時節十二辟卦為大壯，卦象二陰四陽，表示陽氣已占多半，天氣溫暖，十分適宜莊稼生長。春分這樣一個時間節點所要體現的，就是這種由內而外、天人合一的生長與轉換。因而與此相關的所有活動都是應時而動的表達。這是一個充滿了生機又富於挑戰，恬

淡自由而又忙碌的時節。

在這桃之夭夭的季節，人們忙碌地生產，快樂地戀愛，盡情享受生命的繁盛。民眾在仲春之月爲感天地的氣息，行動做事都與之相適應，因此，「是月也，安萌芽，養幼少，存諸孤……命有司省囹圄，去桎梏，毋肆掠，止獄訟。……毋竭川澤，毋漉陂池，毋焚山林」（《禮記・月令》）。呵護幼小，避免爭訟，以人的平順、勤勞、安適，順應大自然的生命力。

歐陽修（存疑）《阮郎歸・南園春半踏青時》曾對春分有細緻精彩的描述：「南園春半踏青時，風和聞馬嘶。青梅如豆柳如眉，日長蝴蝶飛。花露重，草煙低，人家簾幕垂。秋千慵困解羅衣，畫堂雙燕歸。」仲春時節，自然景物與生活情趣的各種美好，總是那麼令人目不暇接而又暖意融融。

在春分迷人的自然環境之中，「人」應時而動的身影更加迷人。宋琬《春日田家》：「野田黃雀自爲群，山叟相過話舊聞。夜半飯牛呼婦起，明朝種樹是春分。」詩歌描寫了春分前後普通農家的生活景象，田間的辛勤忙碌，卻有一種踏實、恬靜、自由自在的自然樂趣。

春分時節人與自然的和諧統一，不僅體現在生產、生活上，更深層次地呈現出人們對理想的追求。王勃《仲春郊外》云：「東園垂柳徑，西堰落花津。物色連三月，風光絕四鄰。鳥飛村覺曙，魚戲水知春。初晴山院裡，何處染囂塵。」這首詩爲我們展現了春分時節郊外的大好風光，也借由美妙的風景傳達了詩人超凡脫俗的旨趣，把崇高、浪漫的理想寄於可愛的時節之中。

清明：祭祖踏青兩相宜

　　「佳節清明桃李笑」、「雨足郊原草木柔」。每年的4月5日前後，太陽到達黃經15度，是爲清明。《歲時百問》載「萬物生長此時，皆清潔而明亮，故謂之清明」。「清明」二字表明天清地明的時刻已經到來，萬木凋零的寒冬完全退去，大地上冰雪消融，草木萌動，一派欣欣向榮。

　　作爲二十四節氣之一，早在漢代以前清明就已出現。漢代淮南王劉安在他的《淮南子·天文訓》中已經明確指出，「（春分後）加十五日（斗）指乙，則清明風至」。春分後十五日，北斗星柄指向乙位，溫暖清新的「清明風」到了。「滿階楊柳綠絲煙，畫出清明二月天」，描繪的正是充滿勃勃生機的春天。

一、物候與花信

　　古代曆法中一年分二十四節氣，每一節氣分三候，五日一候，每候都通過鳥、獸、蟲、魚、花、草等的生命活動變化來表現。清明節氣的物候分別是：一候桐始華，二候田鼠化爲鴽，三候虹始見。清明節氣，氣候回暖，桐花開始盛開。古人認爲桐木知日月閏年，生長順應天時之氣。《逸周書》曰「清明之日，桐始華」，又曰「桐不華，歲有大寒」。

　　五日之後，喜陰的田鼠爲了躲避烈陽之氣，躲回到洞穴避暑，取而代之的是喜歡陽氣的鴽（一說田鼠化身爲鴽）。田鼠象徵著至陰

之物，鴛則象徵著至陽之物，兩者交替，意味著陰氣漸絕而陽氣漸盛。再過五日，雨水漸增，空氣濕潤，雨過天晴之後，天空中常常出現美麗的彩虹。

清明節氣的花信是：一候桐花，二候麥花，三候柳花。

清明時節，郊原平疇、村園門巷、深山之中、驛路之旁，均可見紫白桐花綻放。韓愈在《寒食日出遊》中云：「李花初發君始病，我往看君花轉盛。走馬城西惆悵歸，不忍千株雪相映。邇來又見桃與梨，交開紅白如爭競。……桐華最晚今已繁，君不強起時難更。」李花、桃花、梨花依次開遍之後，便是桐花綻放的清明節氣。白居易酷愛桐花，詩云：「春令有常候，清明桐始發」、「況此好顏色，花紫葉青青」、「沉沉綠滿地，桃李不敢爭」。清明時節，紫白桐花怒放，但無奈春已近末，只能為春餞行，成為「殿春」之花。趙蕃《三月六日》云：「桐花最晚開已落，春色全歸草滿園。」楊萬里《過霸東石橋桐花盡落》云：「老去能逢幾個春？今年春事不關人。紅千紫百何曾夢？壓尾桐花也作塵。」春逝之傷溢於言表。

麥花雖不及桐花絢爛，卻也「輕花細細」、「萬頃雪光」。宋代董嗣杲在《麥花》詩中寫道：「輕花細細復猗猗，何止青熒秀兩枝。萬頃雪光抽夏日，一天翠浪弄秋時。暖風覆野看搖燕，晨氣籠晴想韻鸝。有實可祈催食，晝長村疃不攢眉。」麥花雖輕盈細小，細觀之卻很美麗。夏日裡，一望無際的麥田同時秀出麥花，猶如萬頃雪光，耀人眼目。更為重要的是這一天的揚花傳粉將決定麥子的收成。可喜的是正遇上了「暖風覆野」、「晨氣籠晴」的好天時，這樣好年景就有了盼頭，村裡村外到處洋溢著喜悅的氣氛。

柳花俗稱柳絮，在文學中，柳絮是重要的意象。在春芳殆盡的晚春，柳絮似雪，無根無依，隨風起舞，引起人們無限的遐想與感慨。劉禹錫的《柳花詞》：「開從綠條上，散逐香風遠。故取花落時，悠揚占春晚。」、「晴天暗暗雪，來送青春暮。無意似多情，千家萬家去。」

二、掃墓與踏青：「複調」的清明節俗

在二十四節氣中清明兼具「節氣」與「節日」兩種身份。清明作為節氣，早在漢代以前即已出現。作為民俗節日，則出現於唐代，對上巳節、寒食節習俗活動進行了繼承與融匯。

清明前後，草長鶯飛，桃紅柳綠，春色宜人，人們紛紛走向野外，親近自然。清明外出掃墓、踏青的原始意義在於順天時，是月生氣方盛，陽氣發洩，萬物萌生，人們以主動的姿態去順應和促進時氣的運行。外出掃墓、踏青，有助於人們吸納大自然的純陽之氣，驅散積鬱的寒氣和抑鬱的心情，催動生命的流轉。

（一）雨潤塚草倍思親：清明悲情

俗語云：「鴉有反哺之孝，羊知跪乳之恩。」作為萬物之靈長的人類，自然知道感恩。中國歷來有慎終追遠、報本返始的傳統。白居易在《清明日登老君閣望洛城贈韓道士》中云：「風光煙火清明日，歌哭悲歡城市間。何事不隨東洛水，誰家又葬北邙山。中橋車馬長無已，下渡舟航亦不閑。塚墓累累人擾擾，遼東悵望鶴飛還。」清明時節是悼亡的日子。

1.慎終追遠、報本返始—家祭血緣之祖

掃墓祭祖是清明節俗的核心。每到清明，人們都忙著回鄉上墳，「三月清明雨紛紛，家家戶戶上祖墳」。無論城市還是鄉村，清明掃墓都異常熱鬧。

清明掃墓，但是不一定在清明當天，日期可前後放寬些。上海地區俗稱「前七後八，陰司放假」，掃墓不超出前七天後八天的範圍。在廣東長樂（今廣東五華縣），掃墓要在四月八日前停止，因為民間俗信這天閉墓。遼寧海城，習慣以清明前後十日為掃墓期。

「掃墓」一詞在《清通禮》裡是這樣解釋的：「歲，寒食及霜降節，拜掃壙塋，屆期素服詣墓，具酒饌及芟剪草木之器，周胝封樹，剪除荊草，故稱掃墓。」掃墓一方面可以表達後人對祖先的孝敬與關

懷，另一方面，在古人的信仰裡，祖先的墳墓和子孫後代的興衰福禍有莫大的關係，所以掃墓是不可輕忽的一項祭祀內容。清明掃墓之風在唐代已經很興盛，宋人詩曰：「南北山頭多墓田，清明祭掃各紛然。紙灰飛作白蝴蝶，淚血染成紅杜鵑。」

祭掃首先要將墳頭的雜草清除乾淨，因為「暮春三月，江南草長，雜花生樹，群鶯亂飛」，荒野中被冷落了一年的親人墳塋早已雜草叢生，是時去清理了。於是祭祀前，拔去墳頭雜草，並將被風雨沖刷侵蝕的墳頭重新培整。清《揚州府志》：「清明，墓祭，以不過『清明』為度，修壟增土。」如果清明過後，墳上不見新土，則會被人認為是無人祭奠，「但看壟上無新土，此中白骨應無主」。

墳墓修整完好之後，人們擺出三牲祭品、醴酒、香火等物以及其他富有地方特色的物品。如浙江嵊縣（今嵊州市）「用黏米採菁苗為糍，刲羊豚祭先壟」。山西萬泉、榮河一帶喜用麵食祭品，其狀如兜鍪，蒸製而成，俗稱「子推」，榮河縣的「子推」還「內裝胡桃九枚，外周圍胡桃八枚，上插雞子」。據《東京夢華錄》記載，北宋東京「寒食前一日謂之『炊熟』，用麵造棗飛燕，柳條串之，插於門楣，謂之『子推燕』」。一切祭品擺放完畢，人們按照由長到幼的順序給親人跪拜磕頭。有祭文曰：「時惟二月，節屆清明，梨花沒白，桐葉深青，撫景動念，拜掃佳城，追遠報本，薦酒陳牲，仰冀昭格，降鑒香馨，庇佑孫子，進財添丁，書香克振，萬福來迎，伏惟尚饗。」

紙錢是清明掃墓的重要物品。紙錢又名寓錢，意為以紙錢代替真錢。

唐代封演在《封氏聞見記》中記載了紙錢的來歷、使用方式等，「今代送葬，為鑿紙錢，積錢為山，盛加雕飾，舁以引柩。（按：古者享祀鬼神，有圭璧幣帛，事畢則埋之。後代既寶錢貨，遂以錢送死，《漢書》稱盜發孝文園瘞錢是也。率易從簡，更用紙錢。紙乃後漢蔡倫所造，其紙錢魏晉以來始有其事。今自王公逮於匹庶，通行之矣。凡鬼神之物，其象似亦猶塗車、芻靈之類。古埋帛金錢，今紙錢

則皆燒之，所以示不知神之所爲也。）」。紙錢的使用始於魏晉，開始時是爲了從簡，改隨葬錢幣爲紙錢，唐代後紙錢已普遍存在於喪葬祭祀儀式中。

各地送紙錢的方式不同，有燒、掛、壓等多種方式。過去由於寒食禁火的影響，紙錢不焚燒，而是掛在墓地邊的樹上、竹竿上，或用磚石、土塊壓在墳墓邊。宋代莊季裕《雞肋篇》中說：「寒食上塚，亦不設香火。紙錢掛於塋樹。其去鄉里者，皆登山望祭。裂帛於空中，謂之掰錢。」安徽壽春墓祭時「掛紙錢於墓樹，謂之贐野鬼」。江蘇吳中一帶則是「挑新土，燒楮錢，祭山神，奠墳墓」。

在很多地方，掃墓時要區分新墳與老墳。這種區分至遲在宋代已經出現，孟元老在《東京夢華錄》中提到汴京人在清明節這一天上新墳，「寒食第三日即清明節矣。凡新墳皆用此日拜掃」。所謂新墳，即爲三年之內安葬的墳墓。《金瓶梅》第八十九回回目爲「清明節寡婦上新墳，永福寺夫人遇故主」，裡面這樣描述清明當天：「且說一日，三月清明佳節，吳月娘備辦香燭、金錢冥紙、三牲祭物，抬了兩大食盒，要往城外墳上與西門慶上新墳祭掃。」到了清代，很多地方都要清明上新墳。江蘇《相城小志》記載當地「清明，新喪家親戚持錠帛來吊，飯後到新墳祭奠，名『上墳』」。《句容縣誌》也記載「婦女新婚，必往哭，三年而止」。靖江地區稱上新墳爲「哭新鬼」，《靖江縣誌》：「清明，掃墓插柳，塚上標白紙錢，哭新鬼。」

清明祭祖時人們要將三牲祭品、四碟六碗、時饈清酒等豐盛的祭品獻給祖先。祭畢，這些酒食一定要與家人、親戚共用，這也是分享祖先福佑，俗稱「吃清明」。在山東威海、棲霞，全族公祭祖墳後，一起吃祭後的饅頭及菜肴，稱爲「房食」或「祊社」。在浙江縉雲叫作「散清」，在宣平叫作「吃清」。

馮友蘭曾說：「行祭禮並不是因爲鬼神眞正存在，只是祭祖先的人出於孝敬祖先的感情，所以禮的意義是詩的，不是宗教的。」我們固然知道祭奠的酒饌「一滴何曾到九泉」，但我們卻寧願選擇相信親

人、祖先能夠接受我們的祭奠，感受我們內心中湧動的濃濃親情，清明時節莊重、虔誠的墓祭是情感的、道德的、詩意的眞實。

2.「報本崇初祖，數典頌軒轅」—清明公祭軒轅黃帝

軒轅黃帝是中華民族「人文初祖」、「文明始祖」，被譽爲「三皇五帝」之一。歷傳陝西、甘肅、河北、河南等地，均有黃帝陵。其中，地處中華文明搖籃—陝西的黃帝陵，是國家重點文物保護單位，素有「中華第一陵」的美稱。民間相傳黃帝年老時乘龍升天，臣子們不願黃帝離去，遂放箭阻攔，龍被射傷，飛過陝中的橋國時降下休息，橋國人拉下了黃帝的一隻靴子。黃帝升天後，橋國人將黃帝的靴子建墓埋葬，形成了黃帝陵，並連年舉行祭拜儀式。

早在春秋時期，黃帝祭祀儀式已相當隆重。戰國初期，秦靈公在吳山之陽，「作上畤，祭黃帝；作下畤，祭炎帝」。到了重視孝道的漢代，黃帝逐漸由天神轉化爲人祖，對他的祭祀更加頻繁。漢武帝元封元年（前110年）十月，「北巡朔方，勒兵十餘萬還，祭黃帝塚橋山」。唐代是祭黃儀式發生重大歷史轉變的時期。唐代宗大歷五年（770年），於橋山西麓建廟，敕祭黃帝，使得祭黃儀式正式上升爲國家祭典。此後，歷代王朝統治者都親臨或遣官祭拜黃帝。在傳統社會中，由王朝政府公祭軒轅黃帝，成爲傳統社會彰顯皇權威嚴的重要表現方式。

1912年清明節，中華民國臨時大總統孫中山委派代表團赴陝西中部橋山致祭黃帝陵，並親筆撰寫祭文《黃帝贊》，曰：「中華開國五千年，神州軒轅自古傳。創造指南車，平定蚩尤亂。世界文明，唯有我先。」到了1935年，國民黨中央政府第一次派員致祭於中華民族始祖黃帝軒轅氏之陵，並確定清明日爲「民族掃墓節」，每年舉行祭祀儀式。1937年，爲了凝聚中華民族的所有力量，對抗日本侵略者，國共兩黨互派代表，共祭黃帝陵。毛澤東同志親撰祭文，曰：「赫赫始祖，吾華肇造。冑衍祀綿，嶽峨河浩。聰明睿知，光被遐荒。建此偉業，雄立東方。」

伴隨著歷史的腳步，近年來，每屆清明節，來自五湖四海的中華

兒女齊聚陝西黃帝陵，舉行大型公祭活動，緬懷我們共同的祖先。

　　清明節氣處在陰氣衰退、陽氣旺盛的時節，人們一方面感恩、懷念祖先，另一方面以培土、掃墓、掛紙的方式展現後代的興旺。祖先的墳墓聯繫著家族的繁衍、子孫的興衰，子孫的興旺又能保護祖先的安寧與香火的綿延。祖墓不僅是生命之根，也是情感之節，人們無論走到哪裡，都心繫鄉墓。

（二）「遊子尋春半出城」：清明樂事

　　拆桐花爛漫，乍疏雨、洗清明。正豔杏燒林，細桃繡野，芳景如屏。

　　傾城。盡尋勝去，驟雕鞍紺幰出郊坰。風暖繁弦脆管，萬家競奏新聲。

　　盈盈，鬥草踏青，人豔冶、遞逢迎。向路旁往往，遺簪墮珥，珠翠縱橫。歡情。對佳麗地，信金罍罄竭玉山傾。拼卻明朝永日，畫堂一枕春醒。

　　　　　　　　　　　　　　　　　〔宋〕柳永《木蘭花慢・清明》

　　清明時節，桐花綻放，杏花盛開，桃花爛若雲霞，人們傾城出動，尋芳覓勝。踏青遊玩的人如此之多，路旁遺落的珠翠簪環數不勝數……柳永的一首清明詞，生動地再現了北宋江南清明郊遊盛況。

　　到了明代，亦如此。清明時節的北京城，「四野如市，往往就芳樹之下，或園囿之間，羅列杯盤，互相勸酬。都城之歌兒舞女，遍滿園亭，抵暮而歸」（《東京夢華錄》）。掃墓之後，人們並不急著回家，因為還有一個重要的節目沒有開始呢。清明好時節，人們要在開滿鮮花的樹下或是園林中圍坐，暢享大自然的美麗景色。田汝成在《西湖遊覽志餘》中描述了杭州的清明節，也是如此：「是日，傾城上塚，南北兩山之間，車馬闐集，而酒尊食罍，山家村店，享餕邀遊，或張幕藉草，並舫隨波，日暮忘返。……而彩妝傀儡、蓮船、戰

馬，秋千、餳笙、韜鼓、瑣碎戲具，以誘悅童曹者，在在成市。」清明時節，楊柳依依，自然界一片生機勃勃，人們借著掃墓踏青郊遊，以順時氣、促生長。

1.「清明不戴柳，紅顏成皓首」

「清明一霎又今朝，聽得沿街賣柳條。相約毗鄰諸姐妹，一株斜插綠雲翹。」（楊韞華《山塘擢歌》）柳樹爲春季應時佳木，得春氣之先，清明又爲「柳節」。清明時節，人們或將柳枝直接插在屋簷下、門窗上，或用柳條編成精巧的圈兒插在鬢上。在遼寧，小孩子將嫩柳編成柳圈，戴在頭上，稱爲「柳樹狗」。在廣西，人們將柳枝插於衣服扣子間。有些地方不僅人要戴柳，動物也要戴柳。乾隆四十一年《新鄭縣誌》載當地人採柳枝「歸插屋簷，且佩帶焉，下逮犬貓不遺」。

清明插柳可紀年華。宋代趙鼎詩曰「寂寞柴門村落裡，也教插柳紀年華」。乾隆二十八年《東湖縣誌》說當地「是日，又戴楊柳於首，並插柳枝於戶，謂之紀年華」。柳樹亦可延年。民諺說「清明不戴柳，來生變黃狗」、「清明不戴柳，紅顏成皓首」。江蘇鹽城童謠：「胡不踏青，又過清明；胡不戴柳，須臾黃耇。」青柳留春，意味著在春季將逝的時節，用青青的柳條象徵著對青春、生命的挽留。

2.「好是隔簾花樹動，女郎撩亂送秋千」

「秋千」一詞，據宋代高承《事物紀原》中記載：「本山戎之戲也，自齊桓公北伐山戎，此戲始傳中國。」秋千本是山戎民族進行軍事訓練的工具，後來春秋五霸之一的齊桓公北伐山戎，才將這一活動帶到了中原，後來慢慢演變爲娛樂活動。

漢武帝曾經想通過秋千祈求「千秋」之壽。唐代高無際在《漢武帝後庭秋千賦並序》中說：「考古之文苑，惟秋千賦未有作。況秋千者，千秋也。漢武祈千秋之壽，故後宮多秋千之樂。」從這段記載中可以看出，漢武帝時後宮諸人已經開始玩蕩秋千的遊戲。據《荊楚歲時記》記載，大約到了南北朝時期，蕩秋千發展成爲寒食節的一項重要活動。唐代的秋千遊戲更加盛行，甚至被唐玄宗稱爲「半仙之

戲」。五代王仁裕在《開元天寶遺事》中說：「天寶宮中，至寒食節，競豎秋千，令宮嬪輩戲笑以爲宴樂。帝呼爲半仙之戲，都中市民因而呼之。」

秋千細腰女，搖曳逐風斜。（白居易《和春深二十首》）

秋千打困解羅裙，指點醒酣酒一尊。見客入來和笑走，手搓梅子映中門。（韓偓《偶見》）

一聲笑語誰家女，秋千映、紅粉牆西。（趙孟堅《花心動》）

柳下笙歌庭院，花間姊妹秋千。（晏幾道《破陣子》）

到了明代，清明有「秋千節」的稱呼。《金瓶梅》第二十五回「吳月娘春晝秋千，來旺兒醉中謗訕」中，描摹了西門慶妻妾清明節蕩秋千的情景：

話說燈節已過，又早清明將至。西門慶有應伯爵早來邀請，說孫寡嘴作束，邀了郊外耍子去了。

先是吳月娘花園中，紮了一架秋千。這日見西門慶不在家，閑中率眾姊妹遊戲，以消春困。先是月娘與孟玉樓打了一回，下來教李嬌兒和潘金蓮打。李嬌兒辭說身體沉重，打不得，卻教李瓶兒和金蓮打。打了一回，玉樓便叫：「六姐過來，我和你兩個打個立秋千。」分咐：「休要笑。」當下兩個玉手挽定彩繩，將身立於畫板之上。月娘卻教蕙蓮、春梅兩個相送。正是：

紅粉面對紅粉面，玉酥肩並玉酥肩。

兩雙玉腕挽復挽，四隻金蓮顛倒顛。

那金蓮在上面笑成一塊。月娘道：「六姐你在上頭笑不打緊，只怕一時滑倒，不是耍處。」說著，不想那畫板滑，又是高底鞋，趷不牢，只聽得滑浪一聲把金蓮擦下來，早是扶住架子不曾跌著，險些沒

把玉樓也拖下來。

……

然後，教玉簫和蕙蓮兩個打立秋千。這蕙蓮手挽彩繩，身子站的直屢屢的，腳跐定下邊畫板，也不用人推送，那秋千飛在半天雲裡，然後忽地飛將下來，端的卻是飛仙一般，甚可人愛。

綠楊垂柳，佳人飛蕩，清明時節的秋千之戲真是令人心嚮往之。

3.「兒童散學歸來早，忙趁東風放紙鳶」

終於揀下個晴日子，我們便把它放起來：一個人先用手托著，一個人就牽了線兒，站在遠遠的地方；說聲「放」，那線兒便一緊一鬆，眼見得凌空起去，漸漸樹梢高了；牽線人立即跑起來，極快極快地。風箏愈飛得高了，悠悠然，在高空處翩翩著，我們都快活了，大叫著，在田野拼命地追，奔跑。（賈平凹《風箏》）

放風箏是清明節最受歡迎的活動之一。《清嘉錄》記有：「春日放之，以春之風自下而上，紙鳶因之而起，故有清明放斷鷂之諺。」清代吳友如的《清明時節放風箏》中說：「只憑風力健，不假羽毛豐。紅線凌空去，青雲有路通。」放風箏時，牽一線而動全身，放線收線，前俯後仰，時靜時動，著實是一項不錯的戶外運動。

在一些地方，清明節放風箏一定要將風箏的線剪斷，讓風箏隨風飄去，意思是「放晦氣」。在《紅樓夢》裡，當一個大風箏掛在竹梢上，紫鵑要去收起來時，探春說道：「紫鵑也學小氣了。你們一般的也有，這會子拾人走了的，也不怕忌諱？」連黛玉也勸她扔出去，說：「知道是誰放晦氣的，快掉出去罷。把咱們的拿出來，咱們也放晦氣。」

三、農諺與養生

　　清明是進行農業生產的重要時節。清明一到，除東北與西北地方外，大部分地區的日平均氣溫已升到12攝氏度以上，大江南北直至長城內外，到處是一片繁忙的春耕景象。農諺云「人誤地一時，地誤人一年」。

　　清明是播種秋季作物的重要時節，「清明後，穀雨前，又種高粱又種棉」。清明適合早稻播種，湖北江漢平原地區的農諺說「清明下秧，不問爹娘」。上海地區農諺說「清明到，把稻泡」。

　　清明也是播種棉花的關鍵時節。棉花播種溫度需達到12攝氏度，華北地區諺云「清明早，小滿遲，穀雨種棉正當時」；而華中地區要在清明前播種完，「清明前，好種棉」，蘇、浙、皖一帶是「要穿棉，棉花種在立夏前」。不同地區，清明時節溫度不同，棉花的播種時間也要相應調整。

　　清明也適合作物生長，冬小麥此時生長最為旺盛，「清明時節，麥長三節」。作物生長需要非常多的雨水，民諺說「清明前後一場雨，勝似秀才中了舉」，但是清明當天要晴，「清明要明，穀雨要淋」。

　　在南方，各種果樹相繼開花，「梨花風起達清明」，應注意打枝、授粉，做好果樹的護理工作。在茶園裡，「明前茶，兩片芽」，一片片的茶樹正處於生長旺季。

　　在城市裡，清明時節適合植樹造林，「植樹造林，莫過清明」。

　　清明時節，春和景明，惠風和暢，春天的生機經過醞釀、孕育已全然釋放；但「盈虛有數」，此時冷、熱氣流交鋒頻繁、激烈，晴雨不定，乍暖還寒。楊萬里《春盡捨舟餘杭，雨後山行》：「前夕船中索簟眠，今朝山下覺衣單。春歸便肯平平過，須做桐花一信寒。」、「桐花春雨」常給人料峭之感。此時養生以補腎、調節陰陽虛弱為主。

　　清明養生歌訣：

清明養生防春瘟，
散步田園八段錦。
慎食發物柔肺肝，
花開朗秀防哮喘。
養心怡性勝藥補，
健康快樂享幸福。

清明節氣乍暖還寒，要謹防春瘟；天氣清潔明淨，多到戶外散步
或練習動作柔和的八段錦；有關節炎、哮喘等慢性病的人此時慎食發
物，如海魚、海蝦、竹筍、羊肉、雞肉等，以免誘發或加重疾病；春
暖花開，花粉過敏容易引起哮喘，要注意防範；此時養生最重要的是
保持心情舒暢以使氣機暢達、氣血調和。

四、清明食俗

在我國的傳統節日中，節日食品必不可少。這些節日食品不僅味
道鮮美，更極具節日文化內涵。清明時節，人們通過特定的節日食
品，表達著敦親睦族、慎終追遠、平安康泰等美好祝願。

清明節由於其與寒食節的關係，節日食品多是冷食，有雞蛋、春
餅、青團、清明飯、螺螄、清明粑等等。據《東京夢華錄》記載，北
宋東京「寒食前一日謂之『炊熟』，用麵造棗飛燕，柳條串之，插於
門楣，謂之『子推燕』」。

東北民謠說「清明不吃蛋，窮得亂戰戰」，清明節的時候一定要
吃上一個雞蛋。清明節吃雞蛋的習俗歷史久遠，駱賓王《鏤雞子》
云：「幸遇清明節，欣逢舊練人。刻花爭臉態，寫月競眉新。暈罷空
餘月，詩成並道春。誰知懷玉者，含響未吟晨。」所謂「鏤雞子」，
即指在雞蛋上刻畫花紋，是唐朝時流行於清明時節的一種風俗。

上海地區清明節有吃青團的風俗。將雀麥草汁（或用艾草）和糯

米一起舂合，使青汁和米粉相互融合，然後包上豆沙、棗泥等餡料，用蘆葉墊底，放到蒸籠內。蒸熟出籠的青團色澤鮮綠，香氣撲鼻，是本地清明節的特色食品。

　　浙江俗語說「清明螺，賽隻鵝」。清明前後，螺螄肥壯，人們習慣在清明節這天吃螺螄，用針挑出螺螄肉烹食，叫「挑青」；吃後再將螺螄殼扔到房頂上，據說屋瓦上發出的滾動聲能嚇跑老鼠，有利於清明後養蠶。

　　「清明常在，民族不老。」（語出蕭放）從指導農事的節氣，到祭祀祖先、踏青春遊的節日，中國古人賦予了清明更多的文化意義。在這個生機盎然的日子裡，讓生者與逝者對話，讓現實與歷史交接。與逝者對話，是血脈親情的延續，是人倫孝道的彰顯；與歷史交接，是民族精神的傳承，是時代使命的擔當。自古至今，清明就是這樣一個死亡與再生交織、悲情與希望共存的春天的節日。

穀雨：好雨生百穀，
　　　濃芳落新茗

　　正是人間四月天。「黃昏吹著風的軟，星子在無意中閃，細雨點灑在花前。」

　　在這樣美好的時節，二十四節氣中第六個節氣、春天最後一個節氣－穀雨，如約翩躚而至。楊柳倕翠，牡丹吐蕊，魚翻浮萍，鳥弄桐花，繁富的春色至此全部登場。

　　「穀雨」是「雨」與「穀」的交響變奏。天地之氣和而生雨，雨生則萬物皆利。《禮記・月令》孔穎達疏曰：「謂之穀雨者，言雨以生百穀。」《月令七十二候集解》釋穀雨：「三月中，自雨水後，土膏脈動，今又雨其穀於水也……蓋穀以此時播種，自上而下也。」天朗氣清，雨沛風和，穀雨帶來了最為繁忙的春耕時節，秧苗初插，作物新種，長江流域開始下秧，黃淮平原開始種麻，華北平原開始種瓜點豆。「穀雨前後一場雨，勝似秀才中了舉」，雨水的多寡預示著莊稼的豐歉，它牽動著農民的期盼，也繫連著朝廷的政令。《清實錄》記載乾隆詔諭：「京師入春以來，雖得雨澤，尚未沾足。今穀雨已過，未沛甘霖，農田望澤甚殷。朕心深為廑念，宜申虔禱。」農耕初起，一場及時的春雨顯得尤為重要，朝廷內外虔誠祈禱、肅修祀典以求甘霖。

　　春種秋收，農民祈求風調雨順、糧食豐收的願望一年一年隨天道輪迴，歷久彌新。南宋詩人范成大《蝶戀花》詞云：「江國多寒農事

晚。村北村南，穀雨才耕遍。秀麥連岡桑葉賤。看看嘗面收新繭。」
穀雨是辛勤勞作的季節，人們躬身勞作，恰當其時地播種耕植，「棉
花種在穀雨前，開得利索苗兒全」、「穀雨節到莫怠慢，抓緊栽種葦
藕芡」，不早不晚，隨著天時踩穩生活的節奏；穀雨是充滿幸福期
待的季節，抹一把汗，展一臉笑顏，「穀雨麥挑旗，立夏長鬍鬚」、
「穀雨種棉花，能長好疙瘩」，作物拔節生長的聲音猶在耳畔，含苞
待放的蓬勃如在眼前。

一、穀雨物候：風報花開，鳥喚農忙

　　風吹日長，隨著太陽不斷向北回歸線移近，自然的物候在悄無聲
息中為人間變了風景。《太平御覽》載：「穀雨之日萍始生，後五日
鳴鳩拂其羽，後五日戴勝降於桑。」穀雨物候，初候萍始生，萍水相
逢，從流飄蕩，靜承陽氣；二候鳴鳩拂其羽，春色將盡，布穀鳥啼，
驅民布穀；三候戴勝降於桑，戴勝織網，蠶之將生，女工始作。物候
是古代的時鐘，依時為事，人與自然達到了至上的融合。

　　同時，物候也是人事的徵兆。隋《玉燭寶典》記載：「萍不始
生，陰氣憤盈。鳴鳩不拂羽，國不治兵。戴勝不降於桑，政教不
平。」農業社會中人與自然關係密切，物候現象失調，影響農業生產
的順遂與農民心理的安定，間接對國家治理產生影響。它也說明，天
子的集權受到天時的制約，懷有恭謹之心的皇帝會順應天時，施行政
令，以安百姓。

　　「穀雨親蠶近」，從穀雨開始，中國婦女就要忙著採桑育蠶了。
清人納蘭常安在《宦遊筆記》卷二十三《育蠶》篇載，浙江省各縣都
養蠶，穀雨一過，家家戶戶將大門緊鎖，官吏催科獄訟之事停止，親
友不相往來，做生意的也全部歇業，全身心投入養蠶事業。養蠶繅
絲，是當地人主要的生活手段與收入來源，為了保證蠶的順利成長，
人們暫停無關活動，保證養蠶環境的清潔與安靜。穀雨的勤勞中暗含
著克制的成分，天時的制約培養了中國人的敬畏、自制之心。光緒年

間《浙志便覽》也記錄了穀雨三朝以薔薇花粉刷蠶子，以糠灰或石灰襯於紙上除濕氣的方法。一畝三分地的守望，催生了精耕細作的經驗與善用自然的智慧，勤勞智慧被打造成中國農民的基本性格特徵。

二、穀雨花：天香國色，紅豔凝香

《茶香室叢鈔》載穀雨花信風：「一候牡丹，二候酴醾（荼蘼），三候楝花。楝花竟，立夏至。」

「穀雨三朝看牡丹。」唐末詩人王貞白有《白牡丹》詩云：「穀雨洗纖素，裁爲白牡丹。異香開玉合，輕粉泥銀盤。」牡丹盛開正值穀雨，所以又被稱爲「穀雨花」。

穀雨節氣和牡丹有一個動人的故事。相傳唐高宗時期，黃河決堤，洪水淹沒了曹州。一個叫「穀雨」的青年跳入水中，營救了諸多鄉親，最後又解救了困於水中的一株牡丹，將之種植在趙家的百花園中。第三年春天，穀雨母親重病，牡丹花爲了報恩，扮成名叫丹鳳的

（清）惲壽平：牡丹

女子施藥救了穀雨母親。後來丹鳳因爲禿鷹魔怪的捉拿求救於穀雨，穀雨前去解救，被禿鷹刺死。丹鳳爲穀雨報仇，並將之葬入百花園。從此，每逢穀雨的祭日，牡丹就要開花，表示她對穀雨的懷念。穀雨牡丹開放的自然現象，被後人附加成牡丹報恩的故事，爲穀雨賞花增添了感人至深的人文情懷，也表現了人們對牡丹花精神品質的讚賞。

「自李唐來，世人盛愛牡丹。」牡丹花盛，自李唐始。恢宏富麗的氣象下，唐人形成雍容濃豔的審美情趣，上至天子，下至庶民，無人不稱愛牡丹。唐人李肇在《唐國史補》中說：「京城貴遊，尙牡丹三十餘年矣。每春暮車馬若狂，以不耽玩爲恥。」白居易《買花》詩也說：「帝城春欲暮，喧喧車馬度。共道牡丹時，相隨買花去。貴賤無常價，酬直看花數。灼灼百朵紅，戔戔五束素。上張幄幕庇，旁織巴籬護。水灑復泥封，移來色如故。家家習爲俗，人人迷不悟……一叢深色花，十戶中人賦。」一個時代崇尙的花品，成了一個時代精神的表徵。

唐時牡丹以長安爲首，宋以後，洛陽的牡丹天下奪魁，民間傳說其與牡丹違背武則天旨意、被貶出長安有關。這一時期，牡丹出現名貴品種和特殊名目。北宋歐陽修的《洛陽牡丹記》詳細描寫了洛陽牡丹的品種來歷與形態特徵，並對洛陽人賞花、種花、澆花、養花、醫花的日常風俗進行了記述。宋時牡丹以姚黃爲王，魏花（千葉肉紅花）爲後，其珍貴難得甚至吸引人們買票觀賞，票錢「日收十數緡」，有錢人家還會專門雇傭「門園子」專事嫁接，名貴牡丹的接頭市場價高達五千錢。好花不只是權貴的特權，民間無論貴賤皆插花成俗，「花開時，士庶競爲遊遨，往往於古寺廢宅有池台處，爲市井，張幄帘，笙歌之聲相聞……至花落乃罷」，牡丹花市隨處可見，宴賞遊樂不絕。文人的牡丹花會開始競相豪奢，周密《齊東野語》更是記載了張功甫辦「牡丹會」的情景：「別有名姬十輩皆衣白，凡首飾衣領皆牡丹，首帶照殿紅一枝，執板奏歌侑觴，歌罷樂作乃退……良久，香起，捲簾如前。別十姬，易服與花而出。大抵簪白花則衣紫，紫花則衣鵝黃，黃花則衣紅，如是十杯，衣與花凡十易。」由百姬依

次易服與花而演出，奢華繁麗，富貴奢侈。宋時洛陽牡丹開始進貢東京開封，「御歲遣牙校一員，乘驛馬，一日一夕至京師，所進不過姚黃、魏花三數朵，以菜葉實竹籠子藉覆之，使馬上不動搖，以蠟封花蒂，乃數日不落」。為給花朵保鮮，竹籠裡襯菜葉及蠟封花蒂的技術得以發明。

元代，江浙一帶氣候土壤條件適宜，好花、賞花風俗也很興盛。陸友仁《吳中舊事》記載：「牡丹芍藥為好尚之最，士大夫皆種之。多者二三千株，少者亦不下一二百株，習以成風矣。至穀雨為花開之候，置酒招賓……父老猶能言者，不問親疏，謂之看花局。」（《永樂大典殘卷·卷之一萬九千七百八十一》）芳菲綻盡，遊人如織，以牡丹賞花為核心形成了「看花局」的習俗。

清道光年間，民間多種植一種「玉樓春」的牡丹品種，《清嘉錄》記載：「無論豪家名族，法院琳宮，神祠別觀，會館義局，植之無間。即小小書齋，亦必栽種一二墩，以為玩賞。俗多尚『玉樓春』，價廉而又易於培植也，然五色佳本，亦不下十餘種。」當時種植牡丹花的匠人多為太湖洞庭山以及光福鄉一帶的農民，花時他們載花至蘇州山塘花市兜售。穀雨時節，蘇州城內外，凡種植牡丹花之處，皆有士女觀賞遊玩，有的還在傍晚搭設穹幕，懸掛燈籠，互相賞花勸酒，叫作「花會」。「花會」是賞樂遊玩的場所，也是男女交往的重要場合。至今，山東菏澤、河南洛陽、四川彭州多於穀雨時節舉行牡丹花會，供人們賞玩，洛陽牡丹文化節近年更是吸引了千萬人次的遊覽關注。

牡丹花不開則已，一開則傾其所有，揮灑淨盡，又不苟且、不媚俗、不俯就、不妥協，有大家閨秀之沉穩從容，在女性的性格中融入了一種大義凜然、英俊挺拔之氣，它成為「百花之王」，當之無愧。

三、穀雨茶：茶煎穀雨，手摘芳煙

「詩寫梅花月，茶煎穀雨春。」

中國人尙春茶，喜歡在氤氳的茶煙中揣摩春味，品味春色。古時，春茶被劃分爲社前茶、火前茶、雨前茶。《茶香室叢鈔》云：「茶之佳品，造在社前；其次則在火前，謂寒食前也；其下則雨前，謂穀雨前也。」清乾隆《觀採茶作歌》以火前茶爲佳：「火前嫩，火後老，惟有騎火品最好。」明許次紓《茶疏》又說：「清明太早，立夏太遲，穀雨前後，其時適中。」不同茶葉生產週期不同，三種春茶在不同著作中有了不同的風味。但春茶佳品，雨前茶必列前三了，穀雨也成爲春盡前採茶的最後佳時。

　　穀雨茶除嫩芽外，有的還伴有嫩葉，一葉兩葉不等。一芽一嫩葉的茶葉泡在水裡，像古代的展開旌旗的槍，稱爲旗槍；一芽兩嫩葉的像雀類的舌頭，稱爲雀舌。茶農認爲，只有在穀雨這天採的鮮茶葉做的乾茶，才算得上是眞正的雨前茶。虞集詩云：「烹煎黃金芽，不取穀雨後。」（《遊龍井》）清朝桐廬知縣陳葵寫道：「穀雨村村摘嫩芽，紛紛香氣出籬笆。」（《桐廬竹枝詞》）這些都寫出了把握穀雨時機，採摘春茶的習俗。

　　「吃好茶，雨前嫩尖採穀芽」，「穀雨茶」自然成爲文人几上精品。唐朝齊己《謝中上人寄茶》寫道：「春山谷雨前，並手摘芳煙。綠嫩難盈籠，清和易晚天。且招鄰院客，試煮落花泉。地遠勞相寄，無來又隔年。」穀雨茶只採摘嫩葉加工，一天下來甚至不能摘滿一籮筐，足以見穀雨茶的青嫩與珍貴；茶一到，就想著招攬客人一同煮泉品茗，穀雨茶的清香口感也可見一斑。宋王令《謝張和仲惠寶雲茶》云：「烹來似帶吳雲腳，摘處應無穀雨痕。果肯同嘗竹林下，寒泉猶有惠山存。」寶雲茶烹製出來，茶湯濃淡不一若雲霧之狀，恰似江南嫋嫋煙雲，是當時杭州的三大貢茶之一。

　　穀雨茶之精品集中在江浙、安徽一帶，貢茶尤多。清冒襄的《岕茶匯抄》寫了宜興岕片的美味，「其色如玉，冬猶嫩綠，味甘色淡，韻清氣醇，如虎丘茶作嬰兒肉香，而芝芬浮蕩」；民國《餘杭縣誌》寫了杭州徑山茶的鮮香，「欽師嘗手植茶樹數株，採以供佛，逾年蔓延山谷，其味鮮芳，特異他產，今徑山茶是也」。清光緒《點石齋畫

報》寫出了安徽六安採茶情境：「穀雨前後，嫩芽初茁，鄉人相率趕採，無敢稍遲，遲則葉老而味薄，雖陰而不獲暇逸，茶樹矮小，故採者多婦稚。每屆省憲派委幹員會同地方官前往採辦，進呈以供上用。想見香生雀舌，品貴龍團……」穀雨前後，農民抓緊時機趕採茶葉，呈貢朝廷，御用的名號對茶的品質提出了更高的要求。

《神農本草》評價穀雨茶說「久服心安益氣……輕身不老」，《養生仁術》寫「穀雨日採茶，炒藏合法，能治痰及百病」。穀雨茶不僅口感清爽細嫩，而且在氣溫漸升的暮春時節，對於清涼解暑、辟邪明目亦有很大功效。

四、穀雨貼：雄雞治蠍，毒蟲化水

穀雨以後，氣溫升高，蟲類進入高繁衍期，不僅對作物的正常生長產生影響，而且對人們的身體健康也形成一定威脅。為保證農業與人事的順遂發展，山東、陝西、山西、河北一帶會張貼穀雨貼來驅凶納吉。這種習俗在清朝地方誌中多有記述。呂種玉在《言鯖》中記載了穀雨時，人們張貼五毒符消滅毒蟲的場景：「古者青齊風俗，於穀雨日畫五毒符，圖蠍子、蜈蚣、蛇虺（毒蛇）、蜂、蜮之狀，各畫一針刺。刊佈家戶貼之，以禳蟲毒。」山西《黎城縣誌》載：「穀雨

穀雨貼

日，黎明折柳，書符遍貼房楣，除蠍。」山東《即墨縣誌》記載了當地用朱砂畫禁符的習俗。民國時期《續修醴泉縣誌稿》則記錄了陝西用黃表紙以朱砂畫劍斬蛇蠍圖形貼於牆壁以避五毒的習俗。

穀雨貼中對「蠍子」的防治內容體現較多，一般刻繪神雞捉蠍或道教神符止蠍。以雄雞治蠍的說法在民間早有流傳，《西遊記》中，孫悟空請卯日星官治蠍子精，卯日星官本為一隻雙冠子大公雞，對著蠍子精一叫，蠍子精即刻現出原形。雞為六畜之一，五德之禽，又被認為有通天曉陽的功能，這些都讓其有了豐富的意涵，成為特殊的象徵。人們有時候會在雄雞圖或神符上附「穀雨三月中，老君下天空。手持七星劍，單斬蠍子精」、「穀雨三月中，蠍子逞威風。神雞掐一嘴，毒蟲化成水」等文字說明。山西靈石、翼城禁蠍符上書寫「穀雨日，穀雨時，口念禁蠍咒，奉請禁蠍神，蠍子一概化為灰」。

穀雨貼有時候還會配合動作或語言而出現，表達防治五毒的想法。晉南地區婦女用柳條鞭打臥室牆壁，稱為「摔蠍子」，打完後再貼一張「觀音楊柳符」用以禁蠍。晉北地區禁蠍也是在穀雨節，家家貼上「穀雨禁蠍貼」，灶神位貼「穀雨雞」，再配以禁蠍咒語，加強效果。

穀雨貼雖然未必有消滅蟲害的實際功效，但卻真實地反映出人們祛毒避害的迫切心理。在物質生活條件艱苦的古代社會裡，這種巫術性質的行為，表達著人們對身體健康的期待和渴望，一張張穀雨貼便是人們極大的心理安慰。

五、穀雨節：字成雨粟，魚來洋開

（一）筆落文成，祭祀倉頡

穀雨節氣與農業生產關係密切。民以食為天，糧食是生產生活的基礎，尤其在物質匱乏的古代社會，祈求風調雨順、糧食豐產一直是節氣的主題。

關於穀雨節的來源，民間有個神奇的傳說：昔日倉頡奉黃帝之令

造字，成功後上天獎勵其功績，下了一場很大的穀粒雨，穀粒積了一尺多厚，鋪滿山川平野，解決了饑荒問題。倉頡去世後，人們將其安葬在白水縣史官鎮北，與橋山黃帝陵遙遙相對，並在墓門上篆刻對聯一副以紀念：雨粟當年感天帝，同文永世配橋陵。祭祀倉頡的日子被定爲下穀雨那天，也就是現在的穀雨節。從此以後，每年穀雨節，倉頡廟都要舉行傳統廟會，祭祀倉頡。《淮南子・本經訓》也載：「昔者倉頡作書，而天雨粟，鬼夜哭。」

文字的出現使知識和經驗得以記載、流傳，推動了技術革新，促進了農業生產，從而使物質生產水準不斷提高，人們的生活條件得到改善。人們用「天雨粟，鬼夜哭」這種神奇誇張的想像，來形容文字的強大力量，用穀雨節來紀念倉頡的偉大功績，確是讓人感動的。

（二）魚鳥守信，漁民開洋

穀雨節氣與漁業關係同樣密切。漁民耕植大海，在風浪中向大海討生計，期盼雨和風暢、滿載而歸的願望始終如一。

「魚鳥不失信」。舊時，人們把穀雨的河水稱爲桃花水，即桃花汛，認爲用桃花水洗浴可以消災避禍，民間稱「浴洗桃花水，消災一整年」。穀雨以後，降水增多，海水漸暖，群魚上岸。經過一個冬天的蟄伏，漁民通常選擇在這天開始出海捕魚，所捕之魚在一些地方被詩情畫意地稱爲「桃花魚」。

穀雨魚與穀雨茶一樣，容不得半點耽擱與馬虎。《清實錄・世宗憲皇帝實錄》中記錄了雍正帝頒佈詔諭保護漁民生計之事：「聞天津一帶，民間漁船專以販魚爲業。每年穀雨之後，芒種以前，是其捕取之時，亦猶三農之望秋成也。若此時稍有耽誤，則有妨一年之生計矣。目今天津運往山東積貯米糧，皆雇覓漁船裝載，然亦當聽小民之情願……俟過芒種以後運送，亦未爲遲。」俗話說「騎著穀雨上網場」，在穀雨這天開洋、謝洋是部分沿海地區的風俗。

爲了感謝大海饋贈，部分沿海地區這天要舉行開洋、謝洋節，祈禱海神保佑出海平安、滿載而歸，因此穀雨節又被稱爲漁民出海捕魚

的「壯行節」。節日內容豐富，包括祭祀海神、碼頭祭船、秧歌助興、放海燈儀式、唱戲酬神、漁民沙灘宴飲狂歡等。節日過後，一艘艘漁船迎著紅豔豔的朝陽出海，如萬箭齊發，海洋滿載著漁民的幸福期盼，雲飛浪湧。經過穀雨節氣，人們迎來了忙碌，也收穫了踏實與希望。

「流水落花春去也」，穀雨時節的暮春，正是春色盛極轉衰的時候。無限春光讓人留戀不捨，百花漸去又讓惜春、傷春之情油然而生，留戀與傷感糾結於文人墨客的心間，化成了穀雨節氣的詩意情懷。但同時，穀物的蓬勃生長，漁船的揚帆起航又給予人們強烈的生存希望，使得穀雨時節充盈著對美好生活的期待。文人的惜春、百姓的期待，複雜多樣的情感就是在這樣的穀雨節裡，在人們的心裡交織著，演繹出真實多樣的生活現實。

立夏：炎暑與農忙

　　立夏是一年中的第七個節氣，也是夏季的第一個節氣，它一般出現在西曆5月5—7日，此時太陽到達黃經45度，各地氣溫明顯升高，雷雨增多，炎熱的夏季自此開始。

　　立夏是表示季節轉換的節氣點，是由春入夏的時間標誌。元代吳澄《月令七十二候集解》記載：「立夏，四月節。立字解見春（立，建始也）。夏，假也。物至此時，皆假大也。」這段話的意思是說，立夏是四月節氣，它預示夏日的開端，萬物至此褪去春的青嫩，進入生長旺季，大地呈現清和秀茂的景象。

　　立夏的物候是：初候螻蟈鳴，二候蚯蚓出，三候王瓜生。螻蟈，又名「土狗」、「螻蛄」、「石鼠」，是一種穴居的小蟲，常在夜間活動，立夏正是螻蟈的活躍期，伴隨螻蟈的鳴叫，夏天悄然而至。蚯蚓喜歡潮濕陰暗的環境，但同時也喜歡溫暖的天氣，立夏時的氣溫對蚯蚓來說非常適宜，這個時候人們不難發現出來翻土的蚯蚓。王瓜又名土瓜，是一種蔓生植物，農曆四月生苗，五月開黃花，七八月間果實成熟，立夏是王瓜生長蔓延之時。

　　在四季的時序中，立夏是一個十分重要的轉捩點。其一是氣溫上的變化，立夏過後，炎暑始至，人們即將面臨暑熱的折磨；其二是農事節奏的變化，春生夏長，立夏之後，氣溫上升，農作物生長旺盛，農活增多，很多地方進入繁忙的農忙時節。作為二十四節氣的重要節點，立夏向來受到人們的重視，在預防暑熱、調護身體及應對農忙的過程中，形成了豐富的民俗活動。

一、送春與迎夏

立夏意味著春天的結束，芳菲歇去，人們不免留戀逝去的春光。「無可奈何春去也，且將櫻筍餞春歸。」（吳藕汀《立夏》）立夏傷春、送春、餞春是古時的文人雅趣，亦有不少詩人在三月晦日送春。古人將春天分爲孟春、仲春、季春三個階段，分別對應農曆的正月、二月和三月。三月晦日，即三月的最後一天，稱爲「春盡日」。唐朝以來，春盡日逐漸成爲詩人餞春、送春之日。「三月三十日，春歸日復暮。惆悵問春風，明朝應不住。送春曲江上，眷眷東西顧。」（唐代白居易《送春》）有學者統計，在明清之際，直接吟詠春盡日的詩歌多達四百餘首。

面對春天的離去，民間顯得更爲淡然，少了許多感傷，但也有送春的禮節。例如，舊時蘇州太倉立夏日設麥蠶（採新麥炒熟，磨爲細條如蠶形）、新蠶豆、櫻桃、梅子、窖糕、海螄，飲火酒，謂之「餞春」。（民國八年《太倉州志》）

春日的美好固然值得人們懷念，但春盡夏來是自然的時間節律，是無法改變的自然法則，即所謂「留春春不住」。對於炎炎夏日的到來，無論宮廷還是民間，都有迎接的禮俗。夏季屬火，對應南方，「其帝炎帝，其神祝融」。立夏這天，古代帝王到南郊舉行隆重的迎夏祭炎帝儀式。據《禮記·月令》的記載，立夏之前三日，太史謁見天子說：「某日立夏，盛德在火。」天子開始齋戒，於立夏日親率三公、九卿、大夫迎夏於南郊。天子回朝後，頒行獎賞，封諸侯，百官無不欣悅。

民間迎夏沒有官方那麼隆重，送春多以飲食表達。例如，福建永安縣立夏家家做夏團，將米與蔬筍等物糅合一起做成丸，配以熟肉，鄰里相互饋送，稱爲「招夏」。（清道光十三年《永安縣誌》）又如貴州安順市平壩區舊時立夏煮雞蛋，遍分家人，每人一枚，取「添氣」之義。（民國二十一年《平壩縣誌》）

送春、餞春及迎夏習俗，體現了人們尊重自然時序、順時應氣而

爲的思想觀念，既能爲平靜的生活增添樂趣，愉悅心情，又能調整心態，強健身體。

二、炎暑之氣始至

「四時天氣促相催，一夜熏風帶暑來。」（趙友值《立夏》）春夏更替是自然的節拍，大地隨之呈現不同的景象。春天溫暖舒適，百花鬥豔；夏日炎熱綿長，百蟲競鳴。作爲宇宙間的一物，人的生命亦有四季，它無法脫離季節輪換的律動。與春的柔和宜人相比，夏的酷熱難耐給人留下更爲深刻的感官印記，「永日不可暮，炎蒸毒我腸。安得萬里風，飄飄吹我裳」（杜甫《夏夜歎》）。炎炎烈日讓人們感到夏天的苦澀與漫長。受暑熱之氣的影響，在進入夏季以後，隨著氣溫的升高，人的身體容易出現困倦乏力、食欲消退、精神萎靡的狀況，古人謂之「疰夏」，又稱「病暑」、「苦夏」。民間十分重視疰夏的預防，由此產生了眾多的民俗活動。

作爲由春入夏的節氣點，立夏的到來，代表炎暑的開始，人們特別注意立夏日的身體調護，把這一天視爲預防疰夏的關鍵時間。常見的民俗活動有飲食調攝、稱人輕重、試穿夏衣以及規定立夏當日的各種禁忌。

中國人自古講究飲食的調攝作用，尤其是在重要的節氣裡，品嚐順應時氣的食物，被認爲具有祛邪除患、調養身體的功效。疰夏是一種季節病，民間多於立夏製作異於常日的食品，以此預防這種疾病的發生。各地的物產、風俗不同，立夏所食也有所差別，那些具有預防疰夏功效的食材通常是蛋、筍、豆、米、麥、肉、酒以及各類時令鮮果，這些食物被認爲有助於提神和增健氣力。如民國三十年江西《吉安縣誌》所云：「人爲夏日所苦，每神疲而肌瘦，故邑俗於立夏之日食鹽蛋、粉肉，謂可增加氣力。」浙江杭州富陽立夏煮食未切斷的細筍，名曰「健腳筍」，認爲立夏食筍可強健腳筋。（民國二十五年《浙江新志》）衢州立夏早晨飽食雞蛋和筍尖，謂之「撑夏眠」。

（民國二十六年《衢縣誌》）麗水立夏用筍、豆和粳米做「立夏飯」，並吃青梅，認為食筍可壯筋骨，食梅可明目。（清同治十三年《麗水縣誌》）湖南岳陽視立夏為盛大的節日，每家皆食肉，以令身體健壯。（清同治十一年《巴陵縣誌》）湖南懷化及湘西鳳凰縣立夏探筍，飲酒食肉，曰「助力」，又曰「接力」。（清道光四年《鳳凰廳志》）湖南興寧、耒陽、寧鄉等地立夏做羹食，名曰「立夏羹」，諺云「吃了立夏羹，石頭拉成坑」，意指多力。（清光緒元年《興寧縣志》、清光緒十一年《耒陽縣誌》）興寧在立夏前一天，各家用粳米做糍餌，謂之「煉夏」，認為食之可增健氣力，諺曰「要討健，隔夜煉」。（清光緒元年《興寧縣誌》）

我國南方不少地區流行立夏饋贈、分享甚至乞討茶米的習俗，據說這樣做可免疰夏之苦。例如：無錫立夏「合七家茶米食之，云不病暑」。上海嘉定立夏「乞鄰家麥為飯，云食之不注（疰）夏」（明萬曆三十三年《嘉定縣誌》）。杭州立夏清晨「向鄰家派米，露天支鍋煮飯，雜以蠶豆、野筍等，熟而分食之，云不蛀（疰）夏」（民國三十五年《杭縣誌稿》）。江西南昌立夏「婦女聚七家茶相約歡飲，曰『立夏茶』」。當地人認為立夏不飲茶，則整個夏季白天都犯困。（民國二十四年《南昌縣誌》）

老人和兒童的身體抵抗力弱，他們是疰夏的易感人群，不少地區的立夏飲食都特別關注老人和兒童的保健。江西靖安縣立夏日專門為老幼加餐飯。臺灣一些地區立夏為年邁的父親進補，諺云：「立夏食瓠子麵補老父。」貴州興仁縣有「躲立夏」之說，立夏這天煮好雞蛋，讓家中小兒在梨樹下吃，認為這樣可以耐暑。（1965年《興仁縣誌》）不少地方還流行立夏鬥蛋的習俗，這項活動深受孩子們的喜愛，每人拿著煮熟的雞蛋，相互碰撞，以蛋殼不破碎為勝，一些地方認為兒童立夏鬥蛋，能夠預防疰夏。浙江嘉興、湖州等地還流行立夏兒童外出野炊的習俗，「募米拾柴做野灶炊飯，名『野火飯』，食之云可身健」（民國二十五年《烏青鎮志》）。杭州也有類似的風俗，「兒童席地為炊，薪、米、豆、肉皆乞諸人，其狀絕似丐者，或

杭州半山立夏

亦厭勝之意」（民國十一年《杭州府志》）。清代范祖述的《杭俗遺風》記述此民俗為「抖夏夏米」和「燒夏夏飯」，「在立夏前一日，各兒童各鄰家乞米一鍾，或一碗，謂之『抖夏夏米』。於立夏日露天煮飯，飯成，分送前日之化米家，每家一小碗，飯上或置青梅、櫻桃、白薺不等。謂兒童食之，可免蛀（疰）夏云，時人名之曰『燒夏夏飯』」。

立夏稱人是一項充滿趣味的民俗活動，在許多地方流行。「立夏稱人輕重數，秤懸樑上笑喧闐」（秦榮光《上海縣竹枝詞》），這項習俗頗具娛樂性，但它仍然建立在民間保健觀念的基礎上，主要還是出於袪疾免災的考慮。民間認為立夏日用秤稱人輕重，可驗一年肥瘦，亦能解疰夏之疾。安徽《寧國縣誌》記載：「立夏，以秤稱人體輕重，免除疾病，所謂不怯夏也。」上海立夏「俗競稱人，曰不疰夏」。浙江衢州立夏「大小男女懸秤稱之，各記其輕重」，認為這樣做可以「免災晦」。餘姚立夏「各權人輕重以卜一歲壯邁，並驅疾癘」（清光緒二十五年《餘姚縣誌》）。杭州富陽立夏亦有稱人之舉，但生肖屬龍、蛇與猴者則忌稱。（民國二十五年《浙江新志》）有的地方在夏至稱人，但流行區域有限，不及立夏那麼普遍。

舊時蘇州立夏日男女試穿葛衣（即用葛布做的衣服，多於夏季穿著）、紗衣，即便天氣較冷也是如此，這項習俗也被賦予了免除疰夏的功能，「小兒服夏衣，云可免疰夏，曰『服夏』」（民國十九年《相城小志》）。

還有不少地區立夏日忌坐門檻，忌白天睡覺，若觸犯這兩條禁

忌，整個夏季會困倦嗜睡，容易得疰夏。杭州臨安立夏「取筍莧為羹，相戒毋坐門，毋晝寢，恐夏多倦病」（清光緒十一年《臨安縣誌》）。蕭山立夏「忌坐門限，謂不利於腳」。富陽立夏也忌坐門檻，坐則患疰夏。犯疰夏者，立夏日用艾火炙於門檻，謂可免除。或以清明所留之蓬米果（艾米果）泡湯飲之，謂有同樣功效。（民國二十五年《浙江新志》）江蘇南通立夏「老人忌坐門檻，可免厄夏之病」（清嘉慶十三年《如皋縣誌》）。江西吉安立夏「禁坐門限，謂坐則一夏多困憊欲眠，妨工作」（清同治十三年《永豐縣誌》）。

立夏是炎暑的開端，在預防疰夏的過程中，人們根據自然節序的變化，利用當地的資源環境，及時調整身體生命狀況，使身體生命節奏與自然時間節律相一致。值得一提的是，立夏還未到一年中最熱的時期，這時大部分地區的氣溫還算適宜，應該不是疰夏的高發期。那麼，為什麼人們選擇立夏作為預防疰夏的關鍵日呢？

對於這個問題，筆者百思不得其解。這或許是因為古人重視身體調護，他們將身體調護與時間關聯起來，立夏作為由春入夏的節氣點，容易被人們視為身體調護的重要時間點。再者，在未大熱之時提前做好防暑的心理準備，有助於人們以更好的心態迎接即將到來的酷熱天氣；尤其是對老人和兒童的及時進補和防護，能夠幫助他們順利度過炎熱的夏天。這些都顯示了古人的生活智慧。

三、農忙自茲始

立夏不僅是炎暑的開始，而且是農忙的開始。「鄉村四月閒人少，才了蠶桑又插田」（翁卷《鄉村四月》，一說范成大《村居即景》），立夏為四月節，對於農民來說，農曆四月是忙月，特別是南方地區，立夏過後，即將迎來麥秋和蠶月。四川鹽亭縣在四月進入麥秋，農夫兩頭忙，插禾、割麥併於一時，回到家中還得忙蠶事，「是月（四月）採桑飼蠶，繅絲浴繭，晝夜不遑，勝於栽插」（清乾隆五十一年《鹽亭縣誌》）。廣元農家立夏過後也開始了繁重的農事

活動，「家中忙蠶兒老，外面忙麥梢黃，蠶老麥黃秧上節」（清乾隆二十二年《廣元縣誌》）。浙江許多地方的養蠶之家在立夏祭過蠶姑以後，便專注於蠶事，嚴閉門戶，鄰里不得輕入，官府不敢問糧，詞訟暫停，名曰「蠶月」、「蠶禁」、「蠶關門」、「放蠶忙」等。如，浙江于潛縣立夏「啜新茗，啖新梅，食青筍、蠶豆，云可解疰夏之疾。以後群出採桑，垂蘆簾於戶，各忌喧嘩，並詞訟、徵糧一應停止，謂之『蠶忙』」（民國二年《于潛縣誌》）。

在南方養蠶區，立夏時早蠶放葉，桑葉的採集和交易成為重要的事情，有些地方在立夏日協定桑葉價格，隨後開「葉市」。浙江嘉興海寧立夏日桑葉行問葉價，價格商定後登之於簿，日後不得改變，作為交易的依據，「鄉村所開桑葉行，於是日（立夏）設簿冊，買賣各戶以定價注之於簿」（民國十一年《海寧州志稿》）。湖州烏程、歸安、安吉、武康等地立夏後三日開「葉市」，周圍鄉民交易桑葉，頗為熱鬧。「立夏後三日開葉市，無少長皆上地採桑買賣，謂之『發梢葉』。」（清乾隆十二年《武康縣誌》）「立夏三日，開市貿葉，舟人輻輳，晝夜不絕，謂之『葉市』。」（清光緒八年《歸安縣誌》）人們還根據立夏這天是否有霧來預卜桑葉貴賤，有霧主桑葉價賤，農諺云「立夏三朝霧，老葉換豆腐」。

立夏前後也是插秧的關鍵期，浙江湖州講究立夏前插秧，「立夏前五日，農夫播種，三四日即發芽，夏前播之，謂之『夏前秧』，夏後便減收矣」（清乾隆四年《湖州府志》）。江西分宜縣「耔禾須趕立夏前，謂之『栽春禾』。俗云：過了立夏節，一莖少一粒」（民國二十九年《分宜縣誌》）。立夏時不少農作物的生長需要雨水，所以立夏宜雨，若是晴天則主旱。湖北長陽縣立夏「農夫望雨種禾」。當地諺云：「立夏不下，犁耙高掛；小滿不滿，芒種不管。」意思是立夏這天不下雨，會影響農作物的生長，造成農業歉收，之後的農活也隨之減少。（清同治五年《長陽縣誌》）但蘇州常熟的情況則與之相反，認為立夏晴天預示禾苗旺盛，「是日宜晴，諺云：『立夏好日頭，秧在塘裡浮。』言秧盛且多也」（清光緒三十年《常昭合志

稿》）。這反映了節氣的多樣性，二十四節氣是一種地方性知識，由於各地的自然氣候、地理環境及風俗習慣不同，立夏在不同區域的呈現方式也不一樣。

北方農村進入麥秋的時間較南方稍遲，河北、山東等地立夏小麥剛剛秀穗，出現麥芒，等到一個月後的芒種才能收割。此時的主要農活是鋤田、種棉花及準備麥秋。過去的農業生產沒有實現機械化，很多事情依靠手工，效率低下，人們需要提前做好收割小麥的準備。從立夏開始，農民就陸續購買或修理麥秋時的用具，檢查牲畜的健康情況，還要與鄰里親戚商議一起忙麥秋的事宜。舊時通常是幾戶人家搭夥割麥，單戶家庭難以勝任麥秋的勞動強度。因此，對於北方的農戶來說，立夏同樣意味著農忙的開始。

繁重的農業勞動，加上炎熱的天氣，人的身體受到極大的耗損，需要進行及時的調節，以適應緊張忙碌的農事節奏。立夏作為農忙開始的節氣點，人們通常在這一天準備豐盛的食物，及時補充營養，調整身體和心態，為將要開始的農忙做好準備。如福建寧德古田縣的立夏日習俗，「田傢俱酒肉粢盛，醉飽彌日，謂之『犒夏』，以農忙自茲始也」（民國三十一年《古田縣誌》）。人們也在立夏後，待緊張忙碌的勞動告一段落時，通過飲食及時犒勞和調養身體，以緩解勞累疲倦。如湖北長陽縣立夏日農民望雨種禾，插禾完畢後，彼此互邀飲食，名為「洗泥」，又稱「洗犁」。

四、飲食與祭祀

立夏飲食豐富多彩，不僅名目繁多，而且具有多元的文化寓意與功能。如前文所述，人們在立夏日通過飲食預防疰夏，調護身體，緩解勞動的疲累，這些已經超越了飽腹與美味的本能需求，而帶有一定的儀式色彩。

立夏之時，各種果蔬紛紛成熟，品嚐這些應季的新鮮食品成為立夏不可或缺的習俗。江南的蘇州、上海、杭州一帶立夏這天要遍嚐

新鮮之物，即所謂「嘗新」，有「立夏見三新」、「櫻桃九熟」之說。此時，正值蠶豆、青梅、櫻桃、新筍等果蔬上市，這些新鮮食品成為立夏必不可少的節物。蘇州常熟立夏日所食的「櫻桃九熟」即「櫻桃、青梅、新茶、麥蠶、蠶豆、玫瑰花、象筍、松花、穀芽餅」，除此之外，這天還要飲燒酒，「食海螄、醃鴨蛋、醃蒜、煎肉圓，或煮豆和糖食之」，可謂豐盛至極。（清光緒三十年《常昭合志稿》）杭州立夏日有「三燒五臘九時新」之說，「三燒」指燒餅（當地人也稱夏餅）、燒鵝、燒酒；「五臘」指黃魚、臘肉、鹽蛋、海螄、清明狗（「購於清明日，懸庭中，至立夏日取下，用薺菜花煮與小兒食之，可免挂夏，稱之曰臘狗」）；「九時新」指櫻桃、梅子、鰣魚、蠶豆、莧菜、黃豆筍、玫瑰花、烏飯糕，萵苣。（范祖述《杭俗遺風》）上海立夏飲火酒，食麥蠶、攤粞，並食海螄、蠶豆、青梅、櫻桃、嫩筍、金花菜、炊餅、黃花魚、醃蛋等。其中，麥蠶和攤粞是比較有特色的節令食物。麥蠶的製作過程大致為：摘取尚未發黃成熟但已灌漿飽滿仍呈青色的麥粒，去掉麥芒、麥殼，將鮮嫩的麥粒蒸磨成細條，形狀如蠶，因此稱為麥蠶。當麥穗發黃後，就無法製作麥蠶了，而立夏上海、蘇州等地的小麥正適合做麥蠶，於是麥蠶成為這些地區立夏的代表性食品。攤粞以金花菜的嫩葉入米粉做成，金花菜又稱為草頭、黃花苜蓿，所以攤粞在上海常稱作草頭攤粞。杭州蕭山立夏「市青梅、櫻桃分餉家眾，又摘蠶豆嘗新」（民國《蕭山縣誌稿》）。浙江台州黃岩、路橋等地立夏用麵做薄餅，裹肉菹食之，謂之「醉夏」。這一天老幼食青梅，認為可以明目。（清光緒三年《黃岩縣誌》）寧波象山縣立夏「造赤豆飯以逐疫，兼設筍肴。食青梅子，為暑日止渴」（清道光十四年《象山縣誌》）。

江西贛州上猶縣立夏飲燒酒、煮全雞子、蒸臘肉，並宰狗食之，認為這一習俗「似仿古烹狗祖陽之意」（清光緒十九年《上猶縣誌》）。贛州興國縣立夏日「家家宴飲必醉飽乃已，所食多醃肉、醃魚、醃蛋之屬。聞故老言，舊俗簡樸，多間醃藏此類以待賓客不時之需，過夏入黴則不可復留，故於是日盡取食之，遂相沿以為令節」

（清道光四年《興國縣志》）。明代北京立夏日宮廷賜冰，民間亦有手持銅盞的賣冰人，如《帝京景物略》所云：「立夏日，啓冰，賜文武大臣；編氓（平民）得賣買，手二銅盞疊之，其聲礚礚，曰『冰盞』。」

以上食俗，多與立夏節氣的自然特徵相稱。除順時應氣之外，立夏飲食還講究饋贈和分享，因而具有促進社會交往的文化功能。例如，立夏「七家茶」的製作，很能體現這一點。七家茶各地做法不同，但所用食材大都取自鄰里，並相互饋贈或分食，蓋取「古者八家，同井相助」之意。蘇州立夏向左右鄰索取茶葉，用去年的撐門炭烹製七家茶。（民國二十二年《吳縣誌》）杭州富戶人家立夏製作的七家茶十分精雅，「有新茶、新筍、朱櫻、青梅等物，雜以桂圓、棗核諸果，鏤刻花卉、人物，極其工巧，各家傳送，謂之『立夏茶』」。這一習俗被認為是南宋「繡茶」遺風，有人指出它的奢侈性：「富室競侈，雕鏤諸果，飾以金箔，盛以珍窯，雜以茉莉、薔薇香汁，一啜費直一金，各志錄傳爲美談，而不知其非也。俗亦名『七家茶』。」（清康熙五十七年《錢塘縣誌》）浙江衢縣（今衢州）立夏用米粉做成五色丸，彼此饋送，名曰「夏茶」。（清嘉慶十六年《西安縣誌》）貴州安順市平壩區立夏「各家互相索取茶葉，和而烹飲，名曰『立夏茶』」（民國二十一年《平壩縣誌》）。

除「立夏茶」之外，立夏所做的其他食品，也多相互饋送和分享。例如，福州羅源縣立夏以米粉團餅，親戚相饋贈，謂之「夏餅」。（清道光十一年《羅源縣誌》）閩清縣立夏做米糖，或蒸或煎，以巧好相尚，互相饋送。（民國十年《閩清縣誌》）浙江嘉興烏鎮立夏「新娶婦家，母家饋粉團、麥芽餅，名『致夏節』」（民國二十五年《烏青鎮志》）。

作爲夏季的首個節氣，立夏還有不少祭祀活動。首先是對祖先的祭祀，人們在品嚐立夏美食和新鮮果品時，沒有忘記敬奉和追念祖先，立夏以時令節品祭祀祖先是較爲普遍的風俗。杭州立夏以櫻桃、新茶薦祖廟。浙江舟山立夏「以豇豆合糯米煮飯，用櫻、筍、子蟹、

鯧魚等薦先祖。筍截三四寸許，謂之『腳骨筍』。享畢，家人團聚而餕祭餘」（民國十三年《定海縣誌》）。福州藤山（今倉山區）立夏家家煮鼎邊糊、炊碗糕祭祀祖先，謂之「做夏」。（民國三十七年《藤山志》）

除祭祖之外，一些地方的立夏還流行祭祀灶神、蠶姑、雹神等神靈及祈求豐收的儀式。立夏火旺，陽氣盛，不少地方在這一天祭灶。如，浙江湖州安吉縣立夏日飲燒酒，家皆祀灶。又里社屠牲祭祀土地神，名曰「燒夏福」。（清同治十三年《安吉縣誌》）杭州臨安養蠶人家立夏祭蠶姑，此後開始蠶忙。富陽立夏養蠶之家做米果，俗名「繭山米果」，祭茶花娘娘。（民國二十五年《浙江新志》）上海立夏以新麥祭祀城隍神。（清同治十年《上海縣誌》）河北高陽縣立夏日祭祀雹神，「立夏節，置備祭品，並備黑魚一尾，麵餅一張，赴郊處十字路旁，將魚與餅埋於地下，祭祀雹神，祈免雹災」（民國二十二年《高陽縣誌》）。安徽蕪湖南陵縣立夏流行「祈秧」儀式，「農人各攜餅，焚香禱於田塍，曰『祈秧』。禱畢，路人爭啖其餅，曰『搶秧餅』」（民國十三年《南陵縣誌》）。

五、半山立夏節

從前文的敘述中，我們可以看出，杭州人向來重視立夏，他們在立夏日飲七家茶，食烏飯糕、夏餅，嚐櫻桃、梅子、蠶豆等時新，兒童燒「夏夏飯」，男女稱重防疰夏，育蠶人家祭祀蠶姑，等等。這些立夏舊俗在杭州一些地方傳承至今，特別是杭州拱墅區2012年開始的「半山立夏節」，截至2017年6月，已連續舉辦了六屆，更是將杭州的立夏習俗發揚光大，杭州半山也因此成爲中國立夏民俗的主要傳承地之一。

半山，又名皋亭山，位於杭州城北。根據清代范祖述《杭俗遺風》中的記載，半山風景秀美，桃樹遍佈，山頂有娘娘廟，神姓倪氏，宋高宗時所封，專管人間瘡疾。每年三月娘娘誕辰，遊人藉此登

山觀賞桃花。山上還出產泥貓，這是一種地方泥塑，栩栩如生，招人喜愛，登山者競相購買。據說半山娘娘倪氏生前曾飼貓護蠶，使蠶業興旺，人們將泥貓視為一種吉祥物，逢娘娘廟會請隻泥貓回家，以祈福驅邪，遂相沿成俗。

自2012年始，每年立夏，杭州及其周邊地區的群眾聚集到半山娘娘廟，舉行送春迎夏儀式，共同祈福迎夏。屆時，人們可以現場體驗一些傳統的立夏民俗，包括派發烏米飯、採摘蠶豆、燒立夏飯、稱人、鬥蛋、地方民俗表演等。同時，當地一些非遺文化產品，如半山泥貓、天竺筷、微型風箏、朱養心膏藥、小熱昏等，也紛紛亮相於半山娘娘廟廣場。還有一些傳統農具，也被展示出來，讓人們感受過去的農耕蠶桑生活。這些活動承繼了杭州傳統立夏民俗的文化內涵，極富地方特色，容易得到當地人的文化認同。除此之外，半山立夏節還在挖掘傳統民俗的基礎上，融入了立夏跑山、半山運動嘉年華等現代文體活動項目，這吸引了很多年輕人的參與。

半山立夏節雖然是建構出來的一個現代節慶，但它植根於地方民俗傳統，並結合現代生活需要進行了適度創新，將立夏民俗融入現代生活體驗和教育之中。在一系列的展示、表演和體驗中，人們感受到了傳統立夏民俗的氣息，並愉悅了心情，這不失為一種良好的節氣傳承方式。立夏在各地的呈現形式不一樣，有的地方視為盛大的節日，有的地方視作普通的節氣，它難以發展成全國性的節日。在這種情況下，擁有深厚立夏民俗文化底蘊的杭州半山，通過打造現代的立夏節慶，發展為立夏節氣遺產的代表性社區，這為二十四節氣的傳承與保護，提供了一個可資借鑒的案例。

立夏所處的時序位置，是自然界開始發生新變化的節點，人們無法躲避暑熱的煎熬，也無法逃脫繁重的勞動，只能通過調整身體和心理的狀態，以迎接自然節律和農事節奏的變化，而立夏豐富的民俗活動正發揮了這樣的調節功能。多姿多彩的飲食內容既能補養身體，又富含娛樂性；既緩解了農忙壓力，又強化了鄰里關係。預防疰夏的努力，也許難以達到其所宣稱的「一夏不病暑」的效果，但人們積極應

對自然變化及敬愛生命的良好心態，對於維持身體健康具有重要的意義。麥秋、蠶忙、葉市、犒夏等概念，提醒人們保持張弛有度的勞動節奏，以順利完成農忙任務，獲得豐收。稱人、鬥蛋、野炊等民俗活動，能夠愉悅人們的心情，增添生活的樂趣。迎夏、嚐新則體現人們尊重自然時序，自覺將身體生命節奏融入自然時間節律之中的生活理念。

在二十四節氣中，立春、清明、冬至等兼具節氣和節日的性質，就立夏節氣的豐富性而論，立夏實際上已呈現出節日的一些特點，舊時有些地方也的確將立夏視為盛大的節日。如清同治《巴陵縣誌》記當地立夏過節情形：「縣俗多以為盛節，家皆吃肉。」立夏是一年之中最具代表性的節氣之一，二十四節氣的一些重要文化觀念在立夏中得到了集中體現。今天，在傳承和保護二十四節氣文化遺產的實踐中，應充分重視立夏節氣的代表意義，繼承和弘揚立夏節氣所蘊含的尊重自然、以自然時間節律調整身體生命狀態及工作生活節奏的文化理念，讓它在現代生活中發揮積極的意義。

小滿：麥齊絲車動

　　小滿是夏季的第二個節氣，時間在農曆四月中，此時太陽直射點繼續北移，大陽到達黃經60度。光陰不停步地悄然踏過繁華落幕的深春，一路輕拂袖袍，栽下點點新綠。庭前玉簪盛放，莊稼肆意生長，「小滿小滿，麥粒漸滿」，這是一個關乎希望與收穫的時節。充足的陽光雨水帶來源源不斷的養分，於是萬物生長至此，朝氣充盈；夏熟小麥稍得盈滿，還未全滿一是謂「小滿」。

一、「滿，盈溢也」

　　《說文解字》記載：「滿，盈溢也。從水。」初夏新綠滿目，狂風不揚，雨水漸起，民間也流傳著「大落大滿，小落小滿」、「小滿不滿，乾斷田坎」的說法，有經驗的農人們會根據此時雨水的多寡來預測莊稼收成的豐歉。若是田間蓄滿了水，自然是極好的兆頭；而若是天公不作美，人們就會求助於能夠興雲布雨的神龍，祈望人間普降甘霖。上古黃炎之戰中，黃帝就曾借助生有雙翼的應龍打敗蚩尤與夸父；而應龍經此一役，也終因耗盡神力而無法振翅回歸雲天，施雲布雨，「故下數旱，旱而爲應龍之狀，乃得大雨」（《山海經‧大荒東經》）。《述異記》云，「水虺五百年化爲蛟，蛟千年化爲龍，龍五百年爲角龍，千年爲應龍」，應龍難得，需經千錘百煉，故而神勇無匹，可以算是龍中之精了。後來，百姓飽受洪災之苦，鯀盜取息壤治水不得；禹子承父業，應龍亦復出，以尾掃地開通水脈，疏導洪

南陽漢畫像石 應龍圖

濤，立下大功。

誠然，降雨是陰陽感應的自然現象，非人力所能爲；但先民仍會在久旱之時，懷著虔誠的敬畏與祈願，畫龍、舞龍、祭龍，或是焚燒山林模擬烏雲，以求感化神龍使之降雨，令人間風調雨順、五穀豐登。小滿時近端午。端午之日，人們更是將「龍崇拜」化爲一幅幅流動的圖騰，以之正天時、調天人，連天上的太陽神也要「駕龍輈兮乘雷，載雲旗兮透迤」（《九歌・東君》），長劍玉珥，桂酒椒漿，揚枹拊鼓，芳菲滿堂，雍容又壯闊。

二、「小滿動三車」

田裡那一片片飽滿的麥穗，自然是敞開著懷抱，盼望下幾場酣暢的大雨。但農人日夜辛勞，哪有一刻得閒，自小滿起，水車也要忙碌起來了。天還沒亮，雞鳴聲就響徹了村莊，從村頭到村尾，家家戶戶都起個大早。年邁的族長一聲鑼響，水車軲軲轆轆轉得飛快，配合著踩踏板時整齊嘹亮的號子，一下子掀翻了天。水車跳躍著水花，農人揮灑著汗水，烈日下織起一條長虹，繁重辛苦的農活也能熱熱鬧鬧，生機勃勃。民間說「小滿動三車」，除水車之外，還有絲車與油車。初夏已見陰涼，院子裡擺上了石碾，備好了油車，旁邊是堆成小山的油枯和碾碎的油菜籽，打油的小夥子打著赤膊，「腰邊圍了小豹之類的獸皮，挽著小小的髮髻，把大小不等的木楔依次嵌進榨的空處去，便手扶了那根長長的懸空的槌，唱著簡單而悠長的歌，訇的撒了手，

盡油槌打了過去。反復著，繼續著，油槌聲音隨著悠長歌聲，蕩漾到遠處去」（沈從文《阿黑小史》）。傍晚時分，打油人坐下歇一歇，喝上一碗濃烈的高粱酒，眯起雙眼，聽耳畔吹過的微風，如同山野間繚繞不絕的悠悠牧笛，令人迷醉。

孟夏四月，新絲行將上市，正是桑課最為繁忙之際，「小滿乍來，蠶婦煮繭，治車繅絲，晝夜操作」（《清嘉錄》）。蠶本是嬌養的生物，不易養活。小滿時節，滿屋的蠶寶寶似是一夜之間睡醒了，伸長了脖子，在木几上、窗欞上、蠶架上活潑潑地探頭探腦，等待著鮮嫩的桑葉。為了祈禱養蠶有個好收成，蠶婦們都會拜一拜蠶神，供上酒水、鮮果和豐盛的菜肴，以求冥冥之中有神靈保佑。《山海經·海外北經》記載，在海外的北方，有一片歐絲之野，「一女子跪據樹歐絲」。這抱樹吐絲的奇女子，或許是黃帝的妻子—嫘祖。據傳說，嫘祖降生時風雨大作，曾被預言不祥，但終究出落得清麗脫俗，且是個有孝心的女子。日復一日，嫘祖都要跋山涉水採摘野果回家奉養雙親，近處的野果採完了就去遠處採，可遠處的也採完了該怎麼辦呢？

南宋《蠶織圖》（局部）

嫘祖靠在桑樹下哭得哀婉，令天帝動了容，天帝便派馬頭娘下凡變成桑樹上的蠶，還將鮮嫩酸甜的桑果落在姑娘腳邊。嫘祖將蠶吐絲結成的繭放在鍋裡煮，抽出軟綿綿又堅韌的、晶瑩透亮的絲線，織成綢子披在身上，冬暖夏涼。後來，嫘祖與黃帝結為夫妻，母儀天下，其養蠶繰絲的技藝造福祉於萬民，後世尊其為「先蠶娘娘」。每年四月的祈蠶節，人們都會紀念這位養蠶繰絲的始祖，用麵粉製成繭狀，放在稻草紮成的「小山」上，象徵蠶繭豐收，盼「蠶農稱意，絲繭逐心」，願「蠶食如風如雨，成繭乃如嶽如山」（《敦煌願文集·蠶延願文》）。

相傳，小滿為蠶神誕辰。江浙一帶絲業發達，這時節往往要演戲酬神，謂之「小滿戲」。尤其是興建於道光年間的江南盛澤絲業的先蠶祠，祠內築有戲樓，可容萬人觀劇，各大戲班輪番登臺，連演三天，熱鬧非凡。但這戲也有講究的，不可語「私」，不可語「死」，既是怕神靈怪罪，也為了給自己討個祥瑞的兆頭。

三、一候苦菜秀，二候靡草死，三候麥秋至

「小滿，四月中。小滿者，物至於此小得盈滿。」一候苦菜秀，二候靡草死，三候麥秋至。（《月令七十二候集解》）

一候苦菜秀。《爾雅》說，「不榮而實謂之秀，榮而不實謂之英」，小滿前後，漫山遍野的苦菜爭相開了花，如小小的、嫩黃的野菊，裹一層白細的茸毛，明豔卻不奪目，靜悄悄開著，也不結果，倒不如以「英」謂之。小孩子採回一把，趴在灶台邊，看大人將苦菜擇好洗淨，過水輕焯，控乾晾涼，加入薑蒜油鹽簡單調味，吃在嘴雖有掩不住的苦澀滋味，不過這卻是能安心益氣、清熱明目的夏日佳餚。伯夷叔齊恥食周粟，躲到首陽山採薇食苦菜，以致餓死。雖其國亡，但既身為人臣，理應盡其心、全其志，二人當真是骨氣奇高的仁義之輩。連屈原亦以二人為榜樣，要親手種下一棵獨立不遷之橘樹，以其「行比伯夷，置以為像兮」（屈原《九章·橘頌》）。但詩人向來不

喜歡苦菜，王逸說「菫茶茂兮扶疏，蘅芷彫兮瑩媖」（王逸《九思·傷時》），蘅芷香草零落蕭瑟，反倒是苦菜生得茂密，正如朝中群小當道，令人憂思忡忡。

苦菜本爲救荒之草，長於山澤，在南方可凌冬不凋；且極易存活，種子隨風飄揚，落處即生，故處處有之。後世之人吃慣了魚肉，將它和著米粉做餅，竟也有了「其甘如薺」的美味，尤其霜後的苦菜，更是「菫茶如飴」、「甜脆而美」。

二候靡草死。《月令七十二候集解》載，「凡物感陽而生者則強而立；感陰而生者則柔而靡。謂之靡草，則至陰之所生也」。初夏陽氣蓬勃生發，靡草喜陰，柔細的枝葉不勝至陽，終於凋萎。

三候麥秋至。世間百穀，皆以生爲春，以熟爲秋。其時雖近仲夏，於物卻正是麥子成熟之「秋」。「小滿三日望麥黃」，從高處望過去，麥田像被陽光浸染過的一般，金燦燦得耀眼。農人捧起一把，將飽滿的麥穗放在嘴裡嚼一嚼，滿嘴都是清甜的麥香。「靡草死，麥秋至。斷薄刑，決小罪。」（《禮記·月令》）對犯下小罪的人處以薄刑，收穫之際亦是決斷之時。清明煮新茶，小滿嚐新麵。麥秋這幾天，人們將籽粒飽滿的新麥紮成捆，用石碾磨成麵粉，與大火燒開的香油一起炒熟，倒入芝麻、核桃末和瓜子仁，以沸水沖開攪拌均勻，淋上幾滴甜而不膩的桂花糖汁，呼作「油茶麵」。田間壟上，這一碗碗香噴噴的油茶麵，盛滿的是耕耘與收穫，令人頓覺生活美好，充滿希望。

四、「滿招損，謙受益」

芸芸萬物，順天時而行，春生夏長，秋收冬藏。二十四節氣，夏暑冬寒，皆有小大之謂；獨小滿不然，小滿之後無「大滿」，倒別有一番意趣。《尚書》云，「滿招損，謙受益」，太滿了不好。《周易》也說，「天道虧盈而益謙，地道變盈而流謙，鬼神害盈而福謙，人道惡盈而好謙」，天地互補，盈謙平衡，自成規律。

小滿天氣炎熱，宜食冷飲降溫，宜食薏米、莧菜袪濕健脾，但不可過量。飲食調養宜以清淡素食爲主，搭配色澤鮮麗、清火養陰的蔬果，忌膏粱厚味。宜適當運動頤養性情，但要避免大汗淋漓。所以說，萬事萬物安於「小滿」，不必太滿，這正是先人穿越時光的諄諄耳語，亦是順應自然的智慧之所在。

芒種：麥登場，煮梅湯

芒種是二十四節氣中的第九個節氣，爲五月節令，此時的太陽到達黃經75度，在每年西曆6月5—7日之間。

《群芳譜》有云：「小滿後十五日，斗指丙爲芒種。」一候螳螂生，二候鵙（音「局」）始鳴，三候反舌無聲。這裡的「反舌」有書說是百舌鳥，「以其能反復其舌故名」。但《月令七十二候集解》認爲這裡是指蛤蟆，因爲蛙類的舌尖向內，故名「反舌」。而螳螂、伯勞鳥感微陰而生，蛤蟆雖感陽而發，但在芒種時節感微陰則無聲。

芒種的到來，意味著仲夏時節（仲夏爲農曆五月，即夏季的第二個月）的開始，也意味著梅雨即將來臨。

一、麥上場，農事忙

時雨及芒種，四野皆插秧。
家家麥飯美，處處菱歌長。
　　　　　　　陸游《時雨》（節選）

芒種，又被叫作「忙種」，是農民播種下地最爲繁忙的時節，從各地諺語中就能看出來：

芒種芒種，樣樣都忙。
芒種前後麥上場，男女老少晝夜忙。

芒種節到，夏種忙鬧。

芒種忙收，日夜不休。

芒種麥登場，龍口奪糧忙。

芒種忙忙栽，夏至穀懷胎。

四月芒種如趕仗，誤了芒種要上當。

從上面諺語中不難看出芒種的農忙氛圍，那麼芒種到底都忙些什麼呢？又為何日夜不休地忙呢？

芒種時麥子成熟，也恰好是夏播作物播種的時節，這是芒種農事繁忙的原因之一。《月令七十二候集解》中載：「五月節，謂有芒之種穀可稼種矣。」、「芒，草端。」（《說文解字》）意思是說，芒種又稱五月節，在芒種當天，有芒的穀物如大麥、小麥成熟可收穫了，晚穀、黍、稷等夏播作物也到了播種的時節，因此就有諺語云「芒種忙兩頭，忙種又忙收」。試想一下，古人在沒有收割機的情況下，光靠簡易的工具來收割大把的麥子，還得搶在芒種時節播種夏播作物，那場面應該是熱火朝天的，也難怪諺語說「男女老少晝夜忙」，得發動全家甚至鄰里之力來忙農事。

農事繁忙的原因之二則是梅雨天的到來。中國國土廣闊，南北差異較大，梅雨到來的時間是有差異的，《四時纂要》載：「閩人以立夏後逢庚日為入梅雨，芒種後逢壬日為出梅。」其中「壬」為「十天干」中的第九位，即福建一帶以芒種後的第九日為出梅雨的時節。《碎金集》云：「芒種後逢壬入梅，夏至後逢庚出梅。」又據《神樞經》云：「芒種後逢丙入梅，小暑後逢未出梅。」《江陰縣誌》（天一閣藏明嘉靖刻本）中也載：「芒種後得壬日為梅始，梅日則多雨，謂之梅天。」可見地域不同，梅雨到來的時間點也有所不同。但不論出梅還是入梅，芒種是梅雨時節重要的時間參照點。

因二十四節氣發源於黃河流域，從當地的氣候特點來看，芒種之時梅雨尚未到達，因此農人要趁著梅雨尚未來臨之際，抓緊時間把成熟的麥子收了，把晚穀、黍或稷等夏播作物播種下去。這樣當梅雨來

臨，成熟的麥子不會受梅雨的侵害而在田裡漚爛發黴，剛種下的夏播作物也能得到雨水充分的滋潤，茁壯成長。趕在梅雨到來前該收的收，該種的種，這便是諺語所說的「龍口奪糧忙」了。

人們往往根據芒種當天的天氣，來判斷芒種過後天氣對農業生產的影響。以下各地農諺都說到了這些影響：

芒種夏至是水節，如若無雨是旱天。（粵）
芒種火燒雞，夏至爛草鞋。（閩）
四月芒種雨，五月無乾土，六月火燒埔。（桂）
芒種熱得很，八月冷得早。（湘）
芒種雨漣漣，夏至旱燥田。（贛）
芒種打雷是旱年。（湘）
芒種聞雷美自然。（陝）

從上面各地諺語的描述來看，一般而言，南方地區的芒種若是天晴，那麼半個月後的夏至就很可能會陰雨連綿，天氣潮濕，以至於「夏至爛草鞋」、「八月冷得早」；若芒種就已經進入了梅雨時節，

《康熙耕織圖》（焦秉貞繪）

那麼之後的夏季將會炎熱無比，甚至出現乾旱天氣，影響莊稼的生長。不同地區的芒種時節的天氣，對其後的天氣影響有所不同。如陝西地區屬於中國內陸偏西北地方，氣候比較乾旱，受梅雨的影響幾乎沒有或者比較微弱，但若是芒種時節打雷下雨了，莊稼得到了雨水的滋潤而茁壯成長，就意味著好收成。而在長江中下游地區，若是芒種就開始打雷了，過後的日子就極有可能持續高溫，造成乾旱。

二、梅雨臨，煮梅湯

黃梅時節家家雨，青草池塘處處蛙。
有約不來過夜半，閑敲棋子落燈花。

趙師秀《約客》

一般來說，芒種意味著梅雨季節來臨。

西曆每年的6、7月份，長江中下游地區都會出現持續的陰雨天氣，人們把這種氣候稱作「梅雨」。梅雨的出現，與高、低空大氣環流有關。長江中下游地區處在亞歐大陸東部的中緯度，冬春之際受西西伯利亞冷高壓的影響較大，吹的是西北風；而夏季到來時又會受到來自熱帶海洋的暖濕氣流影響，吹的是東南風。當春夏交替時，暖濕氣流便從華南地區登陸，與冷空氣相遇，雙方便開始了你進我退的較量，冷暖氣流交界處形成鋒面，便會產生降水。若暖空氣較強，則鋒面逐漸向北移，甚至有可能影響到西北內陸；反之，冷空氣較強則鋒面向南移。而當冷暖空氣處於勢均力敵的狀態時，鋒面便徘徊於某一地區，形成長期降水的天氣，這便是梅雨的形成。

梅雨在中國古代典籍中有較多的記載，《初學記》中引南朝梁元帝《纂要》云：「梅熟而雨曰梅雨。」意思是說，江南的梅子熟了，而此時正值雨季，梅雨因此而得名。在這陰雨連綿的雨季中，人們總是容易多愁善感，不少文人都留下了描寫梅雨的詩句，如柳宗元《梅雨》「梅實迎時雨，蒼茫值晚春。愁深楚猿夜，夢斷越雞晨」，頗有

些蒼茫愁緒凝於詩中；趙師秀《約客》則以動寫靜，使得雨夜的清寂與等人時的些許焦慮之間形成了張力，耐人尋味。

「梅雨」一詞在諸多文人眼中或許存有詩意的浪漫，但對於廣大民眾，尤其是長江中下游地區的人們來說，或許就意味著或大或小的災難，因為它又稱「黴雨」。這災難往重了說，若梅雨長期徘徊於某一個地區，那麼該地區就極有可能會暴發洪水災害，而其他地方則可能會有乾旱發生。往輕了說，長期暴露於潮濕空氣中的事物若是不通風或晾曬乾，便容易發黴發臭，如洗好晾曬的衣物總是給人潮濕的感覺，長期下雨，不出太陽，則不易晾乾，給人們的生活帶來了極大的不便。梅雨季節給人以一種濕漉漉、黏黏膩膩的不適感，濕氣入體則易致病。南方地區的一句諺語則頗為生動地反映了梅雨天氣時人們的狀態：

> 芒種夏至天，走路要人牽；牽的要人拉，拉的要人推。

在梅雨時節，人們的身體會有疲憊之感，這是體內有濕氣的主要徵狀。因此這段時間不要老悶在室內，應注意適度運動，增強體質；作息時間要合理，避免過度疲勞，晚上睡覺不要貪涼，注意保暖；另外還可食用一些利尿化濕的食材（如薏米、扁豆、冬瓜等），不宜食用生冷、油膩的食物。

此外，這一時節產梅子，因此便有煮梅的食俗，這一食俗在夏朝就有了。煮梅的方式也比較簡單，或是加糖，或是加鹽，比較講究的還會加上紫蘇。在北方，用烏梅與甘草、冰糖、山楂一起煮，便可以製成著名的消夏飲品—酸梅湯。

三、花事了，餞花神

> 一從梅粉褪殘妝，塗抹新紅上海棠。
> 開到荼蘼花事了，絲絲天棘出莓牆。

王淇《暮春遊小園》

芒種在陽曆六月初，荼蘼已經綻放，春天的花事至此告一段落，百花凋零敗落。

人們在花朝節迎花神，在芒種日餞花神。《紅樓夢》第二十七回「滴翠亭楊妃戲彩蝶，埋香塚飛燕泣殘紅」中，即描繪了送花神的熱鬧景象：

至次日乃是四月二十六日，原來這日未時交芒種節。尚古風俗：凡交芒種節的這日，都要設擺各色禮物，祭餞花神，言芒種一過，便是夏日了，眾花皆卸，花神退位，須要餞行。然閨中更興這件風俗，所以大觀園中之人都早起來了。那些女孩子，或用花瓣柳枝編成轎馬的，或用綾錦紗羅疊成乾旄旌幢的，都用彩線繫了。每一棵樹上，每一枝花上，都繫了這些物事。滿園裡繡帶飄飖，花枝招展，更兼這些人打扮得桃羞杏讓，燕妒鶯慚，一時也道不盡。

可見在芒種日餞花神時，姑娘們要精心打扮自己，同時也用彩旗彩帶精心裝飾樹枝和花朵，並擺設好各色禮物以餞花神。儘管花事已了，但人們仍以積極的心態來面對百花的凋零，體現出人們融於自然，感悟自然，尊重自然生命，樂觀向上的生活態度。當然，在芒種節當日誦念《葬花吟》的林黛玉是個例外。

吊詭的是，在許多中國古籍中，都記載了古人在二月花朝節時舉行迎花神儀式，場面頗為盛大。此俗在全國範圍內盛行，據傳始於武則天執政時期；然而芒種日的餞花神儀式，卻極少在古籍中有描述，據筆者所查得的資料，只在《紅樓夢》中有出現，這讓人不得不懷疑其或為作者杜撰。不過換個角度來看，也許說得通。花朝節源於官方組織的節日祭祀，節俗由士大夫階層逐漸擴大到民間各階層，可以說既有官方牽頭又有群眾基礎；而芒種日的餞花神按照曹雪芹的說法是「閨中更興這件風俗」，僅算是富庶人家少女的閨中樂趣，且其難以

擴散至民間，因爲芒種當天有更重要的事情—老百姓們舉家晝夜不分地忙農事，根本沒空做這些與農事不相干的事啊。

芒種淋漓盡致地體現了古人的生活智慧和天人合一的思想觀念。在沒有雷達衛星監測氣象的古代，人們通過長期生活經驗的積累，總結農業生產規律，窺探自然法則，順應天道，學會與自然和諧相處；同時還對大自然心存敬畏之心，對大自然的饋贈心存感恩之心。儘管現代科技飛速發展，但在面對大自然的時候，人類仍顯渺小，暫且不論遙遠的將來人類是否能夠征服自然，就當下而言，古人千百年來積累的生活智慧依然值得我們學習和繼承。

夏至：藏伏養生祭田婆

二十四節氣中，春分、夏至、秋分、冬至是最早被確立的。早在先民用土圭測日影的時候，人們就發現一年之中有一天日影最短，即夏至；有一天日影最長，即冬至。關於夏至，《尚書·堯典》有「日永，星火，以正仲夏」，《禮記·月令》中亦有「是月也，日長至，陰陽爭，死生分」。

夏至一般在西曆6月21日或22日。有些年份的夏至天氣炎熱難耐，有些年份則還能覓得些許殘餘的春意，所以，夏至並非依據氣溫變化，而是根據正午時分太陽的高度來確定的。夏至時太陽運轉到黃經90度，陽光直射北回歸線，達到向北位移的極限，高度角最大。位於北回歸線上的雲南、廣西、廣東、臺灣等地，每到夏至時間節點，都可觀察到「立竿不見影」的奇特景象。

對於北半球居民而言，夏至是一年之中白晝最長、夜晚最短的一天，是太陽最不吝惜自己的光和熱的一天，是酷暑生活即將拉開帷幕的一天，也是中國傳統觀念裡陽氣盛極將衰的一天。夏至之後，晝漸短、夜漸長，每過一日，白天便要讓出1分20秒給夜晚，直至秋分，方得平均。

一、物候農事

夏至是陰陽轉換的時間點，《月令七十二候集解》這樣描述夏至物候：一候鹿角解，二候蜩始鳴，三候半夏生。鹿與麋屬同科，由於

鹿是山獸，角向前生長，而麋是澤獸，角向後生長，所以古人認為鹿屬陽而麋屬陰。夏至陰氣漸長，陽氣始衰。所以象徵著陽的鹿角上的粗糙表皮開始脫落，而麋角的脫落則要等到冬至。雄性的蟬因為感受到陰陽的流轉而不停地鳴叫。喜陰的半夏則在水澤邊開始出苗。此外，民間認為奇數為陽，偶數為陰，夏至之後開放的梔子花等，花瓣多為偶數，冬至之後開放的梅花等，花瓣多為奇數，這也被人們視為植物生長順應陰陽變化的現象。在這樣的陰陽流變中，天氣逐漸熱起來了。在唐代小說家段成式的筆下，就連常年冷冰冰的貓鼻子，到了夏至這一天，都會短暫地暖起來：「其鼻端常冷，唯夏至一日暖。」（《酉陽雜俎》）

清院本《十二月令圖軸（五月）》

夏至在農曆五月初至五月半之間，人們習慣將夏至到小暑之間的十五天分為三時，其中頭時三日，中時五日，末時七日。在此期間，我國大部分地區氣溫較高，日照時間長，植物生長速度快，田間地頭一派欣欣向榮的景象。農作物的需水量也相應增加，降水量的多少對此時的農業生產來說意義重大。因此民間有許多關於夏至雨水的諺語，如「夏至一場雨，一滴值千金」、「夏至無雨，囤裡無米」、「夏至水滿塘，秋季稻滿倉」等。《荊楚歲時記》中也提到了「六月必有三時雨，田家以為甘澤，邑里相賀」。

因為氣溫高，此時易出現強對流天氣，傍晚時分多有疾來驟去的雷陣雨，而降雨面積往往不大，所以也有「夏至落雨十八落，一天要落七八坨」和「夏雨隔田埂」的說法。夏至的雨不下不行，但下得太大也不行。人們既害怕沒有雨水，影響作物灌漿，又擔心雨水太多，泡壞作物根莖，還憂慮此時多雷雨，日後會大熱大旱，不利作物生長。所以民間又有「夏至有雷，六月旱；夏至逢雨，三伏熱」、「三時三送，低田白弄」、「低田只怕送時雷」的說法。靠天吃飯的農人為了夏至時節雨水的多寡，真是操碎了心。民間剪紙掃天婆和掃晴娘，多少能從巫術層面，化解人們的這種焦慮。

伴隨農作物一起瘋狂生長的，還有並不討人喜歡的田間雜草，民諺有「夏至農田草，勝如毒蛟蛟」、「夏至不鋤根邊草，如同養下毒蛇咬」。為了保證農作物獲取足夠的陽光和養分，農人要頂住烈日，及時除草殺蟲，施肥灌溉。中耕鋤地也是此時重要的農事活動，「夏至伏天到，中耕很重要；伏里鋤一遍，賽過水澆園」。

浙江菱湖鎮的農人，會在夏至時節插秧，稱為「開秧阡」。他們認為，夏至三時之中，頭時插秧為上，末時為下，但由於節氣的時間並不固定，「故老農以中時為萬全，過末時則違節矣」（《菱湖鎮志》）。

二、伏天養生

與多至時節的「冬九九歌」相對應，民間也有「夏九九歌」的說法。清代杜文瀾《古謠諺》中就記錄了這樣一首，夏至之後日漸一日的炎熱可窺一斑。「一九至二九，扇子不離手。三九二十七，吃茶如蜜汁。四九三十六，爭向路頭宿。五九四十五，樹頭秋葉舞。六九五十四，乘涼不入寺。七九六十三，夜眠尋被單。八九七十二，被單添夾被。九九八十一，家家打炭墼。」

在「夏九九」之外，還有與「三九」相對應的「三伏」。「三伏」和「三九」作為一年之中最熱和最冷的兩段時間，常被人們相提

併論，如人們常說的「夏練三伏，冬練三九」等，但這兩者的計算方式卻不相同。「三九」是從冬至算起的，每九天為一週期，第三個九天週期即為「三九」，所以「三九」只有九天。而「三伏」則分為三個階段，持續的時間也長得多。

古人認為，四季的輪轉與五行的相生相剋間存有聯繫。夏季陽氣旺，五行屬火，「真火遇金則伏」，所以要從屬金的庚日開始數伏。入伏要殺狗以驅除暑氣，助力秋氣。《史記・秦本紀》有載，「（德公）二年，初伏，以狗御蠱」。可見先秦時期就有入伏磔犬禳除暑熱毒氣的巫術儀式。漢代對伏日和臘日非常重視，曆譜中除了八節，還有伏、臘。在敦煌出土的漢簡中有多篇當時的曆譜，記錄了當時三伏的計算方法：初伏為夏至後的第三或第四個庚日，後伏在立秋後的初庚或第二庚。漢魏後，統一為夏至後的第三個庚日為初伏，第四個庚日為中伏，立秋之後的第一個庚日為後伏，統稱為「三伏」。（《陰陽書》）其中頭伏十天，後伏十天，中伏的時間長短並不固定，有的年份長一些，有的年份短一些。

夏至是陽氣最旺、陽盛於外的時節。天氣炎熱，氣壓低，濕度大，人體多倦乏。所以夏至時節人們的生活起居也要順應這種天時變化，方能養生。俗話說：「熱天睡好覺，勝吃西洋參。」夏至時節宜晚睡早起，起床後可散步、打拳，適度晨練，以順應清晨陽氣的生長。午間應睡午覺，以補足精神，但不能睡太久，一小時為宜。夏季脾胃易虛弱，所以此時的飲食宜清淡，忌油膩。天氣熱的時候人們喜食冰冷食物，但從養生角度而言，食用冷飲瓜果涼菜，也不能過涼過多，應適可而止。宜多喝溫水，適當進食略鹹略酸的食物，以補充因流汗喪失的水分和礦物質。

傳統中醫講究辨證論治，《素問》中有「春夏養陽，秋冬養陰，以從其根，故與萬物沉浮於生長之門」以及「長夏勝冬」的說法。在夏季氣溫最高、人體陽氣最旺的時候，可對一些天冷時易發作的疾病如慢性支氣管炎、風濕性疾病、慢性鼻炎等進行調養治療，中藥內服，穴位貼敷，按摩推拿，祛除濕寒之氣，調整人體，提升陽氣，扶

正固本，達到陰平陽秘，是所謂「冬病夏治」。

三、仲夏習俗

《周禮・春官宗伯》記載：「以冬日至，致天神人鬼。以夏日至，致地示物魅。」《史記・封禪書》亦記載：「夏至日，祭地，皆用樂舞。」在中國傳統觀念裡，天代表陽，地代表陰。冬至過後，陰氣盛極而衰，陽氣生長，所以天子要於南郊圜丘祭天以扶陽氣；而夏至過後陰氣生長，則要在北郊方澤祀地以助陰氣。

天子在夏至時節祭地，老百姓則在這一天用時鮮美味祭祀祖先。「夏至，鄉村設奠祀祖先，蓋重『二至』之意，城郭則否。」（《杭州府志》）「夏至，祀先祖以麵。」（《山陰縣誌》）「夏至，祀先以麵。蕭山各供茶，曰『夏至茶』。」（《紹興府志》）農人在夏至時節還會用各類酒肉祭祀土地神，以求豐收。「農夫逢夏至以豚蹄釀

北京地壇（明清朝廷祭地場所）

（禳）田（俗呼『祭田婆』）。」（《諸暨縣誌》）「早禾將刈之前，農家各造紅米、蜜果以祀田祖，俗呼田祖曰田公婆。」（《象山縣誌》）「夏至日，農傢俱酒肉祭田間，曰『做田福』。是日見禾穎先茁者，曰『掛榜』。取盂水曝日中抹小兒面背，云不生痱子。」（《麗水縣誌》）

　　紹興地區在這一天除了祭祀先祖之外，還會依據天色來占卜陰晴，「夏至，祀先祖，薦新麵。（日未出時視方色以占豐凶。如東方天色赤主旱，黑主水。各方隅同，雨則不占。）」（《嵊縣誌》）

　　仲夏時節，萬物生長。夏至過後，陽氣由盛轉衰，陰氣緩慢滋生。而在老百姓心中，陰氣總歸是不好的，所以人們會用特別的習俗來應對這種變化。在漢代，夏至是一個無法慶賀的日子，因爲「夏至陰氣起，君道衰，故不賀」（蔡邕《獨斷》）。陰氣的滋生往往意味著鬼魅力量的增長，所以人們要用五色桃木印或新織絹布條裝飾門戶，或用五彩帛點綴衣襟，來避各種災禍。清代蘇州人在夏至時有更多更細緻具體的禁忌，如《清嘉錄》中記載，夏至時「居人愼起居，禁詛咒，戒剃頭，多所忌諱」。《禮記・月令》這樣記述仲夏時節的禁忌：「令民毋艾藍以染，毋燒灰，毋暴布。」浙江地區夏至時節，仍然保有這種禁忌，《烏程縣誌》、《南潯縣誌》等志書中均有夏至「半月內不淋灰、浣衣」的記錄。《歸安縣誌》中還記有「是月多禁忌，戒遷徙、遠行」。

　　中國人喜歡吃，講究吃。不同的節令有不同的應季食物。江浙地區夏至要吃餛飩，有「夏至餛飩冬至團，四季安康人團圓」的說法。而北方地區夏至時分最不能少的就是一碗麵，民間也說「冬至餃子夏至麵」。冬至必吃的是熱騰騰的餃子，夏至則要食用麵條，而且一定是用冷水澆涼、酸爽可口的涼麵條。北京人夏至前後好吃爽口的炸醬麵，有「頭伏餃子二伏麵，三伏烙餅攤雞蛋」的說法。過了夏至，白日漸短，所以也有「吃了夏至麵，一天短一線」的諺語。夏至時節吃麵條，這與夏至前後恰逢新麥成熟有關，多少有品嚐時鮮的意味。有的地區則直接吃上了新鮮的麥粒，山東福山等地夏至時會炒、煮新

麥麥粒，供家人食用。「夏至薦麥，以青麥炒半熟磨成條，名曰『碾轉』。」（《福山縣誌》）河北衡水、江蘇無錫等地夏至日清晨則要喝清淡的麥粥。「夏至，食麥粥」（《景州志》），「夏至日，薦新麥，晨煮麥粥供家祠及五祀」《錫金識小錄》），「夏至，炊麥豆做糜以食」（《無錫金匱縣誌》）。

《荊楚歲時記》中記載：「其菰葉，荊楚俗以夏至日用裹黏米煮爛，二節日所尚，一名粽，一名角黍。」《歲時廣記》中亦有：「圖經云，池陽風俗，不喜端午，而重夏至，以角黍舒雁往還，謂之朝節。」可見粽子也是夏至時節的節令食品。《吳郡志》中的記錄則更加有趣：「夏至復作角黍以祭，以束粽之草繫手足而祝之，名『健粽』，云令人健壯。又以李核爲囊帶之，云療。」除了吃粽子，還要把裹粽子的草繫在手腳上，要把李核裝進囊裡，來祈禱健康，趨利避害。在這裡，束粽之草和裝李核的囊袋，與端午節時的五色絲線和香囊有了某種互通的意味。南宋文人范成大的《夏至》也記錄了這一點：「李核垂腰祝，粽絲繫臂扶羸。節物競隨鄉俗，老翁閑伴兒嬉。」

廣東地區夏至還有吃荔枝和狗肉的習俗。荔枝是夏至時鮮水果，「夏至荔熟，人爭啖之」（《從化縣新志》）。狗肉性熱，本不宜在夏季食用。但人們相信在夏至這一天適當地吃些狗肉，能夠驅邪逐疫，民間有「吃了夏至狗，西風繞道走」的說法，地方誌中也有類似記載，「夏至日，掰荔薦祖考，磔犬以辟陰氣」（《阮通府志》）。

夏季天氣炎熱，人易消瘦。所以人們也有在立夏或夏至稱重的習俗，一方面祈願維持體重，另一方面待秋季再按數進補。《諸暨縣誌》中就有這樣的記載，「暨俗於夏至或立夏日必稱人輕重，以消災瘠」。《金陵歲時記》中亦有「是日，人家必權量老幼身體之輕重」。

作爲最早被確定下來的節氣之一，很長一段時間裡，冬至和夏至一直是一年中讓人無法忽視的時間節點，冬夏兩季的主要習俗，幾乎都集中在冬至、夏至兩天。漢魏之後，帶有濃厚人文色彩的端午節緩

慢起步，後來居上，竟將夏至的節日習俗逐步吸納到自己的勢力範圍內。晉周處《風土記》中尚有「俗重五日，與夏至同」的說法，大約到南朝時期，與屈原傳說關係密切的端午節就已取代夏至，成為整個夏季最重要的節日。翻看漢魏之後的地方誌書、民俗典籍，能看到夏至依依不捨、漸漸隱去的身影。至清末民初，各地歲時節日記載中，冬至尚存，夏至幾不可尋。然而，從陰陽流轉、追求和諧平衡的自然時間節點，到弘揚民族精神的人文節日，這對夏至來說，並不是結束，而是一次更有意義的昇華。

小暑：溫風至，嚐新米

　　小暑，是夏天的第五個節氣，也是二十四節氣的第十一個節氣，表示季夏時節正式開始。暑，表示炎熱的意思，小暑即是剛剛開始變得炎熱的日子。

一、小暑之義

　　每年西曆7月7日或8日，太陽到達黃經105度時為小暑。《月令七十二候集解》：「暑，熱也。就熱之中分為大小，月初為小，月中為大，今則熱氣猶小也。」

> 倏忽溫風至，因循小暑來。竹喧先覺雨，山暗已聞雷。
> 戶牖深青靄，階庭長綠苔。鷹鸇新習學，蟋蟀莫相催。
> 〔唐〕元稹《詠廿四氣詩・小暑六月節》

　　「小暑過，每日熱三分。」小暑節氣期間正好趕上入伏。伏，是避暑之意。從夏至開始，白晝開始變短，黑夜開始變長，熱的中間潛伏著寒冷的因素，稱之為「伏」。伏分為初伏、中伏、末伏，即人們常說的「三伏天」。三伏是一年之中最熱的時期，北回歸線附近地區陽光接近直射。

　　從小暑至立秋這段時間，稱為「伏夏」，是全年氣溫最高的時

豔陽高照
（鄭豔拍攝）

候，民間有「小暑大暑，上蒸下煮」、「小暑接大暑，熱得無處躲」的說法。小暑開始，江淮流域梅雨先後結束，南方大部分地區進入雷暴最多的季節，東部秦嶺—淮河一線以北的廣大地區降水明顯增多，而長江中下游地區則一般爲高溫少雨天氣。

二、小暑三候

一候溫風至。至，極也，溫熱之風至此而盛。小暑時節很少再有習習涼風，所有的風都裏挾著熱浪，從四面八方吹來，暑氣逼人。

二候蟋蟀居宇。《詩經·七月》中有「七月在野，八月在宇，九月在戶，十月蟋蟀入我床下」，這裡的八月即是夏曆六月—小暑節氣前後，由於天氣炎熱，蟋蟀離開田野，躲到屋簷下避暑。「明月皎夜光，促織鳴東壁」，到了晚上，蟋蟀不停地鳴叫，很像織布機的聲音，似乎在催促女主人趕緊織布，所以人們又叫它「促織」。

三候鷹始鷙。鷙，兇猛、強悍。低空氣溫太高，老鷹等具備高空飛行能力的鳥，也開始在更加清涼的高空活動。

三、小暑農事

　　小暑時節氣溫高，雨水豐富，陽光充足，是萬物生長最爲繁盛的時期，因此農民多忙於夏秋作物的田間管理。農諺云：「小暑進入三伏天，龍口奪食搶時間。玉米中耕又培土，防雨防火莫等閒。」

　　此時，大部分地區的大秋作物基本播種結束。「栽秧栽到小暑，打得不夠喂老鼠」。、「小暑插秧不生根，收割一畝打半升」。早稻處於灌漿後期，早熟品種在大暑前要收穫；中稻已拔節，進入孕穗期，應根據長勢追施穗肥。天氣炎熱，大部分產棉區的棉花開始開花結鈴，生長旺盛，要及時整枝、打杈、去老葉，做到「小暑天氣熱，棉花整枝不停歇」。盛夏也是多種害蟲猖獗的季節，要注意適時防治病蟲。南方大部分地區，此時期常出現雷暴天氣，因此也要適當防禦雷暴帶來的危害。

　　「小暑之時，雨熱同季」，雨與小暑相伴而生。入伏以後，因暴雨形成的洪水稱爲「伏汛」。伏汛會對蔬菜和棉花、大豆等旱作物造成不利影響。「小暑南風，大暑旱」，小暑若是吹南風，則大暑時必定無雨，就是說小暑最忌吹南風，否則必有大旱；「小暑打雷，大暑破圩」，小暑日如果打雷，大暑就會多降水，要注意防洪防澇。

　　「小暑一聲雷，倒轉半月作黃梅。」在江南地區，小暑時節的雷雨常含有「倒黃梅」的天氣信息，農諺說「小暑雷，黃梅回；倒黃梅，十八天」。江蘇有小暑日忌西南風的說法：「小暑日西南風，三車勿動。」三車是指油車、軋花車、碾米的風車。小暑前後，西南風和東南風的交匯機會多，年景不好，農作物會歉收，油車、軋車和風車都不動了。

四、小暑養生

　　「熱在三伏」，小暑正是進入伏天的開始。「伏」即伏藏的意思，所以人們應當減少外出以避暑氣。《漢書・郊祀志》中有注

云：「伏者，謂陰氣將起，迫於殘陽而未得升。故爲藏伏，因名伏日。」、「伏」就是熾熱中暗暗隱藏了陰氣的意思，是一種對人影響較大的氣候。因爲此時，陽氣減損，陰氣上升，氣溫極熱，人易感心煩不安，疲倦乏力。天氣炎熱對人體的影響非常大，爲此要做好防暑降溫的準備。

伏日麵　鄭豔拍攝

　　民間度過伏天的辦法，就是吃清涼消暑的食品。俗話說：「頭伏餃子二伏麵，三伏烙餅攤雞蛋。」入伏之時，新麥滿倉，而到了伏天人們精神委頓，食欲不佳，餃子、麵條卻是日常食品中開胃解饞的佳品。

　　據記載，伏日吃麵習俗出現在三國時期。《魏氏春秋》中記載：「伏日食湯餅，取巾拭汗，面色皎然。」這裡的湯餅就是熱湯麵。南朝宗懍在《荊楚歲時記》中說：「六月伏日進湯餅，名爲辟惡。」五月是惡月，六月與五月相近，故也應「辟惡」。伏天還可吃過水麵、炒麵。過水麵，就是將麵條煮熟用涼水過一下，拌上蒜泥，澆上鹵汁，不僅味道鮮美，還可以「敗心火」。

　　人們還常說：「小暑黃鱔賽人參。」黃鱔性溫味甘，具有益氣補肝、除風強筋等作用。根據冬病夏補的說法，小暑時節最宜吃黃鱔。

五、小暑習俗

　　因爲天氣火熱，所以小暑之際最重要的習俗還是避暑活動。古時沒有空調，人們喜歡到有水的地方納涼。當然，在寒冷時節儲存的冰塊也可降暑，但是一般民眾幾乎享受不到。

　　六月季夏，正當三伏炎暑之時，內殿朝參之際，命翰林司供給冰

雪，賜禁衛殿直觀從，以解暑氣。六月初六日，敕封護國顯應興福普佑真君誕辰，乃磁州崔府君，係東漢人也。朝廷建觀在暗門外聚景園前靈芝寺側，賜觀額名曰顯應，其神於靖康時高廟為親王日出使到磁州界，神顯靈衛駕，因建此宮觀，崇奉香火，以褒其功。此日內庭差天使降香設醮，貴戚士庶，多有獻香化紙。是日湖中畫舫，俱艤堤邊，納涼避暑，恣眠柳影，飽挹荷香，散髮披襟，浮瓜沉李，或酌酒以狂歌，或圍棋而垂釣，遊情寓意，不一而足。蓋此時爍石流金，無可為玩，姑藉此以行樂耳。

〔宋〕吳自牧《夢粱錄・六月》

此外，「食新」也是舊時小暑的習俗之一。食新就是品嚐新米，割下剛剛成熟的稻穀做成祭祀五穀神靈與祖先的祭飯。祭祀之後，人們便品嚐自己的勞動成果，痛飲嚐新酒，感激大自然的賜予。另外有一種說法，認為「吃新」其實是「吃辛」，是指在小暑節後第一個「辛日」祭祀飲宴。每年小暑前的辰日到小暑後的巳日，還是湘西苗

羊湯攤位（鄭豔拍攝）

族的封齋日。封齋期間，禁食雞、鴨、魚、鱉、蟹等物。據說誤食了要招惹災禍，但這時仍然可以吃豬、牛、羊肉。

「吃伏羊」是魯南和蘇北地區小暑時節的傳統習俗。《史記・秦本記》中記載德公二年（前676年），秦德公初置伏日並初設伏祠，這是伏日的開始。漢代楊惲在《報孫會宗書》中說「歲時伏臘，烹羊炰羔，斗酒自勞」，說明到了漢代吃伏羊已經成為一種習俗。魯南是產麥區，入伏之時夏收剛過，秋收未到，是一個短暫的農閒時節。魯南人民大都喜歡喝羊肉湯，入伏時宰殺的小山羊，已吃了數月的青草，肉質肥嫩，香氣撲鼻，營養最為豐富。三伏天喝羊湯，再加上辣椒、醋、蒜等一起食用，必然大汗淋漓。汗水可以排出體內毒素，對健康有益。蘇北地區大伏天吃羊肉也是一個老傳統，忙活了大半年的莊稼人聚在一起，圍坐在飯桌旁吃烤暑羊，通過這種方式來犒勞自己。

小暑時節中最為流行的節日當屬「天貺節」。天貺節在農曆六月初六，貺是賜、贈的意思。天貺節起源於宋，真宗趙恒非常迷信，某年六月六，他聲稱上天賜給他一部天書，並要百姓相信，便定這天為天貺節：

陰曆六月六日為天貺節。考其由來，以宋代有天書降於是日，定為此名。沿至今日，特虛行故事耳。

胡樸安《中華全國風俗志》

六月六又稱「回娘家節」。有一個傳說：春秋戰國時期，晉國狐偃十分自傲，把自己的親家趙衰氣死了。女婿想乘狐偃過生日之時，為父親報仇，殺死狐偃。女兒知道後，星夜趕回娘家報信，讓父親有個準備。狐偃放糧回城，深知自己辦了壞事，悔恨不已。他不僅不怪女婿，還改正了自己的毛病。事後，每年農曆六月六日，狐偃都把女婿、女兒接回家裡，闔家團聚。後來傳到民間，逐漸成了婦女回娘家的節日，還稱為姑姑節，民諺說「六月六，請姑姑」。

農曆六月六也是民間的蟲王節。六月間百蟲滋生，對農業和生活

都是莫大的威脅。人們一方面用火燒、網捕、土埋等方法積極除蟲；另一方面則祭祀蟲王、青苗神、劉猛將軍等，同時也利用各種巫術手段驅蟲。

蟲王節
六月六，看穀秀，晾曬衣物免發臭。
六月六，洗個澡，頭不膩來虱不咬。
六月六，把醬釀，不生蛆來不長醭。

北京民謠

各民族都有祭蟲王習俗。東北漢族、達斡爾族有祭蟲王爺的節日，每年農曆六月初六殺牲祭蟲王，祈求不降蟲災。彝族火把節，在農曆六月舉行三天，這期間各家都點燃火把到田邊照燎，做火燒天蟲的送祟儀式。臺灣阿美人也舉行驅蟲出境的驅蟲祭，巫師為先導，率人手拿芭蕉葉搖動，攜供品，口中念誦害蟲之名，於田頭致祭。祭畢，全體村民繞村寨奔跑，驅蟲出境。

六月六也是佛教的一個節日，主要活動是翻曬經書。傳說唐代高僧玄奘從西天取佛經回國，過海時經文被浸濕，於六月初六將經文取出曬乾，因此寺院也在六月初六這天翻檢藏經曝曬。民間則有「六月六，曬紅綠」的說法。北京人把皮大衣、毛衣之類的這些衣物拿到太陽底下暴曬；浙江農家要曬蓑笠；在臺灣基隆，老人要曬壽衣；書香之家，要在此日晾曬書籍、字畫；湖北地區還有在此日曬宗譜的習慣。此外，天貺節還有不少娛樂活動。山東地區認為農曆六月六日是荷花生日，因此在節日期間賞荷、採蓮，市場上還大量出售荷花玩具。婦女、兒童還喜歡用其花汁染指甲。

小暑，是開始走向酷暑的日子，也是人們在勞作數月之後可以一品碩果的休憩時節。短暫休整之後，耕作依舊，生活繼續，人們去除掉一切有可能滋生的危害，為真正碩果累累的收穫季節再度勤勤懇懇、任勞任怨。

大暑：清風不肯來，烈日不肯暮

當人走在馬路上變成「烤魷魚」，當涼蓆變成「電熱毯」，當風都變成熱浪，當海水變成熱水，狗狗整天吐著舌頭，大暑時節就到來了。

大暑是二十四節氣之一，是北半球一年中最熱的時期，正值中伏前後，在每年7月22—24日之間，太陽位於黃經120度。「大暑」與「小暑」一樣，都是反映夏季炎熱程度的節令，一般大暑較小暑更為炎熱。

一、大暑處在中伏裡，全年溫高數該期

《月令七十二候集解》中說：「暑，熱也。就熱之中分為大小，月初為小，月中為大，今則熱氣猶大也。」、「大者，乃炎熱之極也。」其氣候特徵是：「斗指丙為大暑，斯時天氣甚烈於小暑，故名曰大暑。」

大暑一般在三伏的中伏階段。俗諺有「冷在三九，熱在中伏」。大暑時節，我國大部分地區天氣炎熱，溫度超過35攝氏度，有些地區甚至會出現40攝氏度的高溫天氣。旅居新疆的清代詩人蕭雄在他的《西疆雜述》詩集中寫道：「試將麵餅貼之磚壁，少頃烙熟，烈日可畏。」宋代方回在《乙未六月大暑》詩中寫道：「平分天四序，最

苦是炎蒸。」曾幾《大暑》：「赤日幾時過，清風無處尋。經書聊枕籍，瓜李漫浮沉。蘭若靜復靜，茅茨深又深。炎蒸乃如許，那更惜分陰。」這些詩將大暑時節的炎熱描述得淋漓盡致。

我國古代將大暑分為三候：一候腐草為螢；二候土潤溽暑；三候大雨時行。腐草為螢：古人認為螢火蟲是每年這個時候由腐草變成的。土潤溽暑：土地很潮濕。大雨行時：常有大的雷雨會出現。唐代元稹的《詠廿四氣詩·大暑六月中》：

大暑三秋近，林鐘九夏移。桂輪開子夜，螢火照空時。
菰果邀儒客，菰蒲長墨池。絳紗渾卷上，經史待風吹。

氣溫最高時，農作物生長最快，菰果、菰蒲生長最盛，俗言道「人在屋裡熱得躁，稻在田裡哈哈笑」、「稻在田裡熱了笑，人在屋裡熱了跳」。盛夏高溫對農作物生長十分有利，但對人們工作、生產、學習和生活影響很大，室外作業或身體較弱者極易中暑。對讀書人來說天氣如此炎熱，書都讀不下去了，只好掀起紗簾吹吹風、透透氣（「絳紗渾卷上，經史待風吹」）。

根據大暑的熱與不熱，有不少預測後期天氣的農諺，如「大暑熱，田頭歇；大暑涼，水滿塘」、「大暑熱，秋後涼」、「大暑熱得慌，四個月無霜」、「大暑不熱，冬天不冷」、「大暑不熱要爛冬」。

大暑是北方地區農作物生長最快的時節，也是其最需水分的生長關鍵期，而炎熱天氣水分極易蒸發，常出現乾旱災害，此時的雨水極為珍貴，有「小暑雨如銀，大暑雨如金」、「伏裡多雨，囤裡多米」、「伏天雨豐，糧豐棉豐」、「伏不受旱，一畝增一擔」、「大暑有雨多雨，秋水足；大暑無雨少雨，吃水愁」的說法。又如「五天不雨一小旱，十天不雨一大旱，一月不雨地冒煙」，可見高溫少雨造成「伏旱」，嚴重危害農作物生長。

同時，中國的南方地區大暑時節降雨頗多，極易造成洪澇災害和

風災，農民要搶收搶種、抗旱排澇、防颱風等。大暑時節，雨水多，尤其雷陣雨居多，有諺語「小暑、大暑，淹死老鼠」、「東閃無半滴，西閃走不及」，夏天的午後，東方閃電則不會下雨，若西方閃電，則雨勢很快來到，躲閃不及。雨水迅速增多，要密切關注，準備防澇。在大暑期間，東南沿海地區還經常會出現颱風。

二、古代大暑及消暑習俗

由於大暑正處中伏前後，所以大暑節氣習俗與伏日習俗相關。據文獻記載，把伏日作為節日約始於秦朝。大約到漢代，伏日與食俗才聯繫在一起。據《漢舊儀》載，「漢魏伏日有酒食之會」，說的就是飲酒聚會。漢楊惲《報孫會宗書》說：「田家作苦，歲時伏臘，烹羊炰羔，斗酒自勞。」農家為何要在伏臘日烹羊飲酒呢？這一方面是因為羊肉有大補身體的功效，但最主要的原因是，農人把「伏臘」作為節日看待，所以要像過節一樣慶賀一番。漢代除了民間會這樣做，宮廷也有伏日賜肉的宮俗。

三伏日天氣超級炎熱，此時冰可以說是最佳消暑物了。我國早在西周時就有冬日掘井藏冰的做法。《禮記·月令》載，每年隆冬時，天子命人鑿冰窖藏，第二年仲春時節開窖取冰，與羔羊一同作為宗廟祭品，祭祀後的冰留著夏日享用。《詩經·豳風·七月》中記冬季：「二之日鑿冰沖沖，三之日納於凌陰。」即夏曆十二月鑿取冰塊，正月將冰塊藏入冰窖。到晉十六國，出現伏日賜冰的宮俗。《鄴中記》記載，在彭德府臨漳縣有銅雀、金虎等三座井臺，十六國君王石季龍曾於「冰井臺藏冰，三伏之日，以冰賜大臣」。唐代有三伏吃冰之俗，冰的品種多樣，如長安有「冰盤」、「冰瓜」等，富豪之家甚至會在伏日舉行「冰宴」。據《開元天寶遺事》記載：「楊氏（楊貴妃家）子弟每至伏中，取大冰使匠琢為山，周圍於宴席間。」大冰降低了室溫，宴飲環境更為舒適，甚至，雖在盛夏，赴宴者卻冷得面露寒色。唐代，宮廷內還按官員地位高低賜冰鎮食物。

宋代朝廷傳承了唐代盛夏賜冰的傳統，如宋代官府有伏日頒冰之儀式。皇帝自初伏日賜近臣冰人，每人每日四匣，共六次；又賜史官冰，百司休務，即如《歲時雜記》記載：「京師三伏，唯史官賜冰，百司休務而已。自初伏日爲始，每日賜近臣冰人四匣，凡六次。又賜麵三品，並黃絹爲囊，蜜一器。潁濱作皇帝閣端午帖子云：九門已散秦醫藥，百辟初頒凌室冰。」還給政府、要局及修史修書的部門，每人平均供冰二匣，自初伏起至末伏止，以作防暑降溫之用。明朝京城有敲冰盞、沿街叫賣冰塊的小販，直到清代尚存，敲冰盞聲「清泠可聽，亦太平之音響也」。清朝，宮廷三伏頒冰票，賜冰已普及每一位官吏。據《燕京歲時記》記載：「京師自暑伏日起，至立秋日止，各衙門例有賜冰。屆時由工部頒給冰票，自行領取，多寡不同，各有等差。按，《帝京景物略》：前明於立夏日啓冰，賜文武大臣。編氓賣者，手二銅盞疊之。其聲嗑嗑，曰『冰盞』。是物今尚有之。」清代民間的三伏涼冰也是別具特色。《清嘉錄》記載了江浙一帶的農人三伏擔賣涼冰的情景，其中冰鎮食品「雜以楊梅、桃子、花紅之屬，俗呼冰楊梅、冰桃子」。《清稗類鈔》則記有北京夏日用「冰果」宴客的風俗，其文爲：「京師夏日宴客，飣盤既設，先進冰果。冰果者，爲鮮核桃、鮮菱、鮮蓮子之類，雜置小冰塊於中，其涼徹齒而沁心也。此後，則繼以熱葷四盤。」

宋代伏日有尚食羊頭簽之俗，《歲時雜記》：「京師三伏日，特敕吏人、醫家、大賈聚會宴飲。其宴飲者尚食羊頭簽，士大夫家不以爲節。」

簽類食物在宋代非常盛行，僅在孟元老《東京夢華錄》和吳自牧《夢梁錄》裡，就提到了近二十種簽。紹興二十一年（1151年），宋高宗駕臨清河郡王張俊府第，張府進奉的膳食中有奶房簽、羊舌簽、肫掌簽、蝤蛑簽和蓮花鴨簽（參見周密《武林舊事》），說明個別簽類食品不僅是市食，而且是御膳。

羊頭簽的製作對技藝要求更高：剔取和切絲要求刀工精巧，對油溫和火候有極高要求。因爲羊臉肉比較細嫩，火候不到會夾生，時間

稍長即變焦，所以一般採用炸兩次的方法。或者也可以先放蒸鍋裡蒸熟，然後再入油鍋過一下。

南宋後期某知府請客，自家人手藝不高，是外雇一廚娘才做成了羊頭簽的（參見洪巽《暢谷漫錄》）。不過他雇的廚娘標準太高，才做了五份（每卷為一份）羊頭簽，就用了十個羊頭—羊臉肉只要最細嫩的部分，大蔥則只剔蔥心，蔥心還要用上好的紹興酒噴一下。用蔥就是要取其本色，以給主料提鮮。至今「簽」菜仍是傳統豫菜大系，有羊頭簽、雞絲簽、炸腰簽、鵝鴨簽、羊肚簽、筍簽、豆黃簽等等。

我國幅員遼闊，不同朝代、各個地區風俗不盡相同。諸如北宋夏日節食是「伏日綠荷包子」，「綠荷」即荷葉，用荷葉裹包子有清熱解暑的作用。浙江台州三伏日，老年人有食雞粥的風俗，名為「補陽」。概而言之，我國三伏食俗的由來與漢代「伏臘節」有關，最初是一種農慶活動。

三、送「大暑船」與古代「送」習俗

炎熱難耐，人們產生了將炎熱送走的想法，這與中國傳統節日習俗中的「送窮」等寓意相似，人們把不喜歡的東西，通過特殊的儀式送走。呂希哲《歲時雜記》載：「人日前一日，掃聚糞帚。人未行時，以煎餅七枚，覆其上，棄之通衢，以送窮。」石延年《送窮》詩云：「世人貪利意非均，交送窮愁與底人。窮鬼無歸於我去，我心憂道為憂貧。」再如懵懂、糊塗、口吃等，人人避之不及，民間卻用口頭買賣、贈送方式給予他人，人們以這種生活化的詼諧方式體現時節的平安和吉祥。大暑時節，浙江沿海地區送「大暑船」即與古代「送」、「賣」習俗相吻合。浙江台州好多漁村的這種傳統習俗，已有幾百年的歷史，其意義是把「五聖」送出海，送走暑熱保平安。送「大暑船」時，伴有一系列祈福儀式，還有豐富多彩的民間文藝表演，祝福人們五穀豐登，生活安康。

四、節氣飲食養生

大暑時節民間飲食習俗有兩種：一種是吃涼性食物消暑，一種是吃熱性食物。

（一）吃涼性消暑食物

1.廣東大暑吃仙草

廣東很多地方在大暑時節有吃仙草的習俗。仙草又名涼粉草、仙人草，唇形科涼粉草屬草本植物，是重要的藥食兩用植物資源。由於其神奇的消暑功效，被譽爲「仙草」。其莖葉曬乾後可以做成燒仙草，廣東一帶叫涼粉，是一種消暑的甜品。大暑吃仙草實際是一種吃涼性食物祛暑的食療方法。

「六月大暑吃仙草，活如神仙不會老。」燒仙草也是臺灣著名的小吃之一，有冷、熱兩種吃法。燒仙草的外觀和口味均類似廣東和港澳地區流行的另一種小吃龜苓膏，龜苓膏也同樣具有清熱解毒的功效。

2.臺灣大暑吃鳳梨

臺灣地區居民有大暑吃鳳梨的習俗，因爲這個時節的鳳梨最好吃，而且鳳梨有敗火之功效。鳳梨的閩南語發音和「旺來」相同，寓意平安吉祥、生意興隆。

另外，大暑前後就是農曆六月十五日，臺灣也叫「半年節」，即農曆六月十五日是全年的一半，這一天拜完神明後全家會一起吃「半年圓」，半年圓是用糯米磨成粉再和上紅麵搓成的，人們大多會將其煮成甜食來品嚐，象徵團圓與甜蜜。

（二）吃熱性食物

與上述習俗相反的是，有些地方的人們習慣在大暑時節吃熱性食物。

1.福建吃荔枝

福建莆田人在大暑時節有吃荔枝、羊肉和米糟的習俗，叫作「過大暑」。荔枝含有葡萄糖和多種維生素，營養價值高，吃鮮荔枝可以滋補身體。人們先將鮮荔枝浸於冷井水之中，大暑時刻一到便取出品嚐。這一時刻吃荔枝，最愜意、最滋補。有人說大暑吃荔枝，其營養價值和人參一樣高。

溫湯羊肉是莆田獨特的風味小吃和高級菜肴之一。把羊宰後，去毛卸髒，整隻放進滾燙的鍋裡翻煮，撈起放入大陶缸中，再把鍋內的滾湯倒入，浸泡一定時間後取出切好食用。吃時，把羊肉切成片片，肉肥脆嫩，味鮮可口。

米糟是將米飯和白米曲攪拌讓它發酵，熟透成糟；到大暑那天，把它劃成一塊塊，加些紅糖煮食，說是可以「大補元氣」。在大暑到來那天，親友之間，常以荔枝、羊肉為互贈的禮品。

2.山東、河南「喝暑羊」

山東南部地區有在大暑到來這一天「喝暑羊」（即喝羊肉湯）的習俗。在棗莊市，不少市民大暑這天到當地的羊肉湯館「喝暑羊」。

山東棗莊有接閨女吃伏羊的習俗，這與當地的農事、氣候有關。入暑以後，正值夏忙剛過、秋收未到的農閒時節，忙活半年的莊稼人便三五戶一群、七八家一夥吃起暑羊來。接閨女，蒸新麵饃饃，吃伏羊，喝暑羊就成為當地大暑時節的習俗了。可以想像，炎熱的大暑時喝上一碗熱騰騰的羊肉湯，那種大汗淋漓的感覺。

有人說羊肉在伏天吃最有功效。三伏天，人體內積熱，此時喝羊湯，配上辣椒油、醋、蒜，喝完大汗淋漓，排除五臟積熱和體內毒素，有益健康。

俗話說「冬吃蘿蔔夏吃薑」。吃薑有助於驅除體內寒氣。大暑期間，多吃絲瓜、西蘭花和茄子等當季蔬菜。大暑天氣酷熱，出汗多，脾胃活動性相對較差。可選擇「度暑粥」來提高食欲，如綠豆百合粥、西瓜翠衣粥、薏米小豆粥。

3.冬病夏治「三伏貼」

大暑是全年溫度最高、陽氣最盛的時節，在養生保健中常有「冬

病夏治」的說法。故對於那些每逢冬季發作的慢性疾病，如慢性支氣管炎、肺氣腫、支氣管哮喘、腹瀉、風濕痺證等而言，大暑是最佳的治療時機。「三伏貼」即以中藥貼敷穴位，每個伏天（夏季三個伏天）貼一次，每年三次，連續貼三年，可增強機體免疫力，降低機體的過敏狀態，減輕病症，降低發病率。

五、大暑賞荷花

自古以來荷花就以其清雅、高貴的風姿，出淤泥而不染的氣節，為世人所推崇，被譽為「君子之花」，也是文人墨客們吟詩、作畫的首選題材之一。盛夏是荷花盛開時節，於是便有了大暑遊船賞荷花之俗。北京什剎海、杭州西湖、南京的莫愁湖和玄武湖都是盛夏賞荷的勝地。

大暑時節漫步荷塘邊，伴著陣陣涼風，聽雨觀荷，也別有一番韻味，人們暫且忘卻了夏日的炎熱，不由得想起了朱自清筆下《荷塘月色》的美景：

曲曲折折的荷塘上面，彌望的是田田的葉子。葉子出水很高，像亭亭的舞女的裙。層層的葉子中間，零星地點綴著些白花，有嫋娜地開著的，有羞澀地打著朵兒的；正如一粒粒的明珠，又如碧天裡的星星，又如剛出浴的美人。微風過處，送來縷縷清香，彷彿遠處高樓上渺茫的歌聲似的。這時候葉子與花也有一絲的顫動，像閃電般，霎時傳過荷塘的那邊去了。葉子本是肩並肩密密地挨著，這便宛然有了一道凝碧的波痕。葉子底下是脈脈的流水，遮住了，不能見一些顏色；而葉子卻更見風致了。

夏日伴著《出水蓮》的優美琴聲，徜徉在鮮花盛開的荷塘邊，那一段段緩緩流淌的時光，伴著月色流進微微蕩漾的荷塘，引人入勝。

立秋：秋意與詩情

　　中國人對於「秋」具有一種特殊的情感。「秋」似乎總是與落葉、悲涼、離別、思念等沉重的情緒聯繫在一起，無論是杜工部的「萬里悲秋常作客，百年多病獨登臺」（杜甫《登高》），還是柳三變的「對瀟瀟暮雨灑江天，一番洗清秋」（柳永《八聲甘州》），雖有王摩詰的「空山新雨後，天氣晚來秋。明月松間照，清泉石上流」（王維《山居秋暝》），以及劉夢得的「自古逢秋悲寂寥，我言秋日勝春朝。晴空一鶴排雲上，便引詩情到碧霄」（劉禹錫《秋詞》），似也難以釋然。

　　秋，又有初（孟）秋、仲秋和深（季）秋之分，初立之「秋」在詩歌中常被稱為「新秋」，新秋擺脫暑熱，帶給人的是夏日暑氣稍退之後的清涼、靜謐、閒適和明朗。來看宋劉翰的《立秋》：「亂鴉啼散玉屏空，一枕新涼一扇風。睡起秋聲無覓處，滿階梧桐月明中。」啼鳴的亂鴉、清涼的秋風、疏朗的梧桐與明月，展現在人們面前的是充滿詩意的立秋時節。接下來的仲秋，則多了幾分沉甸甸的豐收之喜，正是「明朝逢社日，鄰曲樂年豐。稻蟹雨中盡，海氛秋後空」（陸遊《秋社》），所以「秋」何談總是悲涼！那麼，現在我們就來談談立秋之清朗、喜慶、凝重與閒適，描繪立秋時節的詩意感受和日常生活。

一、秋之清朗

立秋是二十四節氣中的第13個節氣，日期一般在西曆每年的8月7—9日，即太陽到達黃經135度時。立秋預示著炎熱的夏天即將過去，涼爽的秋天快要來臨。

古人很早就注意到季節交替之時天文、氣溫、降水和物候等的變化。《詩經‧豳風‧七月》中說「七月流火，九月授衣」，大火為二十八宿之一，大火之星西墜表示暑往秋來，唐代大詩人杜甫也曾有「山雲行絕塞，大火復西流」（《立秋雨院中有作》）的詩句。物候方面的變化則見於古籍所載的立秋「三候」，如《月令七十二候集解》：初候涼風至；二候白露降；三候寒蟬鳴。首先說「涼風至」。古代有四時八方八風之說，夏季多為正南向的凱風，入秋則轉為西南向的淒風，一曰「涼風」，又習慣稱「西風」，以至文學描寫中「西風」成為「秋風」的代名詞。如范成大「歲華過半休惆悵，且對西風賀立秋」（《立秋二絕》），黃升「西風半夜驚羅扇，蛩聲入夢傳幽怨」（《重疊金‧壬寅立秋》）。

可以說，凡季節交替時的詩詞吟哦，已構成文人階層的日常生活。民間農人的生活雖無那般詩意，但也有俗語俗話來數說節氣。民諺說「早上立了秋，晚上把扇丟」，節氣變化最突出地表現為人們對風的感受。夏風燥熱潮濕，秋風則多了幾分清涼爽快，空氣中的悶熱感消退，體感也更加舒適，正是「立秋日後無多熱，漸覺生衣不著身」（王建《秋日後》）。秋天不僅風涼，水也涼，民諺說「立秋一日，水冷三絲」，又說「立秋十日懶過河」，若再加上秋雨，則是「一場秋雨一場涼」了。

由於氣溫降低，立秋後的早晨會有霧氣產生，凝結成露。動植物們也出現季節性變化，即使是生活在城市中日漸遠離大自然的人們，只要稍加留意，也會發現立秋後梧桐樹的葉子便開始掉落，「一葉落而知秋」說的就是梧桐。燕子開始南飛，感陰而鳴的寒蟬也開始鳴叫。寒蟬是蟬的一種，體型較一般蟬更小，其「應陰而鳴，鳴則天

涼」（蔡邕《月令章句》）。三國時曹植曰「秋風發微涼，寒蟬鳴我側」（《贈白馬王彪》）；唐朝杜甫云「玄蟬無停號，秋燕已如客」（《立秋後題》）；元代乃賢記「京城燕子，三月盡方至。甫立秋即去，有感而作……托巢未穩井桐墜，翩翩又向天南歸」（《京城燕》）。如今，無論是城市人還是農村人，若生活在大自然中，只要細細感知，都會感受到每個季節轉換時「風」在體感上的變化以及周圍動植物的變化呢。

二、秋之喜慶

（一）暑未盡，農事忙

雖然秋風起，涼意至，但民諺又曰「朝立秋，涼颼颼；暮立秋，熱到頭」，說明立秋到來的時辰常決定著接下來一段時間的溫度。如果立秋時辰晚，預示著天氣還要持續炎熱，也就是民間常說的「秋老虎」，立秋後似火的驕陽和燥熱的天氣也著實讓人難以承受。所以，立秋準確地說是「煩暑鬱未退，涼飆潛已起」（白居易《一葉落》）之時。

從氣候學上來講，「秋」雖立，有時秋卻未至。因為確定秋天的氣候依據是，當地連續五天的平均溫度在22攝氏度以下。中國地域遼闊，各地氣候有差，立秋時大部分地區仍在熱氣蒸騰之下，每年三伏天的末伏也常在立秋前後。南方地區更是正當夏暑，黑龍江和新疆北部地方也要到8月中旬才能入秋。北京地區幾於9月初方有秋風送爽，秦淮一帶則9月中旬才有秋意，江浙一帶要到10月份，南端的廣東則更遲些，要到11月上中旬。

較高的氣溫倒是利於農作物的生長，所以立秋前後，我國大部分地區各種農作物生長旺盛。北方地區棉花結鈴，大豆結莢，玉米抽雄吐絲，甘薯迅速膨大；南方地區中稻開花結實，晚稻開始插秧，從南到北，農事繁忙。《月令七十二候集解》中說：「秋，揪也，物於此而揪斂也。」這「揪斂」代表著果實的成熟和作物的豐收。俗話說

立秋忙

「立秋十八日，寸草結籽粒」，各種植物開始結果孕籽，即使是耕種比較晚的農作物，此時也會很快長出籽粒，所以民間有「處暑不出頭，割穀喂老牛」的說法。河南地區農諺說「立秋三天遍地紅」，指的是立秋時節，高粱將近成熟，由青變紅。

山東嶗山農諺說「立了秋，鋤別丟；管到底，保豐收」，湘西一帶農諺說「包穀過了秋，家家快搶收」，都說明此時乃農作物生長和農事生產的關鍵時刻。

農業生產離不開雨水，立秋時也一樣，但又要適度。民諺云「人怕歪廝纏，稻怕正秋乾」（浙江湖州），又云「立秋無雨甚堪憂，萬物從來只半收」（江西南昌）。農人怕秋旱，卻又怕綿綿秋雨，更怕大風雨，所以翻閱明清地方誌會發現「立秋忌雷」的字眼比比皆是，農人期盼的是「立秋得微雨，銀子撿得起」。風調雨順才是農人永恆的祈盼，在缺乏防風防雷抗旱防澇等防禦措施的年代，人們只得求助於經驗來預測天氣變化。看風，「秋前北風秋後雨，秋後北風遍地乾」。看雨，「立秋晴，一秋晴；立秋雨，一秋雨」。或占卜，比如舊時江蘇無錫農人每到立秋會抓一條泥鰍放在水裡，若泥鰍立於水中，則預示著當年秋天將有大風大雨，需提前防範。或以立秋時間來測算，如「六月秋，減半收。七月秋，得全收」。因為立秋節氣應屬舊曆七月，若七月立秋，則節氣與月令相應；太早或太遲，都會造成節氣與月令懸差，雨水或愆期或不足，收成必減。又或以立秋的時辰判斷農業豐歉，諺云「睜眼秋，收又收；閉眼秋，丟又丟」。

（二）秋糧豐，盡歡慶

今日之秋更多地被人們描繪成黃色的季節，黃色是農作物成熟的顏色，代表著豐收和喜慶。古人雖很少用濃重的黃色對秋季加以描繪，卻用隆重的活動加以慶祝。在浙江杭州一帶，農人於立秋之夕，「望空舉聲，群相洶洶……」（《餘杭縣誌》），即人們向西拜祭祈求秋季作物豐收。到了立秋後第五個戊日，就是舉國上下隆重歡慶的社日。元代以前，社日是一個重要的節日，分春秋兩社，春祈秋報，祭神謝神。秋社為農作物收穫已畢，官府與民間祭神謝神的日子。宋時，秋社有祭神、食糕、飲酒、婦女歸寧等俗。唐韓偓曾有《不見》詩云：「此身願作君家燕，秋社歸時也不歸。」在浙江、福建、廣東一些地方，至今仍流傳有「做社祈福」、「敬社神」、「煮社粥」之俗。

在湖南花垣、鳳凰、瀘溪等地，苗族立秋時會舉行隆重的趕秋節（又稱「交秋」）。當天，人們放下手中的活計，身著盛裝，前呼後擁，前來趕秋場。趕秋內容主要有攔門、接龍、打八人秋、打苗鼓、苗族絕技表演、椎牛等。散場後，青年男女成群結隊，趕「邊邊場」，約會交往。花垣「苗族趕秋」2014年入選第四批國家級非物質文化遺產名錄。如今的「趕秋節」融入了武術、玩龍、舞獅等文藝表演和民俗文化展覽等內容，成為最具苗族特色、極富苗族文化內涵的綜合性慶典。舉辦方式也由過去的村寨輪流舉辦，改變為由鄉鎮或者縣區舉辦。2016年苗族趕秋節分為「迎秋」、「祭秋」、「趕秋」三大篇章，「迎秋」中有攔門迎賓和迎蚩尤神像、儺公儺母入場的環節；「祭秋」時則有百人苗族鼓舞表演、夾馬號、吹嗩吶、司刀絡巾舞和祭祖先蚩尤儀式；「趕秋」篇章除了鼓舞、夾馬號、嗩吶隊的開場表演，還有巴貴射鷺、十二人秋對歌。群眾則「鬧秋」，舉行飆桌子、獅子爬桌、舞龍、打三棋、八人秋賽歌、苗族絕技、苗族武術等比賽和活動。

三、秋之凝重

（一）迎秋氣，獎軍功

秋天還有凝重的一面。作為暑退涼來的重要時間點，古人創造出莊重的儀式和習俗以送暑氣、迎秋氣，補陽氣之缺，順陰氣之生，祈盼順利度過交節之時。

古人認為，四時有四氣，與立春日東郊迎春相對應，立秋這天，古代帝王要親率三公、九卿、諸侯、大夫至西郊迎秋，並舉行殺獸祭祀少昊、蓐收的儀式，同時獎賞軍功，耀武揚威。《禮記‧月令》曰：「是月也，以立秋。先立秋三日，大史謁之天子曰：『某日立秋，盛德在金。』天子乃齊。立秋之日，天子親帥三公、九卿、諸侯、大夫，以迎秋於西郊。還反，賞軍帥武人於朝。」到《後漢書‧禮儀志》中又載：「立秋之日……斬牲於郊東門，以薦陵廟。」《後漢書‧祭祀志》則講述得更詳盡：「立秋之日，迎秋於西郊，祭白帝蓐收。車旗服飾皆白。歌《西皓》，八佾舞《育命》之舞。……天子入圍射牲，以祭宗廟，名曰貙劉。」按照五行學說，秋位於西方，色白，所以儀式上服白色，並有相應的舞蹈。

那麼，為何要在這個季節舉行軍功獎賞之事？因為古代兵寓於農，忙時為農，閒時為兵，秋後農閒之時，多開展軍事訓練。《左傳‧隱公五年》中記載臧僖伯諫隱公觀魚曰：「春蒐、夏苗、秋獮、冬狩，皆於農隙以講事也。三年而治兵，入而振旅。歸而飲至，以數軍實。」這種傳統一直延續到清代，仍有「木蘭秋獮」，即秋季舉辦大規模圍獵之舉。歷史上很多的事件，尤其是起義，多是在秋季，如古代的陳勝吳廣起義、黃巢起義以至近代以來的武昌起義、秋收起義等，即所謂的「秋後舉事」。

同時，國家亦於此時整頓法制，審理案件，處分罪犯。早在《禮記‧月令》中就記載，立秋時節「涼風至，白露降，寒蟬鳴，鷹乃祭鳥，用始行戮」。後來漢儒董仲舒將天時與人事相配，在《春秋繁露》中提出：「王者配天，謂其道。天有四時，王有四政，四政若四

時，通類也，天人所同有也。慶爲春，賞爲夏，罰爲秋，刑爲冬。」
這種人事順應天意的政治解釋，一直爲後代所沿襲，也成爲後來的
「秋後問斬」的淵源。比如，《大清律例》中就有「每年正月、六月
俱停刑。內外立決重犯俱監固，俟二月初及七月立秋之後正法。其五
月內交六月節，及立秋在六月內者，亦停正法。」清代劉衡《讀律心
得》也記載道：「每年小滿後十日起，立秋前一日止（如立秋在六月
內，以七月初一日爲止），除竊盜及毆傷人罪應杖笞不准減免外，其
餘杖責人犯各減一等，八析發落，笞罪寬免。」民間屠宰牲畜也講究
在秋後進行，民國二十年（1931年）遼寧《義縣誌》載：「肉類，
以豚肉爲大宗，四時常有，牛肉次之（宰牛以立秋始），羊肉更次之
（宰羊以立夏日始）。」人和物的生與死、罪與罰都一應與天合，的
確爲天人合一思想的具體體現了。

（二）戴楸葉，祭神明

　　皇家逢立秋日的祭祀、軍功賞罰等儀式活動代有傳承。唐代，每
逢立秋日祭祀五帝。《新唐書・禮樂志》中載：「立秋立多，祀五帝
於四郊。」《唐會要》卷二十三中亦載：「立秋日，祭白帝於西郊。
立秋後辰日，祀靈星於國城西南。立秋日，祭西嶽金天王、西鎮成德
公、西海廣潤王、西瀆靈源公。薦獻太清宮，享太廟。」

　　民間百姓雖無皇室那般大型的迎秋儀式，亦有小規模應時序送暑
氣、迎秋氣之舉。據史載，宋代立秋之日，男女都戴楸葉，順應時令
之氣，還有的將石楠紅葉剪刻成花瓣，簪插鬢邊。孟元老《東京夢華
錄》載：「立秋日，滿街賣楸葉。婦女兒童輩，皆剪成花樣戴之。」
這與立春戴彩勝迎春異曲同工。此俗民國時期仍存，民國五年（1916
年）河南《鄭縣志》載：「立秋之日，男女咸戴楸葉以應時序，或以
石楠紅葉剪刻花瓣，簪插鬢邊。」習俗傳承之凝固力竟至如此。民間
還有懸扇送暑之俗，「立秋日……懸紈扇於門，謂之『送暑』」（清
光緒十二年《遵化通志》）。

　　思古念祖，崇敬萬物，是中國節氣和節日的倫理內核和文化特

性。立秋節氣也不例外，在世之人此時一方面要把新收稻穀進獻給天子嚐新，同時亦要供奉祖先和四方神明。民國時期，雲南彝族「三年殺牛大祭，曰『祭添』。……立秋日則於高山叢林中集會，名曰『松花酒』」（《姚安縣誌》）。浙江于潛地區「農家各具豚酒赴田畔祭田祖」（民國二年《于潛縣誌》）。江蘇吳縣人「立秋前一月，市肆已羅列西瓜，至是居人始薦於祖禰，俗稱『立秋西瓜』」（民國二十二年《吳縣誌》）。在貴州仁懷，「各家均於立秋前後十日擇期嚐新，以新米煮飯，供獻天地、神祇及五穀之神，然後奉之祖父母，無祖供之父母，卑幼漸次而食」（清光緒二十八年《增修仁懷廳志》）。

在上海地區，立秋日要祭祀灶神，並且要「懸紙幡於竹，插於田中，謂之『標秋』」（1961年《外岡志》），實乃祭祀土地神。浙江湖州一帶也於立秋時「里社屠牲祀土地，謂之『燒秋福』」（清同治十三年《安吉縣志》）。至今，這種立秋祭祀土地神慶豐收的活動仍較為普遍。在浙西南松陽縣平卿村，村內每年要舉行「上山福」、「下山福」、「立秋福」、「八月福」等祈福活動。其中，「上山福」在穀雨節氣前後，此時柴草初生，村民開始上山割嫩柴葉、草芽下田當肥料，為祈求上山平安，避蛇蟲，上山前村裡會進行殺豬祈福；「下山福」為小滿前後，割柴結束，準備犁田插秧，為還願上山平安，祈禱稻苗生長健壯，村民舉行第二次祈福；「立秋福」正值稻苗生長期，蟲害正旺之時，為保稻苗不受蟲災，村民舉行第三次祈福；最後是農曆八月初的「八月福」，稻穀收割在望，做福還願，感謝神靈保佑。

（三）食與藥，禳災禍

中國的天人合一思想認為，特定節令下大自然的賜予有時會被賦予某種神性，對人的身體產生魔力。像秋天的白露，就被認為是治療眼疾的靈藥，民間遂有八月收集露水洗眼之俗。此俗最早見於晉郭緣生的《述征記》：「八月一日作五明囊，盛百草頭露洗眼，令眼明

也。」至今仍有傳承。

　　當然更多的是人們對於食療的信仰。夏氣濕熱，秋氣寒涼，對於季節時氣的變化，人的身體難免有一個調適的過程，亦多有不適的反應。為避免身體疾病，順利實現季節轉換，民間多用食療防病，這些食物必須是在特定的時辰，和著立秋時的水服下（比如早晨初汲的井華水，又作井花水），方可產生效用。民間對付南方地區常見的病症一瘧疾的方法可謂是五花八門。四川三台縣，「立秋正刻飲水一杯，則積暑消除，秋無腸泄之病」（清嘉慶二十年《三台縣誌》），宋代時必須以「井花水吞赤小豆七粒，云可辟疫」（民國十一年《杭州府志》）。在江浙一帶則普遍存在著食用瓜水，吞赤豆七粒，食用西瓜和燒酒，以免暑熱痢疾之害的做法。宋代范成大《立秋二絕（其二）》云：「折枝楸葉起園瓜，赤小如珠嚥井花。洗濯煩襟酬節物，安排笑口問生涯。」民國胡樸安《中華全國風俗志》載，浙江杭州人立秋吃秋桃，吃完把核留起來，待到除夕時，把桃核丟進火爐中燒盡，認為可免除瘟疫。這些做法都統稱為「啃秋」，實際抒發的是對秋季蔬果作物豐收的一種喜悅。

　　另外就是直接製作補藥，解暑氣，迎秋氣，順利度過交節時刻。民國時期，浙江舟山定海立秋時，「以萊菔子、蓼曲和窖糕、炒米粉等搗碎之，以供兒童食用，謂可去積滯」（民國《定海縣誌》）。還有的「以木蓮子絞汁凝如冰，養以井水，隨意劃取，加糖醋食之，謂之『涼粉』，云已痹」（民國二十年《湯溪縣誌》）。在西南地區的四川渠縣立秋日時「特製清解藥餌煎服，以除暑氣，為『秋藥』」（民國二十一年《渠縣志》）。明高濂《遵生八箋》中還記載說：「立秋，太陽未升，採楸葉熬膏，擦瘡瘍立癒，名『楸葉膏』。熬法以葉多方稠。」楸葉可入藥，具有消腫拔毒之功效，山東部分地區仍有此俗。

四、秋之閒適

（一）貼秋膘，祈延年

炎熱的夏季，人們往往不思飲食，心浮氣躁，為了彌補苦夏的虧空，為未來的冬天積蓄能量，民間常於立秋時來一場盛宴吃個「秋飽」，貼補「秋膘」。在東北地區，立秋日吃麵、餅、水餃或者黃米麵餑餑，稱為「吃秋飽」。南方地區則食線粉及甜瓜等物。這與前面吃特定食物以防病之舉相似。

至於講究一些的，則要專門從醫學角度講道論理了。中醫學常把農曆六月處於夏秋交接的最後十八天稱為「長夏」。《黃帝內經·素問·藏氣法時論》王冰注云：「長夏，謂六月也。夏為土母，土長乾中，以長而治，故云長夏。」中醫認為，春季養生應肝，夏應心，長夏應脾，秋應肺，冬應腎。《周書》曰：「立秋之日，白露不降，民多病咳。」夏季濕熱，人們常常食欲不振、口淡無味，甚至身體水腫，有傷脾氣，所以夏秋交接之時要補脾，多吃些清熱祛燥的食物，以順應自然界陽氣從「長」到「收」的轉化。日常起居要早睡早起，適當運動，而且蒲虔貫撰著的《保生要錄》中特意提到說，立秋是改變睡臥方向的一個轉捩點，「自立春後至立秋前，欲東其首。立秋後至立冬前，欲西其首。常枕藥枕……唯用理風平涼者乃為得宜」。這種細緻入微的順應天地節令而作息的、富有節奏感的生活方式，現在看來實在是精緻之極。

（二）鬥蟋蟀，博歡樂

秋雖為農忙時節，但農人之忙與閒又非與如今人們理解中的工作日和假日相對應，農人的閒與忙常常難以分割，或者說忙裡偷閒也不為過。在北方，農忙時卻是孩子們最開心的時候。田裡的莊稼熟了，還可以邊收穫邊嚐鮮。立秋時節，都是玉米將熟未熟之時，烤出來鮮嫩可口。田間地頭，孩子們掰下嫩玉米，在地下挖一孔土窯，把嫩玉米放進去，拾來現成的枯草乾枝，加火去燒。烤熟的玉米香氣撲鼻，

令人垂涎三尺。

在山東寧津民間流傳著鬥蟋蟀之俗，寧津蟋蟀歷來是宮廷進貢之品。入秋以後，田間地頭、農家院裡到處能聞蟋蟀之聲，人們抓來馴養，作爲博戲之樂。現在蟋蟀養殖已經成爲寧津當地重要的產業，鬥蟋蟀比賽也成爲當地的文化品牌。同樣，在蘇州也早有此俗，清顧祿《清嘉錄》載：吳地「白露前後，馴養蟋蟀，以爲賭鬥之樂，謂之『秋興』，俗名『鬥賺績』」。人們在立秋之後就開始準備馴養蟋蟀，到了白露後開始鬥，一直鬥到重陽爲止。

而在江西婺源篁嶺，曬秋的農事習俗竟成爲當代的「最美中國符號」。在湖南、江西、安徽等地山區，由於地勢複雜，平地較少，人們只能利用房前屋後及窗臺、屋頂等晾曬農作物。這種獨特的晾曬習俗與當地的美景相呼應，竟成爲當代畫家和攝影家的創作素材，並得到這般詩意的稱呼。篁嶺曬秋如今已演變成當地鄉村旅遊文化的名片，吸引著無數愛美之士前往賞秋、創作。

在傳統社會生活中，立秋處於季節交替之時，對於人類是一個調適自身，與自然相融合的「過渡時刻」，因此人類設計出特定的儀式和轉折性的習俗，以保順利過渡。但今日之秋，人們已經無需進行那些神秘的民俗活動，秋意自有韻味。傳統上秋風蕭瑟、秋雨悲涼、秋思綿長等意象，已經深入人心並綿延至今，在現代生活中，人們依然需要「秋」帶給人的詩意和美感。即使是日常生活也需審美的情趣，人們渲染驅走霧霾的清涼，眷戀田園豐盈的收穫，觀賞趕秋的熱鬧，感受啃秋的愉悅，更珍惜秋日轉瞬即逝的迷人色彩。一個富有詩意的「秋」早已立於人們心中。

處暑：暑將退，禾乃登

　　處暑，是二十四節氣之中的第十四個節氣，交節時間點在西曆8月23日前後，太陽到達黃經150度。《月令七十二候集解》：「處暑，七月中。處，止也。暑氣至此而止矣。」處暑的「處」是指「終止」，處暑的意思是夏天暑熱正式終止。俗語「爭秋奪暑」，是指立秋和處暑之間的時間，秋季雖已來臨，但夏天的暑熱仍在，只是早晚已有些涼意。北京諺語有「立秋處暑天漸冷」、「過了處暑熱不來」。有些地方還時有高溫，即民間所說的「秋老虎」現象，北京諺語「小暑大暑不算暑，立秋處暑才是暑」，即說處暑有時非常炎熱。安徽諺語：「處暑白露節，夜涼白天熱。」

一、處暑三候

　　中國古代將處暑分爲三候：一候鷹乃祭鳥；二候天地始肅；三候禾乃登。即老鷹開始大量捕獵鳥類；天地間萬物開始凋零；黍、稷、稻、粱類農作物成熟了。鷹祭鳥，即鷹殺鳥而陳之若祭（鷹將捕來的鳥陳列擺開，如同祭祀一樣）。《逸周書‧時訓解》：「處暑之日，鷹乃祭鳥。」朱右曾校釋爲：「殺鳥而不即食，如祭然。」《禮記‧月令》：「（孟秋之月）涼風至，白露降，寒蟬鳴，鷹乃祭鳥。」鄭玄注曰：「鷹祭鳥者，將食之，示有先也。既祭之後不必盡食。」孔穎達疏曰：「謂鷹欲食鳥之時，先殺鳥而不食，與人之祭食相似。猶若供祀先神，不敢即食，故云示有先也。」天地始肅，即暑熱過後，

天氣轉涼，天地開始呈現肅殺之氣。禾乃登，「禾」爲農作物的總稱，「登」即豐收之意。「禾乃登」意寓五穀豐登，這也說明處暑時節正值農作物豐收。唐代元稹《詠廿四氣詩・處暑七月中》一詩：

> 向來鷹祭鳥，漸覺白藏深。葉下空驚吹，天高不見心。
> 氣收禾黍熟，風靜草蟲吟。緩酌樽中酒，容調膝上琴。

此詩是對處暑三候的精準描述，「白藏」指秋季，古人以四色配四季，《爾雅》：「春爲青陽，夏爲朱明，秋爲白藏，冬爲玄英。」處暑時「鷹祭鳥」即老鷹開始大量捕獵鳥類；「時下空驚吹，天高不見心」即天地間萬物開始凋零；「氣收禾黍熟」即黍、稷、稻、粱類農作物成熟。

除了這首詩，古人的詩詞中還留下了許多處暑時節的影蹤。處暑雖然仍炎熱，但新涼即將到來，經歷了三伏的人們無不翹首盼望。唐代白居易《早秋曲江感懷》：「離離暑雲散，嫋嫋涼風起。池上秋又來，荷花半成子。」宋代蘇泂《長江二首》之一：「處暑無三日，新涼直萬金。」宋代王之道《秋日喜雨題周材老壁》：「處暑餘三日，高原滿一犁。」宋代仇遠《處暑後風雨》：「疾風驅急雨，殘暑掃除空。……紙窗嫌有隙，紈扇笑無功。兒讀秋聲賦，令人憶醉翁。」

二、處暑習俗

1.祭祖

處暑節氣前後的民俗多與祭祖及迎秋有關。處暑一般在農曆七月十五日左右，民間會有慶贊中元的民俗活動，俗稱「七月半」或「中元節」。舊時民間從七月初一起，就有開鬼門的儀式，豎燈蒿，放河燈招孤魂，搭建普度壇，架設孤棚，穿插搶孤等，至月底關鬼門結束。時至今日，中元節已成爲祭祖的重大活動時段。

2.放河燈

河燈也叫「荷花燈」，一般是在荷花形底座上放燈盞或蠟燭，中元夜放在江河湖海之中，任其漂泛。放河燈亦是為了普度水中的落水鬼和其他孤魂野鬼。蕭紅《呼蘭河傳》記：「七月十五是個鬼節；死了的冤魂怨鬼，不得托生，纏綿在地獄裡非常苦，想托生，又找不著路。這一天若是有個死鬼托著一盞河燈，就得托生。」

3.迎秋俗

秋天，秋高氣爽，適合戶外運動。處暑之後，秋意漸濃，是人們暢遊郊野迎秋賞景的好時節。處暑過，暑氣漸止，天上的雲彩聚散自如，民間向來就有「七月八月看巧雲」之說，其間就有「出遊迎秋」之意。人們以登山、慢跑、郊遊等戶外運動迎接秋天的到來。

4.開漁節

對於沿海漁民來說，處暑之後是漁業收穫的時節。每年處暑期間，浙江省沿海地區都要舉行一年一度的隆重的開漁節，即在東海休漁結束的那一天，舉行盛大的開漁儀式，歡送漁民開船出海。因為，這時淺海海域水溫依然偏高，魚群還是會停留在這周圍，魚蝦貝類發育成熟。因此，從這一時間開始，人們往往可以享受到種類繁多的海鮮。因此處暑以後是漁業大豐收時節。

5.潑水習俗

在日本，從大暑到處暑的一個月時間內，日本各地有潑水降溫的習俗。我國部分地區也有。

三、處暑與養生

進入秋季後，人體也進入一個生理休整階段，一些在夏季潛伏的症狀就會出現，機體也會產生一種莫名的疲憊感，如不少人清晨醒來還想再睡，這就是「秋乏」。中醫認為秋主燥，燥熱耗氣傷陰。陰虛表現為咽乾、口乾、鼻子乾。「處暑」期間，南方暑濕較重，暑濕最易傷脾，中醫稱暑濕困脾，而脾又是主管人體肌肉四肢的，當脾被濕困後，就容易感到疲乏。

處暑之後，早晚溫差變化開始明顯，處暑節氣適宜進食清熱安神的食物，如銀耳、百合、蓮子、蜂蜜、黃魚、干貝、海帶、海蜇、芹菜、菠菜、糯米、芝麻、豆類及奶類，做到少食多餐。

另外，隨著氣候漸漸乾燥，身體裡肺經當值，這時可多吃滋陰潤燥食物，防止燥邪損傷，如梨、冰糖、銀耳、沙參、鴨子等養陰生津的食物，或黃祝、黨參、烏賊、甲魚等能益氣保健的藥物和食物。當然，多吃蔬果可以起到生津潤燥、消熱通便的功效，能補充人體的津液。應少吃或不吃煎炸食物，因為這些食物會加重秋燥的徵狀。民間有處暑吃鴨子的習俗，老鴨味甘性涼。做法也花樣繁多，有白切鴨、檸檬鴨、子薑鴨、烤鴨、荷葉鴨、核桃鴨等。北京至今還保留著這一習俗，通常處暑當日，北京人就會到店裡去買處暑百合鴨等。

總的來說，處暑時需要滋陰潤燥，但根據不同人的不同情況，處暑期間飲食方面，又有不同具體的建議。

處暑氣溫下降明顯，晝夜溫差大，氣候乾燥。因此，衣服不要加得太多，忌捂，但也不能過涼。此時節要注意防燥，飲食起居均要調劑周到。一些細菌、病菌也極易繁殖與傳播，易引發呼吸道疾病、腸胃炎、感冒等，故有「多事之秋」之說，要注意防範。

四、處暑與農業時令

關於農業生產的諺語，是農民在長期生產實踐中總結出來的經驗，對農業生產起著一定的指導作用。這些生產經驗多以口頭相傳方式流傳和繼承下來，成為古代重要的農業生產財富。因地域、氣候等風土條件不同，農諺也呈現出不同的地域差異。

處暑時暑天將結束，也是山東、河南地區農收的繁忙時節，山東諺云「處暑摘新棉」、「處暑動刀鐮」，河南諺云「立秋處暑八月天，防治病蟲管好棉」。處暑時節也是播種大白菜、蘿蔔等冬季蔬菜的重要時期，農民利用此節氣，及時做好冬季蔬菜的播種工作，西北地方農諺云「立秋種白菜，處暑摘新棉」，浙江農諺云「處暑田豆

白露蕎，下種勿遲收成好」，寧夏農諺云「處暑早，秋分遲，白露種（冬）麥正合時」。處暑是收穫時節，人們期冀好天氣，北方最怕處暑時節下雨，東北農諺云「處暑落了雨，秋季雨水多」、「處暑雷唱歌，陰雨天氣多」、「處暑一聲雷，秋裡大雨來」，皖、魯、鄂等地區農諺云「立秋下雨人歡樂，處暑下雨萬人愁」。處暑時節，南方中晚稻正處於拔節、孕穗的關鍵時期，最需要肥料和水。所以閩南有農諺「處暑有下雨，中稻粒粒米」、「處暑出大日，秋旱曝死鯽」，上海農諺云「處暑處暑，處處要水」。處暑時有雨即大雨，無雨則處於乾旱的危險中，如東北地區有諺云「處暑不下雨，乾到白露底」、「處暑有雨十八江，處暑無雨乾斷江」、「處暑晴，乾死河邊鐵馬根」，四川有諺云「處暑有雨十八江，處暑無雨一河裝」。處暑天熱，有利於農作物和水果的生長，如江蘇有諺云「處暑處暑，熱煞老鼠」，閩南有諺云「處暑不覺熱，水果免想結」。對農民來說，處暑時節的熱量、雨水都關係著農作物的生長，牽動著農民關切的心。處暑是一個重要的農事節氣。

立秋、處暑都在陽曆八月裡。時間相同，各地風土有異，農事活動也有同有異，如：

秋禾鋤草麥地糖，打切棉花去病柯；南部種麥訂計畫，晉中棉花打頂柯；晉北側重積肥事，胡麻莜麥要收羅。　　　　　　　　（山西）

立秋處暑，喜報豐收，精收細打，顆粒不丟。大茬早耕，準備秋種。晚秋作物，加強管理。地瓜追肥，黃煙培土。棉花整枝，適時打頂。　　　　　　　　　　　　　　　　　　　　　　（河北）

處暑風涼，收割打場。邊收邊耕，耙糖保墒。晚秋管理，措施加強。秋菜定苗，鋤草防荒。各種害蟲，綜合預防。澆水追肥，保證苗旺。　　　　　　　　　　　　　　　　　　　　　　（山東）

處暑有落雨，中稻粒粒米。立秋無雨一半收，處暑有雨也難留。立秋無雨對天求，田中萬物盡歉收。立秋下雨人歡樂，處暑下雨萬人愁。　　　　　　　　　　　　　　　　　　　　（湖北）

立秋過後處暑連，打草漚肥好時間。拔除大草放秋壟，小麥割完地早翻。 （河南）

立秋處暑在八月，拔草放壟曬水田。 （吉林）

立秋收早稻，處暑雨似金。 （江蘇）

立秋過後處暑來，深耕整地種秋菜。晚稻出穗勤澆水，籽粒飽滿人心快。 （上海）

立秋處暑耕作忙，多種蔬菜和雜糧。晚秋追肥勤灌溉，害蟲風害要早防。 （浙江）

立秋種白菜，處暑摘棉花。 （安徽）

立秋處暑天漸涼，玉米中稻都收光。 （湖南）

八月立秋處暑快，邊種蔬菜邊管糧。防害治蟲田管理，水稻防倒要烤田。 （福建）

立秋處暑八月天，棉花整枝煙短剪。白薯翻蔓秋蕎播，拔草捉蟲保豐產。 （雲南）

儘管現代農業生產工具和技術縮短了耕種、管理與收穫的時間，但農民仍沿襲著依時而作的生產生活規律，代代不息。

白露：小麥下種，
「秋興」正濃

　　大自然有著千鈞之力，以人類無法想像的秩序與法則主宰著世界。天地相交，化育萬物，自然律動的節拍，往往體現在細微之處。白露，在民間亦稱白露節，處於夏季向秋季過渡的時間段，與白露相隨的是一系列物候、農耕、自然萬物的轉捩，人也在其中調整自己的行為、飲食、情緒以適應自然的節律。「露沾蔬草白，天氣轉青高。葉下和秋吹，驚看兩鬢毛。養羞因野鳥，為客訝蓬蒿。火急收田種，晨昏莫辭勞。」（元稹《詠廿四氣詩‧白露八月節》）詩歌詠歎白露節氣展現出的種種物候變化，細緻地表現了白露時節的特點。

一、白露的物候與農耕

　　古書《月令七十二候集解》，將七十二候劃入二十四節氣。其中對白露的解釋是「秋屬金，金色白，陰氣漸重，露凝而白也」。根據現代科學的解釋，每年西曆的9月7日左右，太陽到達黃經165度，此時太陽直射點繼續向南移動，北半球的日照時間縮短。再加上冬季風漸漸取代夏季風，冷空氣加速南下，北半球的晝夜溫差加大，日間可以維持的三十多度高溫，夜間則可能跌到一二十度。以白露為界，氣溫下降，水汽凝結，早晨的植物上有了一顆顆晶瑩可愛的水滴。所以古人用一滴露水的形象，預告一個新的節氣的到來。

以人體之敏銳，很快就能感知到這種溫度的變化，民間有諺語「處暑十八盆，白露勿露身」、「白露秋分夜，一夜涼一夜」，告誡人們自白露始，就要開始穿著外套，不宜再裸露肌膚。人尚且如此，中國廣袤土地上的農事活動也以白露爲節點，展現出了不同的風貌。

黃河中下游地區多將白露作爲種植小麥的信號。早在東漢後期，《四民月令》就總結：「凡種大小麥，得白露節可種薄田，秋分種中田，後十日種美田。」清人尹會一在《尹會一敬陳農桑四務疏》中就批評河南當地農民對物候失察，有違農時，提出白露是播種小麥的關鍵時機：「臣查播麥之期，務在白露。如天氣尚暖，當於白露十日後種之。」

小麥能否在恰當的時候得到播種，非但百姓關注，在清朝官員眼中這也並非小事。這事關帝國基業的穩定，如果發生饑饉，來年很可能引發社會動盪。因此即使是封疆大吏、欽差大臣，也無不重視地方農事的開展。乾隆十三年（1748年）七月，欽差大學士高斌、左都御史劉統勳、山東巡撫阿里袞曾聯名向乾隆皇帝上奏摺，請求借種子給山東飭州縣的農民，以保證在白露之時能夠種下小麥。「但今年白露節在閏七月半，即應種秋麥之期。現飭州縣豫勸農民及早布種。其無力之家，借給籽種。請於向例每畝五分之外加借一倍，每畝給銀一錢。」（《清實錄‧乾隆朝實錄》卷三百十八）不違農時乃是千年農耕的智慧，國家機器也要順應天時，踏上自然的節拍。

不獨清朝舉國上下如此，1925年京報副刊收集的農諺顯示，民國時期山東利津縣的農民間，流傳著「白露麥，不用糞」的農諺，表達了對白露這一時間節點播種小麥的重視。

對於主要種植水稻的長江中下游地區的農民，以及遠在西北、東北的棉農而言，白露這個節氣有一點共同的緊要之處：風雨會摧毀他們水稻和棉桃的收成。農諺說：「白露日東北風，十個鈴子九個膿；白露日西北風，十個鈴子九個空。」不僅白露日的風不受歡迎，白露的雨也被認爲是「苦雨」，這「苦」描述的並不是雨水的口感，而是對人們未來可見生活的消極影響。《禮記‧月令》記載：「孟夏……

行秋令則苦雨頻來，五穀不熟。」鄭玄注說：「申之氣乘之也。苦雨，白露之類也，時物得而傷也。」

　　白露後降雨造成的災害也深刻印入中國人的記憶當中。清文人龔煒在其《巢林筆談》中，記載江蘇昆山曾發生一次大蟲災，起因在於白露節時降雨過多，導致稻根腐爛，招致蟲害（「交白露節，蒸水如沸，稻根易腐，腐則蟲生，理有固然，然不意若此之甚也」）。這種對白露節後雨水的警惕，從東漢，跨越清朝，延續至今。在江蘇，民間流傳著農諺說「白露日落雨，到一處壞一處」、「白露前是雨，白露後是鬼」。

　　以白露這日為軸，收穫的運氣跨過這一日就會轉壞。白露前的雨水下得越早越好，由於預示了水稻的豐收，人們親切地稱之為「甜雨」，所謂「處暑雨甜，白露雨苦」。清俞樾《茶香室叢鈔》卷十二記載了宋代浙江農民如何以白露為時間節點，衡量雨量對未來收成的影響：「浙人以白露節前早晚得雨，見秋成之厚薄。如雨在白露前一日，得稻一分，前十日得十分；白露後得之，則無及矣。」宋陳師道《後山叢談》記載，浙江自處暑至白露這十五天內的雨水至關重要：「諺……又曰：『夏旱修倉，秋旱離鄉。』歲自處暑至白露不雨，則稻雖秀而不實。吳地下濕不積，一凶則饑矣。」

二、白露的水澤和動物

　　「白露」雖以水的形態命名，卻又像是自然界設定的一個水閘。白露節後，這個閘門的出水口漸漸變小，以至於無論鄉野小澤還是大江大河，一時間無一例外水勢下降，甚至有一夜而涸者。

　　唐代佚名的筆記《大唐傳載》記載，山東費縣西有一個方圓十幾里的水澤，叫作漏澤。在雨季，漏澤滿溢，周邊的人在這個大澤裡打魚，足以謀生。然而，每年白露前後，這個泱泱大澤竟然一夕之間一空如掃。

　　對於唐代的這位筆記作者而言，大澤奄夜枯竭確實值得特別書寫

一筆，但後世之人卻頗知這有賴白露節氣的自然神力。到了大約一千年之後的清朝，官員已經能夠熟練運用白露節氣預測江河水勢。道光二十一年（1841年）六月，河南境內黃河決口，水圍省城，河督文沖報請棄城，另擇地遷移。而時任河南巡撫的牛鑑看準了白露即將到來，水勢勢必消減，命令死守省城，堵住決口。最終，把準了大自然脈博的牛鑑贏了，守城六十日後，也恰恰是在白露之後，水退人進，開封古城得以保全。（《清史稿·卷三·七十一》）。

時間的大書翻到現代一頁，1949年天津的船政局和河工，依然默認白露節為汛期的截止點。在瞭解自然並利用自然上，那時的人們與古人不謀而合。9月8日這一天《進步日報》刊登的簡訊表明，在白露節來臨的前幾天，天津市各河流的水位約定好了似地齊齊下降。「今天白露節，昨各河水位續落，航政局取消洪水期行船辦法」。

河流水位驟降，相應地，白露的到來也影響了飛禽走獸及游魚的行為。康熙五十一年（1712年），清朝派出「圖理琛使團」出使伏爾加河流域的土爾扈特汗國。在圖理琛眼中，俄羅斯廣袤國土上動物的作息，同樣受到時令的節制。他記載了途中的一種俄羅斯當地人稱為鄂莫里大的魚，這魚在白露後五日內，必然準時由貝加爾湖逆流而上。鄂莫里大又吸引了專以之為食的其他魚類，一時間諸魚密密麻麻取之不盡。俄羅斯人大興網捕後醃製食用，享用白露帶來的美味，以度過寒冷漫長的冬季。（《異域錄·卷上·楚庫柏興》）。

當遠在俄羅斯貝加爾湖的鄂莫里大聽從白露號令逆流而上的時候，清皇室的木蘭秋獮也跟隨著白露的節奏拉開了帷幕。「木蘭」本為滿語，漢語意為「哨鹿」。每年白露之後，草原上的野鹿彷彿被摁下了求偶的按鈕，開始鳴叫不已。（《清史稿·卷九十·志六十五》）。白露後三日獵鹿者衣鹿衣、戴鹿巾，在天未明時潛伏草中，用特殊的哨聲模彷雌鹿叫聲，吸引雄鹿踴躍而至。（查慎行《人海記》）。此時的王公大臣、八旗精兵則不斷縮小包圍圈，借由捕鹿機會訓練騎射、演練軍旅。

與鄂莫里大和野鹿在自然節令的驅使下乖乖入彀不同，鶴、鷺等

天性超拔的鳥類則在白露這一天異常警醒，試圖掙脫羈絆一飛了之。宋代施宿在《嘉泰會稽志·鳥部》裡記載，鷺是一種很溫順的鳥兒，山陰濱水人家多畜養鷺鳥藉以捕魚。唯獨在白露這一天，家養的鷺鳥會一反常態，飛離自己的巢穴，因此人們會用竹籠將這種雪白的鳥兒小心籠起。鷺鳥這種反常舉動的原因不明，據《太平御覽》記載，鶴也會在白露時遷離原先的棲息地，「《風土記》曰：『鳴鶴戒露。此鳥性警，至八月白露降，流於草上，滴滴有聲，因即高鳴相警，移徙所宿處。』」（《太平御覽·卷九百一十六》）。在這裡，自然和動物按照天地的節律完美配合著，露水滴在草上的細微聲響，就是自然發給鶴鳥的「摩斯密碼」。

白露以後，田間地頭的蟋蟀賣力地鳴叫起來，「秋興」好戲也熱鬧上場。在白露前後捉到的蟋蟀個大善鳴，秋涼之時正是鬥蟋蟀的好季節。清代顧祿《清嘉錄》記載：「白露前後，馴養蟋蟀，以為賭鬥之樂，謂之『秋興』，俗名『鬥賺績』。提籠相望，結隊成群。呼其蟲為將軍，以頭大足長為貴，青黃紅黑白，正色為優。」以白露為節點，戰績卓著的蟋蟀可以從此發跡，封王拜相。而同屬於直翅目昆蟲的蝗蟲卻沒這麼好運，白露節的到來，宣告了蝗蟲生命的自然衰減。乾隆十八年（1753年）八月，欽差署侍郎李因培向皇帝的奏報中，詳細彙報了夏末河北灤州一場鋪天蓋地的蝗災。二百七十七個村莊即將成熟的莊稼成為蝗蟲的盛宴，然而白露的到來，給了這場蝗孽一計重擊，「現節近白露，已屬蟲孽垂盡之時」。加之官方組織的撲捕，這場蝗災得到了有效遏制。（《清實錄·乾隆朝實錄·卷之四百四十五》）

三、白露節的民間活動

白露本只是二十四節氣之一，但是由於白露濃縮了鮮明的物候變化，許多地方奉之為節日—「白露節」，一些節俗、信仰也相伴而生。

太湖的漁民在白露時節祭祀禹王。當地人稱禹王爲「水路菩薩」，一年舉辦四次祭禹王的香會。其中白露秋祭規模最大，持續七天之久。這七天裡，要由祝司請下禹王以及其他神靈，包括城隍、土地、花神、金姑、花姑娘、宅神、門神、姜太公、家堂老爺等。祝司敬酒、獻寶之後，大唱七天大戲，熱鬧之極。據清乾隆年間《太湖備考》所載，禹王香會一般爲七天，前三天祭拜，後三天酬神，最後一天還有送神的儀式。在祭拜時，人們許願將把秋冬之際捕撈的第一條肥魚獻給禹王。

山西和順在八月白露節這天要祭祀火德大帝，不但獻上供品，還會集會祈禱火德大帝（眞君）的保佑（《和順縣誌》民國三年石印本）。如今，和順人把白露節辦廟會的傳統延續了下來，「和順城關白露廟會」已經成爲縣非物質文化遺產。（常躍生《和順縣文化藝術志》）在浙江麗水，也有白露節舉辦儀式的傳統。麗水縣城北郊五里處，有一座麗陽廟，俗稱麗陽殿。麗陽殿以求夢而聞名，舊時每年白露前三天至白露後四天，都有本縣和鄰縣的人來此禱告，暮夜即鋪草席睡在廟堂、後殿、兩廊，求神靈托夢，指點人生。

張春華《滬城歲時衢歌》上記載，老上海人在白露這天，會從花枝上收集露水研墨，用毛筆在孩童太陽穴上畫一個圈，以祛除百病。

白露節與信俗活動的緊密聯繫，或者還啓發了一些地痞神漢抓住這個時間點憑空創設香會藉以斂財。1920年8月28日《民國日報》刊登了一篇新聞，以《地痞組織白露會》爲題，報導常州定西鄉閑漢蔣大狗，假借白露節之名，發起一場白露香會，以善唐庵爲據點，四處經行，逢廟燒香，發展信眾數百人，而當地派出所竟然對此無可奈何。從這則新聞中，可約略窺見白露節在民間穩固的群眾基礎。

白露也和民間的一些公益活動相關。白露節後，百草由豐茂轉爲衰枯，浙江省麗水市高演村的村民選擇在白露這一天組隊上山，拔除逐漸漫過出村道路的雜草，這種自發的組織被村民稱爲「白露會」。村裡設有一塊公共的田地爲這樣的公益行爲提供資助。按照規矩，公田在集體內部輪流耕種，輪到當年耕種公田的人家，會在白露這天起

個大早，操辦一頓豐盛的餐食招待參與拔草的村民。吃飽喝足後，會員們齊心協力，爲來年整頓維護好出村的山路。

四、白露的飲食養生

在大多數時候，白露節氣也是人類對自然的一種認識，指導著人們日常的一飲一啄。白露前後，天氣由暑熱轉涼爽，正處於陰陽相交的過程中。民間也發展出豐富多彩的養生文化來保養身體，應對季節變化。

在浙江蒼南、平陽等地，民間在白露這天採集「十樣白」煨烏骨白毛雞。所謂「十樣白」，指的是十種帶「白」字的草藥，如白朮。在浙江文成，農村大多以番薯絲爲主食，番薯絲澱粉含量高，食後胃易反酸。而民間流傳說法，在白露吃番薯反而不會胃反酸。在福建福州，當地人有白露食用龍眼等習俗。不少人大清早起床，就要先喝上一碗龍眼香米粥。據說在這一天，一顆龍眼相當於一隻整雞的滋補效果。

白露的茶也頗有講究。自古以來，就有「春茶苦，夏茶澀，要好喝，秋白露」的說法。「白露茶」本是唐宋名茶，產於豫章（又名洪州，即今江西南昌）。五代毛文錫《茶譜》記載「洪州西山之白露，味美而清」。直到明朝，白露茶仍存。《本草綱目》記載「吳越之茶，則有湖州顧渚之紫筍，福州方山之生芽，洪州之白露」。白露前後，茶樹生長。白露之後製作的茶飲味道醇厚，老茶客們至今仍保留著喝「白露茶」的習俗。福建寧德的採茶女傳唱的《撿茶歌》道：「八月撿茶白露茶，白露呀茶眞著加。雙手逢在呀茶麵，邊邊角角手拿它。」

湖南資興的興寧、三都、蓼江一帶有釀白露米酒的習慣。每年白露節，家家釀酒，用以待客。酒釀好後入壇密封，埋入地下，需要數年乃至幾十年的等待後方才開封飲用。白露米酒溫中帶熱，略有甜味，酒液呈紅褐色，中有白色絲絮，香氣撲鼻，後勁極強。據記載，

白露米酒中的精品是「程酒」，以取程江水釀製而得名。《水經注・耒水篇》裡記載：「縣有涨水，出縣東俠公山，西北流，而南屈注於耒，謂之程鄉溪。郡置酒官，醞於山下，名曰『程酒』。」

　　自然，如同一部古老而精準的時鐘，而白露就是這時鐘上清晰有力的刻度之一。指標每移動一格，必然裹挾著人們跟蹌向前。至於山水風雨、江河湖海、鳥獸魚蟲等萬物更如同上緊了發條，跟隨指針，「吧嗒」一下一下，完成從夏到秋，從溽熱到秋涼的轉折。白露這一節氣的意義，也正在於此。

秋分：陰陽相半，
　　　秋高氣爽

一、燕將明日去，秋向此時分

　　每年西曆9月22—24日，節令交秋分，這時太陽運行到黃經180度，當日正午用圭表測日影，影長爲古尺七尺二寸四分，相當於今天的1.78米，影的長度與春分節氣相等。根據《春秋繁露·陰陽出入上下篇》的描述，「秋分者，陰陽相半也，故晝夜均而寒暑平」。這一天，太陽直射赤道，南北半球晝夜平分，因此秋分也跟春分一樣被稱爲「日夜分」，「如今晝夜均長短，占錄無勞史姓譙」。而秋天正好三個月，秋分時節正值其中，也有平分秋季的意思，也稱仲秋之月。雲南宣威產伯勞鳥，當地有諺語云：「春分鳴則群芳發，秋分鳴則群芳歇。」所以伯勞在當地被認爲是應春分、秋分之候的鳥。而從夏至開始陪伴人們度過苦夏的蟬鳴，也會在秋分後漸漸終止。秋分反映季節變化，也體現日照變化。秋分過後，太陽直射點繼續南移，北半球日趨晝短夜長，晝夜溫差愈來愈大，氣溫漸低，慢慢步入深秋。

　　秋分十二辟卦爲觀卦，卦象表示二陽四陰，陰長陽消，陰氣居多，天氣已經變涼了。

　　秋分三候。初候「雷始收聲」。秋分過後，秋風漸起，氣溫降低，水分蒸發減少，空氣濕度降低了。而冷暖空氣交鋒也日趨減弱，

雨水減少，由於空氣乾燥，雷電就難以形成，所以雷聲就漸漸遠去了。宋代樓鑰詩云：「秋分雷自合收聲，白露明朝忽震霆。」

二候「蟄蟲坯戶」。「蟄蟲」就是冬天藏在地下冬眠的蟲子。秋分時節，蟲兒們被田野中的糧食養得身肥體壯，而此時土壤也還有一定的水分，蟄蟲們就抓緊時間在土壤中建造巢穴，以備蟄伏越冬。它們要等到來年驚蟄節氣方才蘇醒萌動。

三候「水始涸」。到了秋分最後的幾天，因爲北風逐漸強勁，南方濕潤空氣逐漸南移，冷暖空氣交匯逐漸減少，形成雨水的機會也就越來越小了。天不降雨，地面水分又迅速被北風吹乾或滲入地下，因此地表乾燥，小溪、小水塘等都逐漸乾涸。如此這般，彷彿秋風帶走了生機，大地呈現肅殺的景象。

秋分時節，我國長江流域及其以北的廣大地區，日平均氣溫都降到了22攝氏度以下，物候上已經是名副其實的秋天了。此時，來自北方的冷空氣團已經具有一定的勢力，全國絕大部分地區雨季已經結束。總而言之，秋分時節，北半球晝短夜長的現象將越來越明顯，晝夜溫差逐漸加大，將高於10攝氏度，氣溫逐日下降。

《禮記·月令》：「仲秋之月，日在角，昏牽牛中，旦觜觽中。其日庚辛，其帝少皞，其神蓐收。」少皞，即少昊，號「金天氏」，又稱「窮桑氏」，立秋「白道爲正西」，而少昊正是西方天帝。據傳說，少昊兒童和少年時代，是在神的哺育下度過的，因此，他擁有神的稟賦和非凡的本領。等到長大成人以後，少昊離開西方來到東方海外，選擇在歸墟一帶，建立一個龐大的國家。他在這個國家行使他的神職，施展他的才華，這個國家被稱爲「少昊之國」。不知道又多少年以後，他終究還是回到西方故鄉去了。在回去的時候，他留下了一個鳥身人臉的名叫重的兒子，做了東方天帝伏羲的屬神，也就是前面所說的春分之神句芒。而少昊本人則帶著另外一個名叫該的兒子，就是作爲他的屬神的金神蓐收，回到西方去當了西方的天帝，管理著西方一萬二千里的地區。

蓐收，是金神，司秋。據說他人臉，虎爪，長著白毛，手持鉞。

漢代墓室壁畫中，蓐收是虎身人面，背上有一對翅膀。與春神句芒相對，蓐收被奉爲秋神。「蓐收」，從字面意思就是收割、豐收的意思，即收穫一年耕種的成果。蓐收也和句芒一樣，腳踏兩條飛龍，同時他的左耳上還盤踞著一條蛇。《山海經》中說蓐收住在西山中，太陽每天自西山落下時紅光萬丈。因此人們又將蓐收視爲日落金神。春神句芒主生，於是與之相對應的秋神蓐收主殺，又被人們奉爲主管刑罰的天神。「命有司，申嚴百刑，斬殺必當，毋或枉橈。枉橈不當，反受其殃。」（《禮記・月令》）相傳秋神蓐收還給虢國君主託過夢，在夢中他告訴虢公，晉國要攻打虢國。可惜的是虢公對此不以爲意，後來虢國果然被晉國滅了。

二、一場秋雨一場寒

秋分初候之時，氣候還未轉涼，卻又很清爽乾燥，因此此時很適合農作物的乾燥脫粒及儲藏。人們也會感到暑時的燥熱不安已經轉爲秋高氣爽、心曠神怡。

秋分時節逐漸推移，北方有些地區已經見霜，大部分地區晴空萬里、風和日麗，而西南地區則迎來了陰雨連綿的多雨季節。秋分之後，「一場秋雨一場寒，十場秋雨穿上棉」。秋季降溫快，使得秋收、秋耕、秋種這三大秋忙顯得格外緊張。華北農諺云：「白露早，寒露遲，秋分種麥正當時。」江南農諺也云：「秋分天氣白雲來，處處好歌好稻栽。」漢末崔寔在《四民月令》中云：「凡種大小麥得白露節可中薄田，秋分中中田，後十日中美田。」

秋分時節，農田中的莊稼已經成熟，這時的氣溫下降很快，不管是溫度還是光照，都難以滿足農作物的生長需要，因此有農諺云：「秋分無生田，不熟也得收。」大部分農作物在秋分時節已經成熟，而且隨著秋分的到來，太陽直射地面的位置繼續南移，地面接收的熱量逐漸減少，氣溫也逐漸降低。「秋分不見糜子，寒露不見穀子」，此時黃河流域的糜子已收完，穀子要搶收，江南卻正是收割稻穀的大

好時光，「秋分收稻，寒露燒草」，人們忙得不可開交。此時不僅要忙於秋收，還要忙於秋耕和秋種。北方忙於種冬小麥，南方則忙於種秋冬蔬菜等。農民要積極「搶早」，以防止霜凍和綿雨災害，而冬作物則是越早種越好，為來年的豐收打下基礎。

三、潤燥和「養收」

「秋分之時，陰氣直上，陽氣直下，是陰陽離別也。」因此在這樣一個晝夜時間相當的節氣，人們在養生中應本著陰陽平衡的規律，使機體保持陰平陽秘。飲食作息要適應自然界陰陽的變化，重視保養內守之陰氣。據《素問·至眞要大論篇》中記載：「謹察陰陽所在而調之，以平爲期，正者正治，反者反治。」秋分易染燥邪，秋分之前多爲溫燥，秋分之後氣溫逐漸下降，所以多出現涼燥。爲避免秋分之後涼燥傷人，要堅持鍛煉身體，增強體質，提高機體抗病能力。而在飲食方面則需多喝水，食用清潤、溫補的食物，如核桃、芝麻、蜂蜜、乳製品、鴨梨等，以滋陰潤肺，養陰生津，平衡陰陽。

同時秋分之時，自然界的陽氣由疏泄趨向收斂、閉藏，因此起居作息也要相應調整。《素問·四氣調神大論篇》云：「秋三月……早臥早起，與雞俱興。」早臥以順應陰精的收藏，以養「收」氣；早起以順應陽氣的舒長，使肺氣得以舒展。而且隨著日降水量的減少，氣候呈現秋燥狀態，容易引起鼻乾、咽乾、咽癢、皮膚乾燥、呼吸道疾病，以及秋季腹瀉等問題，因此要益肺潤燥，預防秋燥，宜多食用甘寒滋潤之品，如百合、銀耳、淮山、秋梨、蓮藕、柿子、芝麻、鴨肉等，以潤肺生津、養陰清燥。而因秋屬肺金，酸味收斂補肺，辛味發散泄肺，所以秋日宜收不宜散，要儘量少食蔥、薑等辛味之品，多食酸味甘潤的果蔬。

另外，秋季氣候漸轉乾燥，日照減少，氣溫漸降，人們的情緒未免有些薄暮之感，故有「秋風秋雨愁煞人」之言。所以這時人們應保持神志安寧，減緩秋肅殺之氣對人體的影響，收斂神氣，以適應秋天

容平之氣。不妨趁著秋高氣爽，做些登山、慢跑、散步、打球等運動。

四、信仰與民俗

　　春分與秋分，雖同樣是陰陽、晝夜的分界點，但節氣之後，一個是晝比夜長，一個是夜比晝長，日復一日，形成兩種天地，兩番風景。秋分時秋已過半，在白天與夜晚的分配上，也是剛好一半對一半，有著極美的分割線。

（一）祭祀

　　據記載，早在周朝就有「春分祭日、夏至祭地、秋分祭月、冬至祭天」的習俗。其祭祀的場所稱爲「日壇、地壇、月壇、天壇」，分設在東南西北四個方向。北京的月壇就是明清皇帝祭月的地方。殷周之際有「春分祭日」、「秋分祭月」的社俗記載。到了秦漢之際，秋日祭月即與農業的收成有了關係。《禮記》載：「天子春朝日，秋夕月。朝日之朝，夕月之夕。」這裡的「夕月之夕」，指的正是夜晚祭祀月亮。「是月也，乃命宰祝，循行犧牲。」（《禮記·月令》）而固定秋日祭月的習俗，最早則應在初唐時。《宋史》中記載：「蓋其時晝夜平分，太陽當午而陰魂已生，遂行夕拜之祭以祀月。」《明實錄》中也云：「秋分祭夜明於夕月壇。」其中「夜明」就是指月亮。因月亮在夜晚放光，所以又稱爲「夜明」。因爲日爲陽，月爲陰，秋分後，陰氣漸重，由月神主掌大地，所以要向月亮祈福，求月神保佑，因此秋分曾是傳統的「祭月節」。甘肅《岷州志》載：「春分祭朝日壇，秋分祭夕月壇，季春、季秋之月，擇日祭歷代帝王廟，皆先期致齋二日，不理刑名，照常辦事。」

　　然而，由於這一天在農曆八月裡的日子每年是不同的，不一定都有圓月，而祭月無月則是大煞風景的，所以，後來就將「祭月節」由秋分調至中秋。《晉書》載：「謝尙鎭牛渚，中秋夕與左右微服泛

江。」可見早在晉代即有泛江賞月之俗。《醉翁談錄》中記載宋代中秋拜月之俗：「傾城人家子女，不以貧富，自能行至十二三，皆以成人服服飾之。登樓，或於中庭焚香拜月，各有所期；男則願早步蟾宮，高攀仙桂。……女則澹佇妝飾，則願貌似常（嫦）娥，員（圓）如皓月。」古人認爲月屬陰，故又有女先拜，男後拜或不拜之規矩。清代《燕京歲時記》即有「供月時男子多有不叩拜」之說。舊時鄭州人叫月亮爲「月奶奶」，每到中秋節傍晚，各家都把桌案放在庭院裡，擺上月餅、石榴、核桃等向「月奶奶」拜祭。

秋分時節和清明時節的有些民俗相類似，秋分時節也有掃墓祭祖的習慣，稱作「秋祭」。一般秋祭的儀式是，掃墓祭祖前先在祠堂舉行隆重的祭祖儀式，殺豬、宰羊，請鼓手吹奏，由禮生念祭文等。根據族譜記載，湖南邵東朱氏在春秋兩季舉行廟祭，秋祭在秋分前後。廟祭爲族內大事，屆時要打開宗祠正門，在享堂懸掛先祖遺像和功名匾額，舉行隆重的祭祀儀式，還安排戲班在祠堂唱戲。廟祭由族長主祭，長、次兩房陪祭。臺灣中部賴姓宗祠五美堂也要在秋分舉行廟祭。根據山東《東平縣誌》，凡世家望族多建宗祠，供奉本族祖先，「自始祖以下，高祖以上，按昭穆支派依次序列。每年春秋致祭，多以春分、秋分二節……由族中長者率族眾一體行四叩禮，祭畢在祠中燕飲，以敦族誼」。

秋祭以後浙江蕭山會演「秋分戲」，以敬祖酬神，娛樂大眾。一般在秋祭之前就已經預先雇好梨園，戲班要約上等的。演戲則是晝、夜兩台，白天演戲用秋分時剩餘的經費，晚上演戲則使用春分時剩餘的經費，而通常春分剩餘的要多一些。戲臺則搭建在祠堂前的河崖上，不能占用祠堂的通道。

（二）中秋節

由於祭月需要有滿月應景，因此祭祀月亮的習俗漸漸從秋分移至八月十五，而有了中秋節。

《禮記》云「夜明，祭月也」，說明此時已經有了拜月祭月的習

俗了。魏晉時期，已有中秋賞月之舉。而宋代中秋賞月已經成為盛行的活動。《東京夢華錄》云：「中秋夜，貴家結飾台榭，民間爭占酒樓玩月。」《武林舊事》載：「此夕浙江放『一點紅』羊皮小冰燈數十萬盞，浮滿水面，燦如繁星。」而明代，「八月十五日祭月，其祭果餅必圓……紙肆市月光紙……家設月光位，於月所出方，向月供而拜，則焚月光紙，撤所供，散家之人必遍。月餅月果，戚屬饋遺相報。……女歸寧，是日必返其夫家，曰『團圓節』也」（《帝京景物略》）。時至今日，中國人依然在八月十五歡度中秋節，儘管各地習俗有所差異，但寄託的祝福卻都是一樣的。

江蘇稱中秋節為「八月半」，要吃椒鹽、玫瑰、百果、火腿、鮮肉、棗仁、豆沙等各色口味的月餅，親友之間也要互相饋贈。還要燒香斗，「糊紙為斗，炷香其中，高二尺許。中秋夜祀月設之。也有以線香作斗，納香屑於中，焚於月下，謂之燒香斗。有詩云：『吳俗中秋傳韻事，滿庭馥桂正臨風，中秋之夕，人家陳瓜果於庭，男女向空展拜，謂之『齋月宮』。」而婦女們還要盛裝出遊，「踏八步走三橋」，以祛疾行運。還要吃糖燒芋艿，即將芋艿去皮加入糯米粉揉圓，放入紅糖，味道很美，以此祈求甜蜜和順。（《江蘇文史資料》）

而福州人中秋節要備供品，燒紙衣，祭祀祖先。晚上還要設家宴，團圓暢飲，閒聊賞月。《福建通志·風俗志》載，福州城內「中秋士女登烏石山進香，夜燃神光塔燈，是夜婦女連臂出遊，謂『走百病』」；永泰縣「中秋望月，紳士祝魁星」；閩清縣「中秋造月餅，設酒賞月，食栗與芋，童子備粿，用瓦片砌塔相拜祝」。《長樂縣誌》云：「中秋從略，各家不過具飲而已。」、「擺塔」也是福州中秋重要節俗，以瓦片砌塔，夜晚點燃，火光四照，熱鬧有趣。而富貴人家的「擺塔」，少則三層桌，多則十層桌，最高層擺以泥塔或鐵塔，第一層放置秧盆，意喻豐收。其上各層則排列歷代名人，燈火輝煌，節日氣氛濃郁。（《福州市志》）

廣西忻城中秋節非常有特色。根據《忻城縣誌》記載，中秋節家

家戶戶買月餅（有的自製米餅）、柚子、梨子，還有糯米乾粉製成形象逼眞的小馬、小牛、小雞等食品作爲供品，待到皓月東升時，擺在門外燈桌上，燒香點燭，全家老小皆出來賞月，表示天上月圓，世間人團圓。城鎮富裕之家還製作燈籠，懸於門外，供人觀賞。節日前，親朋好友互贈月餅。此俗今昔相承，從未間斷。如今忻城中秋節的前幾天，就能在市場上買到各種節日用品，而其中最有特色的就是忻城的「小馬仔」。製作「小馬仔」的傳統在忻城已經延續了八百多年，一般爲十二生肖，現在也有一些新奇的造型，比如飛機。「小馬仔」是用米粉捏製並上色，用於中秋節拜月。用於製作「小馬仔」的米粉要生、熟相混，乾、濕合適，捏出來才留得久，不會很快裂開。中秋節的晚上，縣城和周邊的民眾出來賞月、過中秋。獨門獨戶的家庭都會在門口擺上供桌，桌上朝著月亮的方向擺放香燭、月餅、水果、柚子燈、「小馬仔」、自製的花燈，還有現在的人們發揮自己的想像力，用黃瓜、火龍果製作的各種造型的供品。花燈造型各異，自製的柚子燈也妙趣橫生、各不相同，中小學也會在節日前夕組織學生製作花燈。

除了祭月、祭祖、中秋以外，秋分時節還有與春分「送春牛」習俗相對應的「送秋牛」的習俗。所謂「秋牛」，就是一張印著全國農曆節氣和耕牛圖案的紅紙，稱爲「秋牛圖」。在秋分這天，能言善唱的人挨家挨戶送秋牛圖，每到一家就見機行事，說一些應景的吉祥話以討取賞錢，這種活動也稱爲「說秋」，是人們慶祝和祈求豐收的習俗。與春分相似，秋分也有豎蛋和「粘雀子嘴」的習俗。秋分時節一些地區流行著吃秋菜的習俗，秋菜就是一種野莧菜，有些地方稱之爲「秋碧蒿」。秋分時節一到，人們都會走出家門到田野之中摘野菜。在田野中搜尋時，多見嫩綠的野菜，細細一棵，約有巴掌那樣長短。採回來的秋菜一般是與魚片滾湯，燉出來的湯叫作「秋湯」。「秋湯灌髒，洗滌肝腸。闔家老少，平安健康」。無論在哪個季節，人們祈求的都是家宅安寧，身壯力健。

五、天有微涼，淡淡惆悵

秋分後，我國所有的地區都變得晝短夜長。只是北方秋天來得更早些，而南方的秋候甚至可以延伸到冬季的開始。秋分是一年中最讓人緊張興奮、心滿意足、心曠神怡、悠然暢快的時間。人們經過春播，夏鋤，到了秋天，開始享受豐收的好心情。

但人的心境總是隨著物候的變化而變化，節序變遷特別容易引發懷遠之情。秋分之後，陽光逐漸南移，冬天也不遠了。作為陰陽、晝夜的分界點，春分和秋分也劃分了不同的人生境界。春分之後晝比夜長，似乎充滿了希望；而秋分後夜比晝長，日復一日，逐漸蕭瑟，生命進入了低谷。秋分與春分一起，形成兩種天地，兩種境況。

陸游《秋分後頓淒冷有感》云：「今年秋氣早，木落不待黃。蟋蟀當在宇，遽已近我床。況我老當逝，且復小彷徉。豈無一樽酒，亦有書在傍。飲酒讀古書，慨然想黃唐。耄矣狂未除，誰能藥膏肓。」其節氣渲染心境，更加淒涼。而在瀟灑的蘇軾看來，此時卻是：「荷盡已無擎雨蓋，菊殘猶有傲霜枝。一年好景君須記，正是橙黃橘綠時。」因此，物隨心轉，境由心生，與其懷揣著滿腹的愁腸，不如就著澄明皎潔的月色，斟上桂花美酒，配以膏肥肉厚的大閘蟹，對景吟風。

寒露：鴻雁南飛，
遍地冷露

　　每年西曆10月7日至9日，太陽到達黃經195度時，人們迎來寒露節氣。寒露是秋季第五個，也是秋季倒數第二個節氣，此時全國大部分地區已然是「碧雲天，黃葉地」，呈現出一派深秋景象。

　　白露時露水微涼，霜降時露水已經凝結成霜。寒露作爲介於白露與霜降之間的節氣，露水增多且頗具寒意，將要凝結了，有些地方甚至已經出現了微霜。所以說，寒露是天氣由涼意到寒冷的一個轉捩點，是標志氣溫轉變的一個節氣。《月令七十二候集解》所說的「寒露，九月節。露氣寒冷，將凝結也」，準確地描述了這種轉變。

一、鴻雁南飛菊花開

　　寒露的節氣三候分別是：一候鴻雁來賓；二候雀入大水爲蛤；三候菊有黃華。

（一）一候鴻雁來賓

　　鴻雁是隨著季節變換而南北遷徙的候鳥，古人觀察到鴻雁候時而飛、隨陽而動、行動有序的特點，因而將其作爲氣候變化的一個標誌。《禮記·月令》中多次以鴻雁之飛作爲時間信號：「東風解凍，蟄蟲始振……鴻雁來」、「盲風至，鴻雁來」、「鴻雁來賓，雀入大

水爲蛤」、「季冬之月……雁北鄉」。

民諺曰：「八月初一雁門開，大雁南飛帶霜來。」實際上，八月白露的物候就是「鴻雁來」，也就是說白露節氣一到，鴻雁就開始往南飛了，雁陣南飛一直持續到霜降。「雁以仲秋先至者爲主，季秋後至者爲賓」（《月令七十二候集解》），所以九月寒露時的鴻雁已經不是最早南飛的批次了，故稱「鴻雁來賓」。

（二）二候雀入大水為蛤

「雀入大水爲蛤」一句，《月令七十二候集解》的解釋是：「雀，小鳥也，其類不一，此爲黃雀。大水，海也，《國語》云：『雀入大海爲蛤。』蓋寒風嚴肅，多入於海。變之爲蛤，此飛物化爲潛物也。蛤，蚌屬，此小者也。」中國古人觀察到寒露之後陸地上的雀鳥似乎消失不見了，但是海中的蛤蜊卻很多，因爲雀鳥的羽毛和蛤蜊的紋路很像，古人就以爲雀鳥因畏寒而變成了蛤蜊躲入海水之中。這其實只是一個有趣的誤會。

（三）三候菊有黃華

九月深秋，草木黃落百花凋謝，唯有菊花迎著寒風綻放。正所謂「不是花中偏愛菊，此花開盡更無花」（唐代元稹《菊花》）。菊花因爲深秋開放的習性而在中國文化中被認爲是高潔之士。宋人鄭思肖褒贊菊花之品性爲「寧可枝頭抱香死，何曾吹墮北風中」。陶淵明「採菊東籬下，悠然見南山」的自由隨性，也令後世文人心嚮往之。

菊花除了具有孤傲高潔的文化含義之外，還有很高的實用價值。李時珍《本草綱目》中說：

菊，春生夏茂秋花冬實，備受四氣，飽經露霜，葉枯不落，花槁不零，味兼甘苦，性稟中和。昔人謂其能除風熱，益肝補陰……其苗可蔬、葉可啜、花可餌、根實可藥、囊之可枕、釀之可飲，自本至末，罔不有功。宜乎前賢，比之君子，神農列之上品，隱士採入酒

莖，騷人餐其落英。費長房言九日飲菊酒，可以辟不祥。《神仙傳》言康風子、朱孺子皆以服菊花成仙。《荊州記》言胡廣久病風羸，飲菊潭水多壽。菊之貴重如此，是豈群芳可伍哉？

菊花能除風熱、益肝補陰，而且全身是寶。《群芳譜》中也說「久服令人長生明目，治頭風，安腸胃，去目翳，除胸中煩熱、四肢浮氣，久服輕身延年」。

菊花在中國文化史中也有著重要的地位，向來被山林隱士和文人騷客奉為「花中君子」。受道家文化之影響，菊花還有「延壽客」、「不老草」之名。所以寒露菊花遍地開之時，人們不僅賞菊，還將其釀製成菊花酒、菊花糕、菊花茶等食物。

說到賞菊、飲菊花酒、吃菊花糕，大家很容易想到重陽節也有這些習俗。寒露在陽曆10月7至9日，重陽節在農曆九月九日。重陽是寒露節氣前後的重要節日，有些年份重陽節與寒露節氣還會重合。廣州人的《節氣歌》中唱道：「九月寒露霜降時，人人及早做寒衣。九月九日天晴好，重九登高好時機。」簡潔精練的四句歌詞，唱出了寒露節後天氣轉寒，恰逢九九重陽日，人們紛紛外出登高野遊的情景。寒露節氣到了，意味著進入深秋，凜冬將至。陰陽之氣相交之際，大自然的景色也從春夏之青翠轉入秋冬之枯黃，人們重陽登高既為辟邪，同時也是「辭青」之舉。1947年出版的《中華國民生活錄》中也記載寒露的節俗：「釀新酒，採菊，釀菊酒，製菊油。舉行老年人健康運動及耆英會。」與重陽節釀製菊花酒及尊老敬老的節俗無異。該書還記載寒露日為行善日，要舉行多種慈善活動：「開始修築橋路，勸募棉衣褲，籌設施周長蔽寒所。始整理衣箱，將破舊之衣帽，施送貧苦者。釀資為濟臘會。拯濟歲暮赤貧戶。兒童是日必須持錢若干，納諸捐櫃。以不納錢為奇恥。」

二、秋風蕭瑟果飄香

「嫋嫋涼風動，淒淒寒露零」（唐白居易《池上》），寒露一到，季節的腳步便邁入了深秋，寒意深深，秋意濃濃。夏日裡喧鬧的鳴蟬已然噤聲，池塘裡的接天蓮葉、映日荷花也僅剩殘枝在秋風中搖曳。「寒露霜降草木落」（民國《高邑縣誌》），寒露到來之後，田野裡百草枯黃，一派蕭索。「寒露無青豆」，草木枯黃既意味著衰敗，也代表著豐收。寒露時節，各種農作物紛紛成熟，田野裡瓜果飄香，農民朋友豐收忙。民國時期的懷德縣人，在寒露時期修築場圃，收穫成熟的穀物、馬鈴薯和蔥：「寒露築場圃，納禾稼，掘馬鈴薯，拔菘及蔥。」（民國《懷德縣誌》）這種農事活動在民國輯安縣被稱作「拉地」。（民國《輯安縣誌》記載：「寒露——築場院，運禾稼於場內。俗曰『拉地』。」）

三、滋陰潤燥宜安神

民國的地方誌中說：「寒露後寒氣逼人。有『寒露三朝，過水尋橋』之諺。」（民國《連縣誌》）天氣轉寒之後，人們紛紛添衣保暖。各地俗諺中都有「吃了寒露飯，單衣漢少見」。而且在中醫養生俗諺中還有「白露身不露，寒露腳不露」的說法。由於寒露氣溫下降得非常明顯，遠離心臟的腳部回暖較慢，更應該注意保暖。不過，正所謂「春捂秋凍」，寒露時節加衣保暖也要適度。

寒露時節，氣候由熱轉寒，陽氣漸漸退卻，陰氣上升，人體容易受到燥邪之氣的侵擾，出現口乾、唇膚乾燥、肝火旺盛、便秘等症狀。飲食宜溫補，側重保養陰精、降燥潤肺，不宜吃辛辣、熏烤的食物，寒露時節做菜就應當少放蔥蒜、生薑、辣椒等刺激性的調味品。多吃新鮮肉類以增強體質，提升免疫力，同時多喝水，多吃梨、香蕉、葡萄等水果。所謂「秋風起，蟹腳癢」，寒露前後正是螃蟹肥美的時節，螃蟹味道鮮美、營養豐富，能夠補充蛋白質和人體所需的多

種微量元素，我國很多地區都有寒露食蟹的習俗。

全國很多地方還有「寒露吃芝麻」的習俗，主要在於芝麻是滋陰潤燥的良品。《千金翼方》說：「（胡麻）主傷中虛羸，補五內，益氣力，長肌肉，填髓腦，堅筋骨。」而且「久服，輕身不老，明耳目，耐饑渴，延年」。胡麻就是我們現在說的芝麻。芝麻明目延年，老少咸宜，我國很多地方都有寒露前後食用芝麻糕、芝麻酥、芝麻燒餅等食物的習俗。除了芝麻以外，棗、糯米、蓮藕、柿子等食物也是益氣養神、補益心脾的寒露佳品，這在書中都有記載。

四、人怕老來窮，禾怕寒露風

寒露節氣意味著氣候明顯變冷，出現降溫颱風天氣的可能性極大。這時候，北方已然是草木枯黃，雀鳥歸林的蕭殺之景了。我國南方氣候雖然總體上比北方溫暖許多，但也難免遭到冷空氣的侵擾。寒露前後，正是南方晚稻抽穗開花的時節，如果冷空氣一路南下而且持續時間較長，就可能使晚稻授粉困難，大量稻粒因為沒有充分授粉而變成空殼或者穀粒乾癟，整枝稻穗因為空粒、癟粒多而翹著頭，被稱為「翹穗頭」。抽穗時期的低溫冷害，很容易造成晚稻減產，所以諺語說「秋分不抬頭，割了餵老牛」。這種氣象災害因發生在寒露前後而被稱為「寒露風」。寒露風是南方晚稻最主要的氣象災害，地方誌中多處記載類似「人怕老來窮，禾怕寒露風」的民諺（光緒《信宜縣誌》、咸豐《興寧縣誌》、民國《恩平縣誌》、嘉慶《新安縣誌》、民國《陽春縣誌》、嘉慶《雷州府志》等都有農民最怕寒露風，寒露風可致莊稼減產等的說法）。直至今日，寒露風的防治也很困難，是氣象學、農學領域的一個重要課題。

霜降：田事向人事的過渡

　　每年西曆10月23日左右，太陽到達黃經210度，霜降節氣開始，這是一年中的第十八個節氣，也是秋季的最後一個節氣。時至暮秋，天氣漸冷，早霜始降，距冬日僅一步之遙。

　　霜降節氣的物候是：初候豺乃祭獸，二候草木黃落，三候蟄蟲咸俯。豺的外形似狼、狗，是極其兇猛和靈活的犬科動物。霜降到來後，豺聚群圍獵動物，它們將捕殺的獵物陳於四周，像是祭天，即世人所謂的「豺乃祭獸」。《月令七十二候集解》記載：「祭獸，以獸而祭天，報本也。方鋪而祭，秋金之義。」與之相似的是作為雨水節氣物候之一的「獺祭魚」。秋無所聚，則冬無所藏，在季秋之時，儲備越多食物，應對即將來臨的嚴冬，這是動物順應自然時序的本能反應，而世人「祭天報本」之說，則是對這種自然現象賦予了浪漫的倫理想像。「雨露生物而霜成物」，霜降是「成物」的節氣，在凜凜寒氣的侵襲下，穀物草木果實成熟，至此完成一個生長輪迴，大地呈現一派金黃色的成熟景象。《月令纂言》釋「草木黃落」云：「黃者，土之色。百物皆生於土而返於土，將返於土故黃。」這句話從另外一個角度，說明了霜降節氣在植物生長輪迴中所處的位置。準備冬眠的蟲獸也紛紛躲避晚秋的肅殺之氣，準備蟄伏過冬了。從立春「蟄蟲始振」到霜降「蟄蟲咸俯」，冬蟄的蟲獸完成了生命中的一個活動輪迴。由此可見，對於自然界的大多數動植物而言，霜降是它們生命時序的重要節點。

一、農事始成，人事繼起

秋天是「百穀登，百果實」的收穫季節，作爲秋季的最後一個節氣，霜降是秋收的尾巴，許多農作物經受不住霜打，在霜降到來之際需要及時收割，否則就會受到霜凍的傷害。於是，一些農作物的收穫以霜降爲候。例如江蘇吳縣（今蘇州吳中區）晚稻的收割情況：「稻田收割，又皆以霜降爲候。蓋寒露乍來，稻穗已黃，至霜降刈之。諺云：『寒露沒青稻，霜降一齊倒。』」（《清嘉錄》）各地的農諺表明人們注意霜降節氣農作物的收割與養護，如：「霜降不起菜，必定要受害」、「霜降霜降，移花進房」、「霜降拔蔥，不拔就空」、「霜降前，薯刨完」。人們還根據霜降日是否有霜，或霜降來臨的時間，預卜豐歉與農作物的貴賤。霜降日宜霜，主來歲豐稔，「霜降見霜，穀米滿倉」。若霜降前降霜，則主來歲饑饉，穀米價高，「未霜（降）先霜，米販像霸王」。有些地方的農戶在霜降時，將農具洗淨後存放起來以備日後使用。如清嘉慶十七年《南溪縣志》所載：「霜降日，農人滌耒耜藏於室，謂之『洗泥』。」

除收穫之外，霜降也是一些耐寒作物播種的節氣，如小麥、蠶豆、油菜等需要在霜降前後及時播種，人們形象地稱這個時候農作物的種植活動爲「小春」。如清道光六年《忠州南錄州志》所記當地霜降時的農事景象，就是有收有種，「農人滌耒耜藏於室。製茱萸油，謂之『艾油』。供養老（人），備禦寒具。收皂角、木瓜，種蠶豆、椒、萸、蒜、芥」。

醃冬菜、造酒等食品加工是霜降節氣的又一件重要事情。舊時農村飲食頗受季節限制，冬季食品種類較少。在寒冷的冬天到來之前，醃製便於儲存的菜蔬及肉蛋以備冬日不時之需，這在過去的農村較爲普遍。如，清代山西蒲縣在霜降前後「家各製酸菜，溪內洗淨，藏之甕中，味變爲酸，蓄之供一年之用」（清乾隆十八年《蒲縣誌》）。清代北京在霜降後亦有醃菜的習俗，潘榮陛的《帝京歲時紀勝》載：「霜降後醃菜，除瓜茄、芹芥、蘿蔔、擘藍、箭乾白、春不老之外，

有白菘菜者，名黃芽菜，乃都門之極品，鮮美不減富陽冬筍。又出安肅者，每棵重至數十斤，為安肅黃芽菜，更佳。」廣州曲江區霜降前後「摘茶子，收落花果以備油食」（清光緒元年《曲江縣誌》）。清代湖南澧州霜降前後造酒，以備四時祭祀及待客之需，「採蓼及菊葉為曲，釀秫和蘆稷為酒，以備終年祭祀、賓客之用。釀糯秫米酒，熬而藏之，以為養老之需，統名『菊花酒』，一曰『萬年春』」（清同治八年《直隸澧州志》）。

剛剛從繁重的農活中解放出來的農家婦女，在霜降前後又開始了忙碌的女紅作業。如清代山西河曲縣霜降節氣的女紅場景：「授衣砧杵之聲，鄰巷相答，女紅縫裳刺繡，燈火夜作。」（清同治十一年《河曲縣志》）江西瑞州「婦女紡績，比戶聞機杼聲」（清同治十二年《瑞州府志》）。在中國傳統農業社會，女紅具有重要的意義，它不僅為家庭成員提供必要的衣物，而且能夠貼補家用，向來為農人所重視。傳統的手工藝人在這個時候並不清閒，江南上海、蘇州等手工業發達的地區於霜降時開始夜作，「百工入夜操作，謂之『做夜作』」（民國二十二年《吳縣誌》）。

過去談婚論嫁之事也多安排在霜降之後，古時有「霜降迎女，冰泮殺止」之說，意思是從霜降到明年春季冰雪消散這段時期宜操辦婚事。這一方面是由於霜降後將進入農閒，以此為嫁娶之時，與農事節奏相稱；另一方面是因為這樣做順應天時，符合古人的陰陽觀念。《孔子家語》記載：「群生閉藏於陰而育之始，故聖人因時以合偶男女。窮天數，霜降而婦功成，嫁娶者行焉。冰泮而農桑起，婚禮殺於此焉。」董仲舒書亦曰：「聖人以男女當天地之陰陽。天之道，向秋冬而陰氣來，向春夏而陰氣去。是故古之人霜降而迎女，冰泮而殺止，與陰俱近，與陽俱遠。」

有些地方在霜降日祭祖掃墓。如清代黃安縣（今紅安縣）「霜降祭墓，有祖費者飲福如清明」（清道光二年《黃安縣誌》）。清代嶺南廣州一帶，「霜降展先墓，諸坊設齋醮禳彗，謂之『迎降』」（《南越筆記》）。

霜降前後，農村開始舉辦迎社火等集體活動，一時熱鬧非凡。如明清寧波農曆九月迎社火的情景：「在城各坊各興祠廟神像遊行街市，導以兵仗彩亭、金鼓雜劇，各相競賽，觀者塞路，謂之『社火』。」（明嘉靖三十九年《寧波府志》）「九月中，在城各坊隅祠廟皆迎社火，燈燭輝煌，鼓吹喧闐，懸燈於竹竿之上，名曰『高照』，或用龍燈角逐，凡五六日。」（清乾隆六年《寧波府志》）浙江餘姚在農曆九十月間村鎮演劇，曰「花熟」，又曰「演街」。當地人認為這與「古者報賽方社先農之意」相同。（民國九年《餘姚六倉志》）清代河北滄州霜降之後，農民期日舉行集體狩獵活動，「霜降後，田事告竣，農民期日出獵，會村莊多至千人，遇狐兔共逐之，無得逸者。或先得，則高舉過頂，以示眾人不得奪。日將夕，乃各標所獲，歡歌而歸，名曰『合圍』，亦獵狩遺意」（清乾隆八年《滄州志》）。湖北應城縣（今應城市）霜降忙完農事後，「相約朝山進香，以祈福佑，遠則均州五當，近則黃陂木蘭，沿路宣南無佛號，謂之『還願』」（清光緒八年《應城縣誌》）。霜降後，北京的茶樓飯館設夜座，生意之人，晚間飲酒聽戲，盡興而歸，稱為「聽夜八齣」，「帝京園館居樓，演戲最勝。酬人宴客，冠蓋如雲，車馬盈門，歡呼竟日。霜降節後則設夜座，晝間城內遊人散後，掌燈則皆城南貿易歸人，入園飲酌，俗謂『聽夜八齣』。酒闌更盡乃歸，散時主人各贈一燈，鏗然百隊，什伍成群，燦若列星，亦太平景象也」（《帝京歲時紀勝》）。

綜上，霜降是一個過渡性的節氣。農事上收、種、蓄併舉，農民需要完成最後的秋收任務，包括收割與播種，並為即將來臨的嚴寒做好禦冬準備，或醃製食品，或製造棉衣，或備禦寒具等。農民在這個時候並不清閒，但已過了大忙的時節，在農業生產活動之外，人們有時間和精力做其他事情，如迎神報賽、祈福禳災、操辦婚禮等，活動重心開始由農事向人事轉變。

二、祭旗纛，迎霜降

旗纛神，又稱軍牙六纛神，霜降日祭祀旗纛神是古代軍隊的一種官方祭祀活動。纛，指軍旗。相傳九天玄女曾爲黃帝製作十二面纛，幫助黃帝打敗蚩尤。（《事物原會》卷三十一）舊時軍隊以旗鼓爲號令，旗在軍事活動中具有重要的象徵意義，軍隊出征前通常要舉行祭旗儀式，後來逐漸演變爲祭祀旗纛神的軍中專門儀禮。明朝初年，朱元璋在京師建造旗纛廟，制定旗纛神祭祀程序，將旗纛祭祀列爲國家重要祭禮向全國推行。自此，軍隊祭旗纛的活動盛行起來。《大明會典》卷九十四記載：「凡各處守御官，俱於公廨後築台，立旗纛廟，設軍牙六旗纛神位。春祭用驚蟄日，秋祭用霜降日……若出師，則取旗纛以祭，班師則仍置於廟。」最初的規定是春秋兩祭，春祭在驚蟄日，秋祭在霜降日，但在地方實踐過程中也有所變化。安徽蕪湖分別於正月吉旦和霜降日到東郊祭旗纛神，正月吉旦的祭祀謂「迎喜神」，霜降日的祭祀謂「迎霜降」。（民國八年《蕪湖縣誌》）也有些地方一年只在霜降日祭祀，如明嘉靖《邵武府志》記當地旗纛廟的祭祀情況：「舊典春祭用驚蟄日，秋祭用霜降日，今惟霜降日。」

旗纛神祭祀本是官方典禮，參與主體是武官和士兵，但也向民間開放，常引來百姓聚觀。例如，蘇州吳縣（今吳中區）的旗纛神祭祀較有代表性，民國二十二年《吳縣誌》記載：「霜降日，天向明，官祭軍牙六纛神。祭時演放火槍陣，俗名『信爆』。先期，張列軍械，金鼓導之，自撫轅出，由護龍街而北至教場之旗纛廟。觀者如雲，相傳能被除不祥。俗於是夜五更相戒醒睡，以聽信爆，云免喉痛。或剝新栗置枕邊，至時食之，令人有力。」從這段文字中，我們不難看出，人們去觀看旗纛神祭祀儀式，不僅是圖熱鬧，而且也是爲了求吉利，被除不祥，民眾對這項官方祭祀活動賦予了民俗寓意。

旗纛神祭祀活動在霜降前一日就開始了，先是迎旗，稱爲「迎霜降」。如杭州祭祀旗纛神的情況：「霜降前一日迎旗，將左右前中衛所各營兵編爲隊伍，次第相承，戈、鋋、矛、戟、弓矢、劍盾、藤

牌、狼筅、鳥銃、火炮之類揚於道上，以肅軍威。男女老幼於兩旁環聚而視。次日五鼓，當事於旗纛廟祭旗，炮聲震地，動搖山嶽。」（民國十一年《杭州府志》）又如，廣州雷州霜降前一日，「武弁披掛，操軍器，繞城以迎霜降。至其時，導迎出教場。禮畢，放槍炮，曰『打霜降』」（清嘉慶十六年《雷州府志》）。有些地方的旗纛祭祀儀式伴隨精彩的技藝表演，增強了旗纛祭祀活動的觀賞性。如河南鄭縣的旗纛神祭祀就有豐富的表演內容：「霜降之日，黃河安瀾，官民稱慶。河督到工巡閱，在行台祭旗纛神。已而張列軍器，以金鼓導之，繞河迎賽，謂之『揚兵』。旗幟刀槍之屬，種種精緻。有飆騎數十，飛轡來往，呈弄技藝。例如，雙燕綽水、二鬼爭環、隔肚穿針、枯松倒掛、魁星踢斗、夜叉探海、八蠻進寶、四女呈妖、六臂哪吒、二仙傳道、圯橋進履、玉女穿梭、擔水救火、踏梯望月之屬，窮態極變，難以殫述。」（民國五年《鄭縣誌》）

　　霜降節氣一般出現在農曆九月份，爲季秋之月。古代王者常於此時處罰罪犯，操練軍隊，舉行殺伐之事，以順應季秋的肅殺之氣。《春秋感精符》云：「霜，殺伐之表。季秋，霜始降，鷹隼擊，王者順天行誅，以成肅殺之威。」《禮記‧月令》又說：「是月也，天子乃教於田獵，以習五戎，班馬政。」可見，霜降祭祀旗纛神，閱兵演練，嚴肅軍威軍紀，與季秋的自然時令特點相符。

三、田事告竣，結伴賞玩

　　《禮記‧月令》載「霜始降，則百工休」，宋代詩人黃庭堅亦有詩云「霜降百工休，把酒約寬縱」。所謂「百工休」，是古人強調順應「霜降成物」節序特徵的體現。前文已述，霜降是成物的節氣，「天地既成，人功其可不休乎」。實際上，在霜降節氣伊始，不少地方的農活尚未完畢，同時女紅繼起，江南的蘇州、上海等地則呈現「百工夜作」的忙碌景象。儘管如此，緊張的大忙時節已過，在霜降節氣裡，人們也能夠抽出時間放鬆疲倦的身體。

霜降是一年之中最適宜遊賞的節氣之一。草木的枯黃殘落，雖然給人幾分凄涼感覺，但晚秋時秋高氣肅，穀果成熟，黃菊盛開，紅葉綴樹，亦能讓人心曠神怡，陶醉其中。「霜打菊花開」，霜降正是菊花傲然開放的時節，又恰逢紅葉醉人之際，在這個秋高氣爽的節氣裡約伴出郊，登高遠眺，賞菊花紅葉—如此順時而遊，才不負自然的垂愛。在這個時候，北京不少人去香山看紅葉，「都人結伴呼從，於西山一帶看紅葉。或於湯泉坐湯，謂菊花水可以祛疾。又有製肴攜酌，於各門郊外痛飲終日，謂之『辭青』」（《帝京歲時紀勝》）。有些地方在霜降前後舉辦「菊花會」、「鬥菊會」，屆時各種菊花爭奇鬥豔，供人評賞。《大中華京師地理志》提到陶然亭為北京賞菊評菊的佳所：「菊花，士大夫好者極多，家自有種，名目多至三百餘，秋日評菊，陶然亭尤佳。」蘇州城市富裕人家霜降時在庭院擺放菊花盆景，有的多至百十盆，謂之「菊花山」。「（霜降日）畦菊盛開，虎阜花農擔向城市以供玩賞。有於庭中羅列几案，以藍紙縐為山形，堆疊百十盆，號曰『菊花山』。」（民國二十二年《吳縣誌》）

　　不少地方舊時霜降節氣流行鬥蟋蟀、鬥鵪鶉的遊戲，這本是一種休閒方式，但後來與賭博產生了聯繫，有些人沉迷於此，無法自拔。過去上海鬥蟋蟀、鬥鵪鶉有「秋興」、「冬興」之說，鬥蟋蟀為「秋興」，鬥鵪鶉為「冬興」。如光緒《川沙廳志》記述上海鬥蟋蟀、鬥鵪鶉之戲：「城鎮遊手，每於秋末冬初開場鬥蟋蟀，名曰『秋興』。既罷，則鬥鵪鶉，曰『冬興』，又曰『鵪鶉圈』。良家子弟，由此廢時失業。」葛元煦《滬遊雜記》記載了上海人霜降後鬥鵪鶉的情景：「滬人霜降後喜鬥鵪鶉，畜養者以繡囊懸胸前，美其名曰『冬興將軍』。鬥時貼標頭分籌碼，每鬥一次，謂之一圈。按：無斑為鵪，有斑為鶉，形狀相似，多產滬上田間。」蘇州亦流行鬥鵪鶉，民國二十二年《吳縣誌》記載當地霜降後，遊手好閑者相與鬥鵪鶉以為樂。《清嘉錄》對此有詳細的描述：「霜降後，鬥鵪鶉角勝，標頭一如鬥蟋蟀之制，以十枝花為一盆，負則納錢一貫二百。若勝，則主家什二而取。每鬥一次，謂之一圈。鬥必昏夜，至是畜養之徒，彩繪作

袋，嚴寒則或有用皮套，把於袖中，以爲消遣。」明清北京人也喜好鬥鵪鶉，潘榮陛《帝京歲時紀勝》提到「膏粱子弟好鬥鵪鶉，千金角勝」。《日下舊聞考》卷一四八引《北京歲華記》云：「霜降後鬥鵪鶉，籠於袖中，若捧珍寶。」

霜降又是孩子們喜愛的節氣，秋末氣溫適中，兒童常於此時做各種遊戲。如舊時蘇州吳縣的兒童在霜降節氣踢毽子、喚黃雀、籠養蟈蟈。其中，喚黃雀，又名「喚朱雀」，黃雀經過馴養後，放出可以召喚回來。（民國二十二年《吳縣誌》）廣東高明縣（今廣州高明區）的兒童於霜降舉行「打芋煲」、「送芋鬼」的活動：「將霜降，小兒相聚，拾瓦片砌成梵塔，空其中，爇薪燒火，光從瓦隙激射，萬道星光，如浮屠金碧輝煌。燒紅，毀塔以煨芋，謂之『打芋煲』。兩手執瓦片，丁當相擊。口中呢喃似咒，走出村外，將瓦片棄去，曰『送芋鬼』。」（清光緒二十年《高明縣誌》）廣東、贛南等地的兒童多於霜降前後放風箏，民國十九年廣東順德《龍山鄉志》記載：「風鳶之戲，自古有之。但昔人多以暮春行之，使兒童仰面歡呼，以散其春日鬱滯之氣。今則行之秋候，貴其迎風易起，不知此時正爭秋酷熱，兒童登巒越隴，每外感生病。至寒天雪夜，風箏嘹亮，今亦習以爲常矣。」

四、一年補通通，不如補霜降

霜降處在由秋入冬的季節轉換期，身體調養非常重要，元代李冶在《敬齋古今黈拾遺》中說：「夫秋氣之嚴，莫嚴於霜降之辰，萬物凋落，攝養之家，最爲深懼。」民間亦有「一年補通通，不如補霜降」的說法。霜降節氣陽氣衰微，陰氣高漲，草木凋零，萬物蟄伏，這時的身體調護要順應秋收之氣，固精斂神，安寧心志，勿冒風邪，要適時添加衣服，注意腰部及腿部的保暖。在飲食上，宜減苦增甘，少食生冷之物及新薑、小蒜、雞肉等，補肝益腎，助脾胃。（明高濂《遵生八箋》）

霜降是「百穀登，百果實」的節氣，可食之物十分豐富。此時，品嚐時令蔬果，如柿子、蘿蔔、栗子等，不僅可以滋補身體，還能愉悅心情。柿子是霜降節氣最有代表性的果物，它的口感滑嫩軟甜，做成柿餅，更是鮮美可口。不僅如此，柿果外觀光豔紅潤，於霜降成熟之際，綴滿枝頭，遠遠望去，如染紅的晚霞，不失為這個節氣的一道亮麗美景。霜降正是柿子最適合採摘的時候，諺曰：「白露打核桃，霜降摘柿子。」作為應序之物，柿子深得百姓喜愛，也引發無數文人墨客的讚歎。宋代理學家張九成贊柿樹云：「嚴霜八九月，百草不復榮。唯君粲丹實，獨掛秋空明。」（宋張九成《見柿樹有感》）南宋詩人楊萬里描繪柿果曰：「凍乾千顆蜜，尚帶一林霜。核有都無底，吾衰喜細嚐。」（宋楊萬里《謝趙行之惠霜柿》）唐代段成式《酉陽雜俎》提到柿樹有七絕，「俗謂柿樹有七絕：一壽，二多陰，三無鳥巢，四無蟲，五霜葉可玩，六嘉實，七落葉肥大」。民間認為霜降吃柿子，不會流鼻涕，也有說法是霜降吃柿子，冬天不裂嘴唇。相傳朱元璋窮困之時，連續兩天沒有食物可吃，幸得一樹霜柿，才免受饑餓之苦。若干年後，當朱元璋再次經過那棵柿樹時，他將紅色戰袍披掛在柿樹上，並追封它為「凌霜長者」。這個故事在明代張定的《在田錄》上有記載：

高皇微時，過剩柴村，已經二日不食矣，行漸伶仃。至一所，乃人家故園。垣缺樹凋，是兵火所戕者。上悲歎久之，緩步周視，東北隅有一樹霜柿正熟，上取食之，十枚便飽，又惆悵久之而去。乙未夏，上拔採石，取太平，道經於此，樹猶在。上指樹，以前事語左右，因下馬以赤袍加之，曰：「封爾為凌霜長者或凌霜侯。」

霜降節氣的柿子不僅色豔味美，而且補益身體。李時珍《本草綱目》記載：「諸柿食之皆美而益人……柿乃脾、肺血分之果也。其味甘而氣平，性澀而能收，故有健脾澀腸、治嗽止血之功。」柿子「能收」的品性，符合傳統中醫秋季收斂神氣的養收之道，是與時令相稱

的佳果。柿果雖好，但其性爲冷，因此不宜多食，尤其不宜與螃蟹同食，因爲螃蟹也是涼性之物，與柿同時易令人腹痛作泄。另外，柿子不能空腹吃，這是因爲柿子含有大量柿膠，當空腹吃柿子時，柿中的柿膠與胃酸易形成結塊，導致醫學上所說的「胃柿石」病症。

栗子和蘿蔔也是霜降的時令佳品，栗子在霜降時成熟，被認爲是「腎之果」，食之能夠厚腸胃、補腎氣，但一次不宜多食，多食容易產生滯氣，反而傷脾胃。蘿蔔也在霜降進入收穫的時節，山東農諺云：「處暑高粱，白露穀，霜降到了拔蘿蔔。」民間亦有俗語曰：「秋後的蘿蔔賽人參。」蘿蔔順氣清肺，營養豐富，且能久貯，是過去北方農家秋冬季的家常菜，霜降收穫後，將蘿蔔放入地窖，能吃上一個冬天。

除時令蔬果之外，一些肉類食品也成爲霜降美味。如舊時北京宮廷及民間在重陽節前後有吃迎霜兔肉的習俗。明代劉若愚《酌中志·飲食好尚紀略》記載：「九日重陽節，駕幸萬歲山或兔兒山、旋磨山登高，吃迎霜麻辣兔，飲菊花酒。」《日下舊聞考·風俗三》亦記載：「重陽前後設宴相邀，謂之『迎霜宴』；席間食兔，謂之『迎霜兔』。」時至今日，北京百年老字型大小稻香村仍在霜降前後推出霜降兔肉，作爲應景食品出售。明代李時珍《本草綱目》記載，兔肉性寒味甘，爲食品之上味，食之能補中益氣，止渴健脾，但只宜八月至十月間食，其他月份食之傷人神氣，霜降節氣正處在適宜吃兔肉之時。閩台等地在霜降食鴨，當地有俗諺云「一年補通通，不如補霜降」，食鴨是「補霜降」的一項重要內容。鴨肉性冷味甘，能補虛除客熱，霜降時的鴨子肉肥味美，是食用的佳期。唐代孟詵《食療本草》認爲霜降宜食野鴨，多食可治癒多年小熱瘡。廣西玉林霜降日食牛肉，當地有名的風味小吃有不少是用牛肉製作的，如牛巴、牛腩米粉、肉丸等。牛肉味甘性溫，食之安中益氣，是補脾胃的良品。

五、壯族霜降節

對於多數地方而言，霜降只是一個普通的節氣，但在廣西西南邊陲的天等、大新、靖西、德保等壯族聚居的縣市，霜降是一個充滿民族和地方特色的盛大節日。每年霜降到來時，這些地區的壯族鄉民開展豐富多彩的慶祝活動，人們做糍粑和迎霜粽，祭祀祖先，紀念民族英雄，舉辦歌圩、戲劇表演等文娛活動，買賣物品，走親訪友，如此持續數天，謂之「霜降節」。天等縣霜降節在向都中和街舉行，時間長達九天，形成了遠近聞名的霜降歌圩。「向都中和街歌圩規模大、時間長，霜降期間連續三個街日之夜均爲歌圩。它既是歌圩，又是物資交流盛會。新中國成立前，趕歌圩的客商不下幾百。新中國成立後，商業部門舉辦大型物資交流。清晨，往中和街的行人不絕，人們穿上節日盛裝，姑娘們打扮得格外嬌豔，腳蹬新花鞋，手拎金色竹籃，背帶竹臘帽，雙雙哼著歌步入中和街。街上生意興隆，入夜，燈火通明，街頭巷尾，湖邊樹下，擠滿唱歌人，歌聲如潮，通宵達旦。」（《天等縣誌》）大新縣下雷鎮霜降節持續三天，分初降、正降和收降三個階段，對應著不同的民俗活動。初降日主要是準備糍粑、粽子等招待客人的食品。這一天敬牛，讓牛休息。正降日上午敬神，到婭莫廟上香，抬女英雄婭莫像巡遊。遊神結束後，「霜降圩」開市，人們買賣生產生活用品，當地人認爲霜降節購買的東西既耐用又吉祥，這樣的心理觀念帶動了霜降節的消費需求，促使下雷鎮霜降圩逐漸發展成爲一個商貿中心。正降日晚上對山歌，演土戲，一直熱鬧到第三天的收降。如今，天等、下雷等地的壯族霜降節依舊熱鬧非凡，傳承狀況良好。2014年入選第四批國家級非物質文化遺產代表性項目名錄。

壯族霜降節的發展興盛，與地方歷史地理及民俗傳統密不可分。

首先，霜降節與農業時序相稱。霜降時，當地的晚稻收割結束，農事不再繁忙，人們有時間和精力過節。《歸順直隸州志》記述靖西縣一帶霜降風俗云：「霜降前一日，州城各戶裹粽，謂之『迎霜

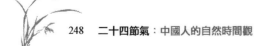

粽』。節期燃燭燒香，供祖先，給小孩。四鄉亦做糯米糍，謂之『洗鐮』。推原其故，蓋幸登場事竣也。」在喜獲豐收之際，長時間勞碌的農民忘不了相互慶賀，酬謝自然，霜降節正好能夠滿足人們這種情感表達的需要。

其次，地方傳說及其相關信仰豐富了霜降節的內容。壯族霜降節與當地流傳的瓦氏夫人抗倭傳說有關，瓦氏夫人是明代的抗倭女英雄，她是歸順直隸州人，在今天廣西靖西市一帶。相傳瓦氏夫人精通兵法，在年近花甲時帶兵到閩越抗倭，取得了不凡戰績，回到家鄉後受到民眾的愛戴。天等縣霜降節的一項重要活動，便是頌揚瓦氏夫人抗擊倭寇、保衛家園的民族精神。大新縣下雷鎮霜降節則是紀念當地抗倭英雄許文英、岑玉音夫婦，傳說下雷土司許文英與其妻岑玉音去閩越抗倭，立功後凱旋之日正逢霜降。後來人們建了玉音廟，以紀念這位抗倭女英雄。岑玉音在當地被稱爲「婭莫」，因此，玉音廟也叫婭莫廟。下雷鎮霜降節的遊神敬奉的神靈主要是婭莫岑玉音。這些傳說增強了地方文化認同，也使霜降節具有了反抗外來侵略及謀求平安的文化內涵。

再次，當地的圩集、歌圩等民俗傳統，不僅增強了霜降節的娛樂色彩，而且滿足了人們對於商貿、婚戀及交往的實際需求。

六、結語

需要一提的是，重陽與霜降相隔不久，重陽有時在寒露節氣，有時在霜降節氣，一般在霜降前後幾天。有時重陽與霜降緊挨著，甚至是同一天，如1955年的重陽和霜降就都在西曆的10月24日。因此，重陽節的一些習俗，如登高遠眺、飲菊花酒、放風箏等，往往在霜降節氣中亦有體現。也有地方重陽節時因農忙無法過節，向後推數日待農閒時再過。如同正縣（今屬廣西扶綏縣）因重陽節時當地農事甚忙，無暇過節，便往後推至九月二十九日，這天家家做「豆飯」。「初九爲『重陽節』，古人或稱爲『九日』，或稱爲『重九』，均是此日。

然收穫農忙,未暇過節,多改至二十九日。各家則蒸糯飯,而以綠豆或烏欖、栗子拌之,謂之『豆飯』,然綠豆居多。其有女初嫁者,則以此豆飯並數熟鴨送於親家,如是者三年。而親家則又各分小許於鄰右。」(民國二十二年《同正縣誌》)

霜降是一個承前啟後的節氣,在這個節氣裡,田事完畢,農閒即將開始,人們的活動重心由農事轉到人事及飲食生活起居上來,為將要到來的嚴冬做準備。霜降又是一個氣候適宜、景色怡人的節氣,人們在喜獲豐收之後,迎神賽社,登高遊賞,遊戲競技,以調節身心,保持健康。

立冬：防寒保暖，補在立冬

　　曉霜濃厚的深秋，當人們還沉浸在豐收的忙碌和喜悅中、沒有回過神來的時候，一陣陣的北風開始襲來，忽冷忽熱的多變天氣，宣示著季節的轉換。在滿空凝淡、寒色侵衣之時，立冬悄然而至。

　　二十四節氣中，霜降過後，便是立冬。

一、立冬—冬季開始的標誌

　　立冬節氣通常在每年的農曆十月，陽曆的11月7日或8日。它是冬季的開始，是進入冬季的第一個節氣，也是全年二十四節氣中的第十九個節氣。此時，太陽到達黃經225度，草木已經凋零，蟄蟲潛伏，萬物收藏，天氣逐漸寒冷。

　　根據《禮記・月令》、《逸周書・時訓解》、《時憲書》等記載的七十二候中，立冬時節有三候：初候，水始冰，水開始結冰；二候，地始凍，土地開始上凍了；三候，雉入大水爲蜃。蜃是蚌屬動物，立冬後，野雞一類的大鳥不多見了，而海邊可以看到外殼與野雞羽毛的條紋和顏色相似的大蛤，所以古人認爲雉到立冬後變成大蛤了。

　　廣泛流行於黃河流域的《二十四節氣歌》中唱道：「寒露不算冷，霜降變了天。立冬先封地，小雪河封嚴。」可見立冬之後，天氣

會越來越冷，北風呼嘯，滿目蕭索，天地之間充盈著肅然之氣。

需要說明的是，我國民間習慣以立冬爲冬季的開始，但由於我國幅員遼闊，即使在同一節氣，各地的物候也不相同。按氣候學劃分的季節標準，以下半年連續五天平均氣溫降到10攝氏度以下的時段爲冬季，以立冬爲冬季的開始符合黃淮地區的氣候現象。而我國最北部的漠河及大興安嶺以北地區，9月上旬就已進入冬季，長江流域的冬季要到小雪節氣前後才眞正開始，更有全年無冬的華南沿海地區和長冬無夏的青藏高原地區。所以，各地的冬季並不都是於立冬日開始的，以立冬爲冬季的開始主要指的是黃淮一帶。

立冬之所以「立」，並不是僅僅簡單地說冬天開始了，而是給人們一個明確的時間標誌，是對自然物候的一個概括和對人們行爲的一種提示，是人們自然時間觀的鮮明體現。《釋名》中說：「冬，終也，物終成也。」《月令七十二候集解》中說：「冬，終也，萬物收藏也。」立冬開始，在自然物候上，草木凋落殆盡，莊稼收入倉庫，動物準備冬眠，萬物開始收藏。但作爲不冬眠的人類來說，就需要抓緊時間準備過冬物資。農業生產上，立冬之後，較爲暖和的江南、華南地區要搶種冬麥、油荣，較爲寒冷的北方地區要澆地保墒，爲農作物過冬做準備。

木芙蓉

二、立冬的傲霜芙蓉

立冬在農曆十月，此時正是那豔麗的芙蓉花盛開的時候，於是芙蓉花就成爲立冬時節的代表性花卉。芙蓉有兩種，一種生長在水中，叫「草芙蓉」或「草蓮」，另一種生長在陸上的叫「木芙蓉」或「木蓮」。現在人

們一般說的芙蓉是木芙蓉。宋代陳景沂的《全芳備祖》記載有此花：「產於陸者曰木芙蓉，產於水者曰草芙蓉。……唐人謂木芙蓉為木蓮。一名拒霜。其木叢生，葉大而其花甚紅。」木芙蓉是一種落葉灌木，高一二米，葉闊卵形或圓狀卵形，深秋時開花，花有紅、白、黃三色。木芙蓉早晨開花時，花色白，中午漸漸變紅，下午變為深紅，正是「霜深才吐豔，日暮更饒紅」，故有「醉酒芙蓉」的稱呼。

芙蓉花不畏寒霜，在「九月霜降時候開，東坡為易名曰拒霜」（《全芳備祖》）。東坡有詩云：「千林掃作一番黃，只有芙蓉獨自芳。喚作拒霜知未稱，細思卻是最宜霜。」宋代劉珵詩云：「誰憐冷落清秋後，能把柔姿獨拒霜。」十月寒霜中開放的芙蓉花，不僅象徵著秋色，也因其不畏嚴寒、不與百花爭春的特性，被人們賦予特立獨行、樂於奉獻的高潔品格。宋代楊萬里詩歌裡寫道：「染露金風裡，宜霜玉水濱。莫嫌開最晚，元自不爭春。」明代王象晉《群芳譜》也說它「清姿雅致，獨殿眾芳，秋紅寂寞，不怨東風，可稱俟命之君子矣」。

關於芙蓉花，還有一些美麗神奇的故事。五代時「孟後主於成都四十里羅城上種此花，每至秋，四十里皆如錦繡，高下相照，因名錦城」（《成都記》）據說，蜀國國君孟昶命花匠在成都種了四十里的芙蓉花，把成都裝扮成一個花都，這是因為孟昶的寵妃花蕊夫人特別喜歡芙蓉花。在畫家王叔暉筆下的花神中，十月芙蓉花花神就是花蕊夫人。當然，芙蓉花花神在人們看來不只花蕊夫人一人，除了花蕊夫人外，還有人認為芙蓉花花神是謝素秋、石曼卿、飛鸞、輕鳳等人。在晚清畫家吳友如筆下，芙蓉花花神是謝素秋，而學者俞樾則認為石曼卿是芙蓉花男花神，飛鸞、輕鳳為女花神。石曼卿是北宋真宗時候的大學士，喜歡喝酒，世人稱之酒仙。傳說「石曼卿去世後，其故人有見之者，云：『我今為仙，主芙蓉城，欲呼故人共遊。』不諾，忽然騎一素驢而去」（歐陽修《歸田錄》）。正因如此，石曼卿才被奉為芙蓉花花神吧。

三、立冬習俗

由秋入冬的轉折期，是一年中的關鍵時期。一方面，秋糧入倉，勞作已罷，正是一年中糧食物資最充足的時候，是人們酬謝神靈、慶祝豐收的重要時期。但另一方面，北風頻襲，天氣漸寒，人體要漸漸適應寒冷。如何抵禦寒冷的侵擾，避免嚴寒的氣候給身體帶來的疾病和對生活造成的不便，對古代社會物質條件極為有限的人們來說，是一個不小的挑戰。因此人們十分重視立冬，並採取了一系列的措施。這些措施多是和祭祀、飲食健康以及籌備過冬物資密切相關的。

（一）迎冬和祭祀

在古人的觀念裡，冬為水德，方位屬北，顏色屬黑，古代皇帝在立冬這天，要率領文武百官到京城北郊，行迎冬之禮，並賞賜君臣冬衣，撫恤孤寡。《禮記·月令》記載：「是月也，以立冬。先立冬三日，太史謁之天子，曰：『某日立冬，盛德在水。』天子乃齊。立冬之日，天子親率三公、九卿、大夫以迎冬於北郊。還反，賞死事，恤孤寡。」高誘注：「先人有死王事以安邊社稷者，賞其子孫；有孤寡者，矜恤之。」到漢代，立冬日迎冬的禮制繼續保持，《後漢書·禮儀志》記載：「立冬之日，夜漏未盡五刻，京都百官皆衣皂，迎氣於黑郊。禮畢，皆衣絳，至冬至絕事。」

除了迎冬，立冬這天還要祭祀神靈，但祭祀的神靈在不同朝代並不完全相同。

清代桂馥在《說文解字義證》中引《禮記外傳》說：「夏至日祭皇地祇於方澤，配以后土。立冬之日祭

芙蓉花花神謝素秋（清·吳友如畫）

神州地祇於北郊，配以后稷。注云：皇地祇謂祭昆侖山之神也。地之正祭歲有二，此一祭也。祭神州地祇，此周制也。神州即王者所居，在昆侖東南五十里封域之內，土地之神。」說明早在周代，立冬日祭祀土地神已是禮制。

到唐代，立冬日祭祀的神靈似乎更多。唐代杜佑《通典》裡記載：「立冬日，祀黑帝於北郊。」《唐六典》中記載：「立冬之日祀黑帝於北郊，以顓頊配焉，其玄冥氏、辰星及北方三辰七宿並從祀。」並且，「立冬之日，祭北嶽恒山於定州，北鎮醫巫閭於營州，北海及北瀆濟於河南府，各於其境內，本州長官行焉」。可見唐代立冬這天，不僅天子要進行祭祀，一些地方官員也要奉命進行一定的祭祀。

宋代立冬日祭祀的神靈也有多位。宋代王溥《唐會要》卷十中記載：「開元二十一年詔：夏至日祀皇地祇於方丘，以高祖配。立冬祭神州於北郊，乙太宗配。」此書卷二十三記載立冬日的祭祀有：「立冬日，祭北嶽安天王、北鎮廣寧公、北海廣澤王、北瀆清源公。以上著定日期，薦獻太清宮，享太廟。祭神州地祇於北郊。」南宋吳自牧《夢粱錄》卷六記載：「立冬日，朝廷差官祀神州地祇、天神太乙。」地祇即地神，也叫土地公，天神太乙是北極星君。

《金史》記載：「立冬，祭北嶽恒山於定州、北鎮醫巫閭山於廣寧府，望祭北海、北瀆大濟於孟州。其封爵並仍唐、宋之舊。明昌間，從沂山道士楊道全請，封沂山為東安王，吳山為成德王，霍山為應靈王，會稽山為永興王，醫巫閭山為廣寧王，淮為長源王，江為會源王，河為顯聖靈源王，濟為清源王。」

一直到清代，文獻中還有立冬日祭祀的記載。如清光緒二年《懷安縣誌》記載：「立冬後，四民各延羽士持經二晝夜於堂前，謂之『謝土』，告歲功成也。」可見在中國古代長期的歷史發展過程中，立冬日祭祀一脈相承，形成了悠久的傳統。

（二）食補過冬

冬季是養生保健的好季節，人們在立冬時節通過飲食、養生保健等可以補充身體營養，為度過寒冬做好身體準備。所以，立冬時節的習俗很多是與飲食、養生保健相關的。

1.補冬

為了增強人體抵禦寒冷的能力，適應氣候的季節性變化，很多地方會在立冬日進行「補冬」。做法大多是宰殺雞鴨或燉煮豬肉食用，有的會在肉裡加入中藥進補。如在浙江一些地區，將立冬稱為「養冬」，這天要殺雞或鴨進補；在臺灣基隆，稱立冬為「入冬」，這天殺雞鴨或買羊肉，加當歸、八珍等補藥共燉食用。

2.吃餃子

立冬日吃餃子是北方很多地方的習俗。餃子包含有時間轉折、更替的意思，而立冬正處於秋冬季節的交替期，在人們看來，吃餃子最合宜。況且，在古代社會生活艱難的人們看來，好吃不過餃子，餃子是人們心目中最美味的食物之一。在季節的轉捩點上吃上餃子，便帶上了神聖的祈福意味。立冬這天，有的地方的餃子餡還很特殊，比如天津在立冬會吃倭瓜餃子。

3.吃糕

山西、陝西一帶在冬至日盛行吃糕。做糕用小黃米和黍子麵，和好麵在鍋裡蒸，蒸熟後包上豆沙等餡，放入油鍋中炸，叫作炸糕；將包好的糕在少量油裡煎，叫作煎糕；也可以蒸出來直接食用，叫作麵惺糕。俗話說「三十裡蕎麵四十裡糕」，糕的特點是耐餓，同時也便於儲存，在寒冷的北方可以存放很長時間，吃的時候只要在鍋裡再蒸熱或者用火烤熱即可，是特別適合在冬季吃的食物。在南方一些地區也有立冬吃糕的習俗，如在閩南地區，立冬日人們會用糯米、白糖、花生粉等做麻糍糕。

立冬日的飲食習俗，各地並不相同。人們多因地制宜，根據當地的飲食傳統和口味愛好，形成了立冬日特定的飲食習俗。比如江蘇蘇州傳統風俗是立冬吃鹹肉菜飯，而北京人在立冬喜歡吃蕎麵。潮汕人

講究在立冬日吃甘蔗，說是可以保護牙齒。汕頭市民在立冬日會吃蓮子、蘑菇、板栗、蝦仁、紅蘿蔔做成的炒香飯。無錫人在立冬這天流行吃團子。但無論如何，在這個節氣的吃食，似乎沒有春夏季節百草繁茂蔬果多樣的喜悅意味，而更多的，是帶著謹慎的、莊嚴的神聖感，像進行了一次飲食儀式，流露出對寒冬的畏懼和無奈，寄託著生存下去的莫大希望。

並且，立冬日進行食補不僅是爲了強健身體以抵禦寒冷，從歷史源頭上看，它也有秋天糧食收穫之後慶祝豐收、酬謝勞作的意味。早在先秦時期，秋收之後的歡聚慶祝已是習俗。《詩經·豳風·七月》裡寫的「朋酒斯饗，曰殺羔羊。躋彼公堂，稱彼兕觥，萬壽無疆」，正是「十月滌場」後宴飲慶祝豐收的歡樂場面。因此可見，秋天糧食收穫之後，辛苦勞作了一年的人們就要休息了，在這個時候，人們進行自我犒賞，這是一個歷史悠久的傳統。這樣，立冬的飲食和保健，已不僅僅是爲保護身體採取的諸多措施，同時也帶有一定的儀式性和神聖感。

（三）籌備過冬物資

立冬時候，除了祭祀神靈，吃補身體，還有一個重要的內容就是籌備過冬物品。古代社會裡嚴酷的自然氣候條件下艱苦生活的人們，在長期的生活經驗積累過程中，生發出強烈的憂患意識。當豐收的歡樂剛過，伴著那寒冷的北風吹起的，就是對漫長冬天的深深憂慮。《詩經·豳風·七月》裡那句「無衣無褐，何以卒歲」，道出了千百年來窮苦民眾的哀歎。這個時候，就要未雨綢繆，才能平安度過寒冬，盼得來年春暖花開。

在古代，如前文所述，朝廷會在立冬時候給官員頒發一些過冬物資。晉代崔豹《古今注》記載，漢文帝在「立冬日賜宮侍承恩者及百官披襖子」。宋代陶穀《清異錄》記載：「唐制，立冬進千重襪。其法用羅帛十餘層，錦夾絡之。」但賞賜畢竟只是社會上層人士的福利，對於大多數老百姓來說，過冬還需要自身進行認真籌備。立冬時

候，人們爲過冬做的準備主要有三類：一是準備過冬食物，二是準備過冬棉衣，三是清潔衛生。

冬天裡萬木蕭條，蔬菜難得，因此要想在冬天裡有蔬菜食用，必須在立冬時候採取措施進行儲存。

1.窖藏和醃製蔬菜

立冬這天很多地方會將新鮮蔬菜加以醃藏，以備冬日之需。北宋孟元老《東京夢華錄》卷九記載：「是月立冬，前五日，西御園進冬菜。京師地寒，冬月無蔬菜，上至宮禁，下及民間，一時收藏，以充一冬食用，於是車載馬馱，充塞道路。」清代李光庭《鄉言解頤》中記載了立冬日人們挖菜窖儲存白菜的情形：「立冬出白菜，家有隙地，掘深數尺，用橫樑覆以柴土，上留門以貯菜，草簾蓋之。俗以豆腐爲白虎，白菜爲青龍，遂曰『青龍入洞』。梯以出入，不凍不腐，此鄉村之法也。」這種窖存蔬菜的方法，在早年大棚蔬菜興起之前，在北方廣大農村地區就普遍存在。清光緒二十四年《灤州志》也記載，農曆九月「田功始畢，農家散其傭作，醃菹藏蔬，以禦冬焉」。

這些都是爲冬天的飲食做準備。民以食爲天，衣食住行構建著生活的基本狀態。食是老百姓最大的人生哲學。在物質條件極爲有限的古代社會，吃飽飯便是人們最基本的生活追求。人們用來準備食物的時間總是很長，佔據了生活的主要內容。今天我們再不用擔心冬天沒有蔬菜食用，很難想像古人的艱辛和不易，也很難想像立冬日那未雨綢繆的忙碌。

2.戴暖帽、穿冬衣

清代徐珂《清稗類鈔》中有立冬前後戴暖帽的記載：「暖帽者，冬春之禮冠也，立冬前數日戴之。頂爲緞，上綴紅色纓，絲所織也。簷以皮、絨、呢爲之。初寒用呢，次寒用絨，極寒用皮。京城則初寒用絨，次寒用呢，至於皮，則貴人用貂，普通爲騷鼠、海騾之屬。有三年之喪者，帽簷及頂皆以布爲之，上綴黑纓，不用頂帶。」暖帽是當時的禮冠，戴暖帽成爲立冬時節明顯的標誌之一。

3.掃疥

過去冬天裡人們洗澡洗衣服不方便，疥蟲、跳蚤等寄生蟲容易繁殖，皮膚病也容易流行並傳染，清潔衛生成爲生活中一個難題，所以立冬日的「掃疥」習俗是非常有必要的。明田汝成《西湖遊覽志餘·熙朝樂事》中就記載：「立冬日，以各色香草及菊花、金銀花煎湯沐浴，謂之掃芥（疥）。」民初胡德編著的《滬諺外編》也記載：「立冬日，以菊花、金銀花、香草，煎湯沐浴，曰掃疥。」在立冬天氣還不算太冷的時候，人們提前進行清潔衛生，把身上的寄生蟲消滅，無疑是非常有利於身體健康的。

除了這些重要的習俗外，立冬時節人們還講究修繕房屋、釀酒等。《淮南子》記載：「不周風至，則修宮室，繕邊城。」這是說朝廷會在立冬時候修繕宮室城池，以備過冬，以防兵患。對於窮苦人們來說，修繕房屋也是不可少的，「穹窒熏鼠，塞向墐戶」，總能抵禦些寒風，增加些溫暖。在十月莊稼收穫的立冬時節，也是釀酒開始的時候，《詩經·豳風·七月》裡有「十月獲稻，爲此春酒，以介眉壽」。在冬天開始的時候釀酒，到第二年春天釀成，釀成的美酒飽含了對生命長久美滿的期盼。

四、諺語、詩歌裡的立冬

立冬處在秋冬季節的交替時候，天氣多變化，對人們的生活影響較大，人們根據生活的經驗，通過對天氣的觀測，可以預知來年的氣候和收成情況。因此關於立冬天氣的諺語很多，多具有氣象預測、占卜的性質，如：

立冬打雷要反春。立冬陰，一冬溫。立冬晴，一冬凌。立冬無雨滿冬空。立冬晴，好收成。立冬打雷三趟雪。立冬打霜，要乾長江。立冬白一白，晴至割大麥。冬前不下雪，來春多雨雪。立冬雷隆隆，立春雨濛濛。立冬交十月，小雪河封上。立冬日，水始冰，地始凍。立冬刮北風，皮襖貴如金；立冬刮南風，皮襖掛牆根。立冬到冬至

寒，來年雨水好；立冬到冬至暖，來年雨水少。立冬北風冰雪多，立
冬南風無雨雪。重陽無雨看立冬，立冬無雨一冬乾。立冬無雨一冬
晴，立冬有雨一冬陰。立冬有雨防爛冬，立冬無雨防春旱。立冬落雨
會爛冬，吃得柴盡米糧空。立冬一片寒霜白，晴到來年割大麥。立冬
晴，一冬晴；立冬雨，一冬雨。立冬太陽睜眼睛，一冬無雨格外晴。
立冬晴，一冬陰；立冬陰，雪迎春。冬前不結冰，冬後凍死人。立冬
那天冷，一年冷氣多。立冬西北風，來年哭天公。立冬雪花飛，一冬
爛泥堆。立冬西北風，來年五穀豐。雷打冬，十個牛欄九個空。立冬
小雪緊相連，冬前整地最當先。

　　諺語是普通百姓在長期的農業生產生活中總結出來的經驗認知，
總是和農業生產、百姓生活密切相關。而詩歌作為文人個人化的創
作，即使都寫立冬，卻有著各不相同的人生體驗和思想感情。如唐
代劉克莊的《初冬》詩裡寫道：「命僕安排新暖閣，呼童熨貼舊寒
衣。」這是文人立冬的忙碌。宋元間方回詩歌中的「通袖藏酸指，憑
欄聳凍肩。枯腸忽蕭索，殘菊尚鮮妍。貧苦無衾者，應多疾病纏」是
文人對民生艱難的感慨。而李白《立冬》詩「凍筆新詩懶寫，寒爐
美酒時溫。醉看墨花月白，恍疑雪滿前村」，寫的卻是文人的瀟灑
散漫。南宋陸游《立冬日作》：「室小才容膝，牆低僅及肩。方過授
衣月，又遇始裘天。寸積篝爐炭，銖稱布被綿（棉）。平生師陋巷，
隨處一欣然。」該詩寫出了生活的艱苦和詩人安貧樂道的精神。紫金
霜《立冬》詩：「落水荷塘滿眼枯，西風漸作北風呼。黃楊倔強尤一
色，白樺優柔以半疏。門盡冷霜能醒骨，窗臨殘照好讀書。擬約三九
吟梅雪，還借自家小火爐。」這表現的是不畏寒冷堅持讀書的刻苦。
明代王稚登《立冬》：「秋風吹盡舊庭柯，黃葉丹楓客裡過。一點禪
燈半輪月，今宵寒較昨宵多。」這首詩寫的不僅是立冬的天氣寒冷，
更有客居他鄉的孤單淒涼。同是立冬，卻寫盡人生百味。
　　立冬的自然時令裡，在無可奈何的物候變遷中，包含著五味雜陳
的人生滋味，宣洩著喜悅和悲苦交織的生命體驗，那裡有普通民眾簡

單淳樸的生活智慧，也有文人墨客或喜或悲揮灑自如的才情，在現實生活和詩意人生的婉轉交錯裡，永遠是那各不相同的生命歷程。

小雪：荷盡菊殘，天降初雪

　　小雪時節，太陽到達黃經240度。全國各地主要刮西北風，天氣寒冷，只是還未到最冷的時候。民國《開原縣誌》對小雪後氣候的變化情況有很精到的描述：「每歲小雪後多西北風，天氣漸寒，水始冰。至大雪，則河冰堅結，天氣嚴寒矣。」小雪後天氣開始變得寒冷，水開始結冰，雨開始變成雪，但遠未到最為寒冷的時候。小雪節氣體現了降水狀況，標誌著氣象的變化。我們僅從字面來理解就可以看出「小雪」點出了降雪的程度。《群芳譜》中說：「小雪氣寒而將雪矣，地寒未甚而雪未大也。」北方很多地區在此期間能見到初雪。不過因為天氣還未到最冷，所以主要是下小雪。《月令七十二候集解》也說：「十月中，雨下而為寒氣所薄，故凝而為雪。小者，未盛之辭。」小雪之「雪大」都是「天下雪而地未見雪」，因為雪量小而無積雪。

　　不過，在溫度更高的南方地區，尤其是嶺南地區，小雪時節往往還能呈現樹綠花開的景象，唐代張登寫過一首《小雪日戲題絕句》，描寫了嶺南地區小雪日的景象：「甲子徒推小雪天，刺梧猶綠槿花然。融和長養無時歇，卻是炎洲雨露偏。」這也從側面說明了我國幅員遼闊，同一時間不同地方的物候表現存在很大差異，對於某地物候的描述並非適用於全國各地。

一、小雪三候

小雪三候分別爲：一候虹藏不見；二候天氣上升、地氣下降；三候閉塞而成冬。古人認爲小雪節氣天氣轉寒，陽氣衰敗，陰氣主導，因而虹不見了。由於陽氣上升而陰氣下降，陰陽二氣之間不相互交通，導致天地之間閉塞，於是寒冬降臨。從現代科學的角度來解釋，彩虹是一種氣象中的光學現象，由於空氣濕度大，形成大量小水珠，太陽光照射到小水珠上之後被反射或折射，形成了拱形的光譜。小雪以後「虹藏不見」，主要是因爲冬天的空氣寒冷而乾燥，水分不足，難以形成彩虹。

唐代詩人元稹的《詠廿四氣詩·小雪十月中》詩云：「莫怪虹無影，如今小雪時。陰陽依上下，寒暑喜分離。滿月光天漢，長風響樹枝。橫琴對淥醅，猶自斂愁眉。」詩中寫出了小雪時節「虹藏不見、天氣上升地氣下降、閉塞而成冬」的物候特點。

熟悉七十二候的人還會記得，清明節氣有一候爲「虹始見」，恰好與小雪節氣「虹藏不見」相對應。清明節到，人們紛紛走出家門去踏青，那時大地回春，空氣濕潤，彩虹也開始出現在雨後的天空了。而小雪之後天氣閉塞，彩虹藏而不見。四季輪迴，大地隨著自然變化的腳步而律動，生活在這大地上的人們，也觀察並順應著天時物候而繁衍生息。二十四節氣所體現出來的古人的智慧、生活節奏與生命哲學，怎能不令人感動？

二、小雪說雪

地方誌中多有「小雪無雪天主旱，大雪紛紛是熟年」（民國《衢縣志》）、「小雪有雪，主穀賤」（乾隆《漵浦縣誌》）這類說法。可見，降雪對於農業生產有著非常重要的意義，農民都期盼著小雪下雪。現在我們也常常聽到農諺說：「冬天麥蓋三層被，來年枕著饅頭睡。」冬雪就是小麥的「被子」，小雪之後，農家就期盼雪的到來，

而降雪意味著豐收，這正是「瑞雪兆豐年」所揭示的內涵。積雪不僅能阻止土壤中的熱量往外散發，還能阻擋外面寒氣向內侵入，起到了給土壤保溫的作用，防止小麥等農作物被低溫凍壞。而且，積雪中含有一定的肥力，積雪融化後既可以給莊稼補充水分，又相當於給莊稼施肥。保溫、保濕、增肥三重功效之下，莊稼收成自然見長，農民喜笑顏開。

小雪節氣代表著降雪的開始，令人倍感欣喜與期待，民間也有「小雪雪滿天，來年定豐年」（連雲港諺語）、「小雪大雪不見雪，小麥大麥粒要癟」（鎮江諺語）的說法。雪對於莊稼有著實在的好處，因而受到歡迎和詠贊。同時，雪景之美也引發了歷代詩人的吟詠。

宋代釋善珍的《小雪》詩曰：「雲暗初成霰點微，旋聞簌簌灑窗扉。」詩句寫出了天氣陰沉下起小雪，先是點點粒粒，後來雪聲簌簌，灑落窗扉的變化過程。唐代李咸的《小雪》詩說：「散漫陰風裡，天涯不可收。壓松猶未得，撲石暫能留。」小雪零星散落在陰風之中，未成壓青松之態勢，簌簌而下，撲落於青石之上。

唐代徐鉉在小雪當天寫下「籬菊盡來低覆水，塞鴻飛去遠連霞」（《和蕭郎中小雪日作》）的詩句，點明了小雪時節，即便是傲霜而開的菊花也花盡退場，南北遷徙的大雁也收到了寒冬將至的信號而往南飛去，大地一派「荷盡已無擎雨蓋，菊殘猶有傲霜枝」（宋代蘇軾《贈劉景文》）的清寒之景。

三、小雪習俗

諺語說「小雪封地，大雪封河」，小雪節後土地封凍，農民的生產和生活都進入整修和儲藏的階段。在農業生產上，主要是進行農具整修、水利設施的建設和維護、牲畜欄舍修補、冬季造林等，並趁著冬閒開展副業以增加收入。錦州閭山一帶農戶在小雪之後搞副業，「以秫秸和黍頭作原料編席子、穴子，串蓋簾，紮笤帚。又閭山中盛

產荊條、掃條、槐條，山農們以其為原料編製梨筐、土筐、菜筐、糞筐，上市賣錢增加收入」（邱德富《醫巫閭山志》）。土地封凍不能再耕作，但也正是脫粒的好時機。以前依靠人力進行脫粒，所以要等地面結凍變硬之後才能打場。民國時期有縣誌記載：「普通場圃既凍，以連枷拍禾或以輥碾禾出粟，曰打場。」（民國《桓仁縣誌》）在打場之前，要雇工幫忙的人家還進行「奠場」，即準備一頓好飯犒勞雇工。

在農村生活上，人們窖藏和醃製蔬菜，宰殺豬羊，釀製美酒。小雪過後土地封凍，氣候轉寒，為防止蔬菜在地裡被凍壞，需要及時收回藏入菜窖之中。山西諺語說：「立冬蘿蔔，小雪菜，若要不收準凍壞。」（山西臨猗）明代時就有小雪釀酒的習俗：「小雪釀酒，為小雪酒，又名『十月白』。」（道光《武康縣誌》）清光緒年間的記載說：「小雪後大雪前，各家醃菜以為旨，蓄而禦冬。初次見雪宜過白，取初次雪水入瓷器內固封，治火瘡熱毒極效。」（光緒《重修五河縣誌》）民國時期的縣誌說：「舊曆十月節，雪始降，窖藏蔬菜果品，塞向墐戶，農事畢。小雪舊曆十月中，水始冰，地始凍，積蓄糞土以備春耕。」（民國《北鎮縣志》）當代的《內蒙古通志》也記載小雪節氣時，「黃河流域一般開始下雪。冬季造林開始。農區農民開始殺豬宰羊」。河南人「小雪過後，人們紛紛醃菜，名為『寒菜』，並醃雞鴨肉等，名為『年肴』」（《河南省淮陽縣大張營村志》）。現在南京還有「小雪醃菜，大雪醃肉」的諺語，雪裡蕻、蘿蔔和白菜都是製作醃菜的好材料。農曆十月十五是下元節，正是在小雪節氣期間。下元節，秋收完畢，人們在家中做糍粑，祭祀和饋贈親友。現在很多農村地區也有殺豬準備年貨、請親戚朋友來吃殺豬飯的習俗。

大雪：瑞雪兆豐年

　　歲月無聲，卻從不誑人，當太陽悄悄移到了黃經255度，便又到了大雪時節。《三禮義宗》有：「十一月大雪爲節者，形於小雪爲大雪。時雪轉甚，故以大雪名節。」小雪過後十五日爲大雪，節氣之名，直言氣候之變化，《曆義疏》釋大雪道：「大雪十一月節，月之初氣也，言太陰之氣以大，水凝爲雪，故曰大雪。」時入仲冬，寒氣漸升，水汽凝固，朱子云：「霰雪之始凝者也，將大雨雪必先微，溫雪自上下遇溫氣而搏，謂之霰，久而寒勝，則大雪矣，言霰集則將雪之。」想來大雪是爲節氣，必開仲冬之端，積寒凜冽。至此節氣，多半有霜水凝結，也是極可能集霰成雪的。

　　雪爲五穀之精，於農事極爲要緊，是來年豐收的吉兆。《齊民要術》稱大雪「使稼耐旱」，《鄉言解頤》又說：「雪能殺蝗，秋蝗遺種入地，惟大雪浸下，可以藥之。」俗諺裡還有「大雪冬至雪花飛，搞好副業多積肥」、「到了大雪無雪落，來年雨水定不多」、「大雪紛紛落，明年吃饃饃」等。經過大雪的潤滋，麥秀兩歧，倉箱可期。大雪，是對田間豐收的許諾，是對時和歲稔、物阜民豐的誓說。

一、大雪物候

　　冬日裡天寒地坼，晝短夜長，至大雪節便正式邁入仲冬閉藏期。萬物悄然遁去，或蟄伏地下，或斂去鋒芒，自然僅以蕭瑟示人，卻又暗地裡開始慢慢滋生出陽氣，使得花木萌動，鳥獸微作。從春種夏忙

到秋收冬藏，天時張弛有度，周而復始，在一度度輪迴當中，完成了作為時間標度的使命。

大雪初候，鶡鴠不鳴。《月令七十二候集解》中說部分學者釋其為夜鳴求旦之鳥，屬陰，至大雪節時，物候達到極寒之點，反倒開始滋生出些許陽氣來，它有所感知，故不鳴；而《埤雅》則稱其本是陽鳥，至大雪節時，六陰達到極致，它感應不到絲毫陽氣，因此失聲。鶡鴠屬陰屬陽，我們暫且擱置，上述看似相悖的解釋，反倒暗含了某種一致，即大雪節是陰陽相互轉換的節點，乃萬物交感而生的重要一環。「天地和而萬物生，陰陽接而變化起」，大雪節化和陰陽，恰恰保證了自然之氣的周變與流轉。

大雪二候，虎始交。虎，古時又稱大蟲、李耳，是山中兇猛之獸，與鶡鴠一樣，能感知物候。「立秋虎始嘯，仲冬虎始交」（《易卦通驗》），大雪節陽氣萌生，虎便開始求偶並交配，大概到次年三四月幼獸誕生。循著自然的節點，虎不緊不慢地完成了生命的延續。古人還認為虎是「性交有時」者，即虎只在大雪節進行交配，這又被當作克制的表現，為君子所重。於是虎又因感應物候而進行生命安排的節制行為，成為修身養性、靜心明德的象徵。這一寄託的背後，實是人們希望自己能順應時節安排生活的簡單訴求。

大雪三候，荔挺出。《禮記·月令》云：「芸始生，荔挺出。」芸，又稱芸香，屬香草類，「蔚茂馨香」，清麗可人，晉人傅咸作《芸香賦》：「攜昵友以消搖兮，覽偉草之敷英。慕君子之弘覆兮，超托軀於朱庭。俯引澤於丹壤兮，仰汲潤乎泰清。繁茲綠蕊，茂此翠莖。葉芰葰以纖折兮，枝阿那以回縈。像春松之含曜兮，鬱蓊蔚以蔥青。」荔挺則是一種蒲草，花如蘭蕙，根部堅硬，可作掃帚或鍋刷。《說文解字》釋曰：「荔似蒲而小，根可為刷。」段玉裁注：「今北方束其根以刮鍋。」天寒地凍，萬事擱置，一切事務的實施日漸困難。大自然派來芸香，又喚來荔挺，好趕在冬至前生根發芽，以此勸誡人們冬日雖安閒卻不可懈怠，要蓄勢，要保留精氣神，以便在日後能夠有所作為。

二、大雪娛樂習俗

物候為鐘，人們自是收到了自然的訊號，按照節令行事作息。大雪節，仍然是閉藏的主場。冬藏又是冬閒，田間作物已收入家中，一年付出已有回報，人們樂得清閒，盡情享受這段悠閒、自在的時光。隻身一人或約上三五好友於戶外嬉遊，縱情於清寒天地間，從而靜中有動，達到了身與心、人與時令的至上和諧。

大雪時節，古人喜好賞雪觀封河。賞雪著實是件美事，置身自然，極具趣味。雪癡當屬張岱，「拿一小舟，擁毳衣爐火，獨往湖心亭看雪」。天連雲、水連山，於這白茫茫的天地間棹雪遊湖，賞霧淞，飲暖酒，真是樂事一樁。周密《武林舊事》中亦提到禁中素有賞雪之俗。天人許巧，花雪迷離，置身楠木樓上，眼前有通透琉璃之景，後苑有金鈴彩縷點綴的大小雪獅兒，並有雪燈、雪花、雪山，好不熱鬧！

大雪娛樂習俗花樣甚多。俗說「小雪封地，大雪封河」，面對玉船銀棹，冰鏡湖面，慢慢地，人們不再僅僅滿足於賞美景、作詩賦，而是充分利用天然之便，發明了各類冰上嬉戲運動，其中以跑冰、拖冰床、冰球三種最為常見。

跑冰。跑冰又稱溜冰、滑擦，清代潘榮陛在《帝京歲時紀勝》中記載了「滑擦」一條，稱：「冰上滑擦者，所著之履皆有鐵齒，流行冰上如星馳電掣，爭先奪標取勝，名曰溜冰。」溜冰為群體競技類遊戲，於光滑的冰面上，緩疾自然，縱橫如意，間或耍些花樣，引來陣陣喝彩；或是不甚小心，東倒西歪鬧了笑話，引來眾人哈哈大笑，倒也別有一番樂趣。對此，清人張燾作詩稱：「往來冰上走如風，鞋底鋼條製造工。跌倒人前成一笑，頭朝南北手西東。」

拖冰床。潘榮陛《帝京歲時紀勝》十一月「冰床」條：「太液池五龍亭前，中海之水雲榭前，寒冬冰凍，以木作床，下鑲鋼條，一人在前引繩，可坐四人，行冰如飛，名曰『拖床』。」冰床不僅是古時仲冬時期人們出行的交通工具，更是一種娛樂工具。庾信有詩云：

「雪花深數尺，冰床厚尺餘。蒼鷹斜望雉，白鷺下看魚。」當然，此「冰床」非彼「冰床」。大雪過後，大地銀妝素裹，清冷通透，乘一冰床，去訪這自然風光，往來如風，瀟灑自如，心曠神怡。《鄉言解頤》記載了小詩一首，將拖冰床一事描繪得妙趣橫生，詩云：「幾日城隅水泛梟，堅冰似鏡已平鋪。設來行榻如舟穩，看彼飛輿越塞趨。抵閘忽驚當路虎，移床幸遇在梁狐。芒鞋凍折繩牽斷，賺得囊錢酒半壺。」冰床在古代還有一極為形象典雅之稱—「凌爬雲」，《鄉言解頤》曾提到冬月裡，鄉間河道通達，乘冰床出行是件甚為有趣之事：「二十年前，故友郭位公每歲至達子館小有經營，必攜雉兔，乘冰床，來寓小話。嘗有句云：『一歲一相過，凌爬載雉兔。兩鬢拂霜華，傾尊話逞暮。』蓋鄉言謂之托（拖）床，又謂之凌爬雲。」

冰球。於冰上開展球類運動是為鍛煉身體，參加者以習武之人居多，故而冰球運動以競技類居多，如冰上蹴鞠。據《帝京歲時紀勝》記載：「冰上作蹴鞠之戲，每隊數十人，分位而立之。以革為球，擲於空中，俟其將墜，群起而爭之，以得者為勝。」又如冰上打球，據曹寅所述：「青靴窄窄虎牙纏，豹脊雙分兩隊圓。整結一齊偷著眼，彩團飛下白雲邊。萬頃龍池一鏡平，旗門迥出寂無聲。爭先坐獲如風掠，殿後飛迎似燕輕。」

仲冬之寒令人不禁貪戀室內溫暖，但長此以往，身體難免出現問題，精神亦會隨之懈怠，因此走出戶外是一件必須要做的事。在這清冷沉寂當中，人們成功找到了順應自然、平衡陰陽之道，並游刃於隱逸與有為之間。他們利用天然之便，發明了諸多休閒娛樂之法，消遣娛樂又強身健體，這不僅是對天道的順應，亦是對生命的尊重。通過大雪時節的娛樂習俗，我們仍能窺探到古人們質樸的智慧、巧妙的生活樂趣以及旺盛的生命力。

三、大雪時令食俗

天寒地坼，久於室外嬉戲，不免寒氣侵體，因此冬日更要注意禦

寒和進補，「大雪小雪，煮飯不息」。在北方，「飯」特指小米粥，大雪節到，人們更偏愛煮紅黏粥，紅黏粥是指小米紅薯粥，小米粥有滋陰養血、暖胃安眠等功效，而紅薯也素有「補虛乏，益氣力，健脾胃，強腎陰」之功效，可使人「長壽少疾」。人們還稱「喝了紅黏粥，勝過吃雞狗」，一碗米粥自然是比不得肉的營養的，但通過此話，不難看出紅黏粥在農家人心中的地位。以前，冬日的鄉下北風刺骨，人們「碌磚頂了門，光喝紅黏粥」。村中依稀有陣陣炊煙，飯香味瀰散，田中大雪覆蓋著的是凍裂的土地和安眠的小麥種，在這萬物閉藏之時，人們懂得收斂和放鬆，在無聲而艱難的冬閒時光裡，靜靜等待著生命的滋長。

凜冬已至，江浙一帶慣有「小雪醃菜，大雪醃肉」之說，意指大雪節後，家家戶戶開始醃製鹹貨、灌製香腸等以迎接新年到來。晾曬時，農家人還喜好用短竹等將其一一串起，寓意蒸蒸日上。其實，食肉禦寒之俗久已有之，「冬令香肉暖胃」，張仲景在《金匱要略》中也指出：「立冬後宜食羊肉、鵝肉，益胃氣，補陰衰，壯腎陽，補精血，利肺氣，治咳嗽。」人們還認為冬季進補事半功倍，「今年冬季進補，明年開春打虎」。俗語又稱「小雪殺豬，大雪宰羊」，節氣大雪有宰羊之俗，不單單是因為冬補正當時，更是因為人們希望在爐火熱肉湯的夜裡開啟暖冬之旅。

小米紅薯粥

大雪醃肉

好肉還需好酒助興，新雪滿城郭，於紅爐暖閣裡，與友小酌一杯酒，相視一笑共清歡。《紅樓夢》「脂粉香娃，割腥啖膻」一節，堪稱紅樓兒女們最熱鬧的時光之一。大雪之中，姊妹們都穿上羊皮小靴與羽緞斗篷來赴會，趁此雅興，湘雲更是不拘一節，特意打扮成小子的模樣前來，並帶領著眾姊妹們開始吃鹿肉，飲燒酒，爭著聯起詩來。《金瓶梅》中「應伯爵替花邀酒」一節，也細緻描繪了大雪天食羊羔入美酒之樂事：

　　月娘令小玉安放了鍾箸，闔家金爐添獸炭，美酒泛羊羔。正飲酒來，西門慶把眼觀看簾前，那雪如撏綿扯絮，亂舞梨花，下的大了，端的好雪！但見：初如柳絮，漸似鵝毛；刷刷似數蟹行沙上，紛紛如亂瓊堆砌間。但行動衣沾六出，頃刻拂滿蜂鬚。似飛還止，龍公試手於起舞之間。新陽力玉女，尚喜於團風之際。襯瑤台，似玉龍鱗甲遠空飛；飄粉額，如白鶴羽毛接地落。正是：凍合玉樓寒起栗，光搖銀海燭生花。

　　吳月娘見雪下在粉壁前太湖石上，甚厚。下席來，教小玉拿著茶罐，親自掃雪，烹江南鳳團雀舌牙茶，與眾人吃。

　　酒足飯飽過後，還需煮上一杯好茶，一來消食，二來助興。大雪輕似飛揚絮，明若月華光，給人以冰清玉潔之感。古人因此認為雪聚清氣，可助茶味，因此將雪水烹茶視為極風雅之事。白居易「融雪煎香茗」，辛棄疾「細寫茶經煮香雪」，劉敏中「旋掃太初岩頂雪，細烹陽羨貢餘茶」，並以美味糕點山西羊酥和之。上文中所提及的月娘，則是拿現落之雪烹江南鳳團雀舌牙（芽）茶，紅樓兒女們亦是極愛做這等風雅事的，寶玉作過一首《冬夜即事》：「卻喜侍兒知試茗，掃將新雪及時烹。」妙玉更是細緻得緊，「賈寶玉品茶櫳翠庵」一節中所提及的，是將古人譽為「天泉」的雨水和梅花上收集的雪水用於泡茶。妙玉將採集的雪盛於花甕「鬼臉青」中，足足埋於地下五年之久，平日裡自己都不捨得拿出來烹茶，單是覺與寶黛釵三人投

機，方拿出來共飲。

　　大雪之際，寒氣侵體，在飲食上要注意暖身和進補。人們自然曉得順應天時之理，以熱粥或熱酒暖身，羊肉、醃肉進補禦寒，並輔以香茗及糕點小吃，安然度過這個寒冷的時節，並順勢寄寓暖冬無憂之義。

四、瑞雪兆豐年

　　梅花自不必多說，香滿乾坤，占盡風情，在沉悶的冬日裡平添一分亮麗，正如《紅樓夢》中妙玉庵前那一枝枝紅梅，在琉璃世界中格外嬌妍，不知攝去了多少人的心魄。然而，人謂梅花凌寒獨綻也有失公正，北方河邊常見一種小而嬌黃的花，這便是常常被用來當作止咳藥引的款冬花了。《爾雅義疏》云：「此草冬榮，忍凍而生，故有款冬、苦萃諸名。」古人謂之「雪積冰堅，款冬偏豔」，「款」有「至」之意，「款冬」一詞足以看出這種小花在冬天裡盛情綻放之姿。曾有晉人傅咸專門為其作賦以表對其的傾慕與讚美：

　　余曾逐禽，登於北山。於時仲冬之月也，冰凌盈谷，積雪被崖，顧見款冬，煒然始敷。

　　賦曰：惟茲奇卉，款冬而生。原厥物之載育，稟淳粹之至精。用能托體固陰，利比堅貞。惡朱紫之相奪，患居眾之易傾。在萬物之並作，故韜華而弗逞。逮皆死以枯槁，獨保質而全形。華豔春暉，既麗且殊。

　　以堅冰為膏壤，吸霜雪以自濡。非天然之真貴，曷能彌寒暑而不渝。

　　大雪節陰陽交感，地氣和順，不僅可滋養梅花、款冬等耐寒花，還可孕育芝草。《酉陽雜俎》中記載了一種芝草：「白符芝，大雪而白華。」白符芝又名梅芝，《太平御覽》稱：「白符芝，高四五尺，

似梅，常以大雪而花，季冬而實。」人們很早便認爲芝草寓意祥瑞，其生長之時還是天氣、地氣與人體之氣相合的契機。《爾雅》云：「茵，芝也。」注云：「一歲三華瑞草。」清人龔自珍作《與人箋五》稱：「駁者成鱗角，怪者成精魅。和者成參苓，華者成梅芝。」《抱樸子》：「凡此草芝，又有百二十種，皆陰乾服之，則令人與天地相畢，或得千歲二千歲。」

值此良機，人們開始著手小年祭祖事宜。崔寔《四民月令》曰：「冬至之日，薦黍羔。先薦玄冥以及祖禰，其進酒肴，及謁賀君師耆老，如正旦。」又曰：「先後冬至各五日，買白犬養之，以供祖禰。」俗云「冬至大如年」，人們在萬物收藏之際拜天祭祖，祈求來年風調雨順，河清海晏，故而人們早早便開始準備，以期與神明相望時，準備完全，恭敬虔誠。自秦漢時起，古人便有夜作的習慣，如夜織、擣衣、養蠶、餵馬等，逢農業繁忙時期，如採茶期或麥收期等，則主農事。冬日晝短夜長，人們往往會將夜間的時間也利用起來，《漢書·食貨志》中就記載：「十月既入，婦女同巷相從，……小民明燈荷擔賣糖炒栗子、熟銀杏之類，以充夜間小食，沿門叫喚，每至殘漏街衢始寂人聲。」到了冬至前夕、大雪節時，人們便早早地開始準備祭祀用品，在晚上製作夜作飯，此處「飯」指的是一些時令糕點，如香甜可口、具有暖胃功效的紅棗糕、紅棗桂圓湯等。故而點心鋪子晚間夜作，白日則人進人出，很是繁忙。冬至祭祖穿新衣，故而舊時的裁縫在大雪節也倍感忙碌，人們請裁縫到家中住上三四日，好酒好菜地招待著，裁縫量體裁衣過後一針一線縫製完工。藥鋪亦是如此，人們常說新年新氣象，所以趁著小年到來之前的這段時間或是看病抓藥，或以良方進補，以保證身體的康泰，期盼來年的無病無災、平安順利。

「侵曉同雲一色屯，六花飄揚遂紛繁」（《御製詩集》），冬日裡天寒地凍，入目一片蕭蕭，但自大雪節始有陽氣萌動，萬物蓄勢。在這個「積陰成大雪，看處亂霏霏」（《詠廿四氣詩·大雪十一月

節》）的時節裡，人們順應自然，巧妙地安排著自己的生活，安享著溫暖而充滿希望的冬閒時光。

冬至：拜天賀冬祭祖先

冬至是二十四節氣中極爲重要的一個節氣。《史記・律書》：「氣始於冬至，周而復生。」二十四節氣始於冬至，冬至也是傳統計算時令的基點。每年12月22日前後，太陽到達黃經270度，是爲冬至。當日，以「圭表日中測影」，得影長古尺一丈三尺，即今3.5米，爲一年中最長。冬至過後，全國各地都進入一年中最寒冷的階段—「三九」，民間有「冷在三九，熱在三伏」的說法。

一、冬至溯源

作爲節氣，冬至大約萌芽於殷商時期，是最早被確定的節氣之一。《尙書・堯典》中記載：「日中，星鳥，以殷仲春……日永，星火，以正仲夏……宵中，星虛，以殷仲秋……日短，星昴，以正仲冬。」、「日短」指的即是冬至，一年中日最短、夜最長的一天。到了春秋時期，隨著測日水準的提高，「四時八節」已經得以確立。《左傳・僖公五年》云：「五年春，王正月辛亥朔，日南至。公既視朔，遂登觀台以望而書，禮也。凡分、至、啓、閉，必書云物，爲備故也。」冬至（即日南至）這天，魯僖公在太廟聽政以後登上觀台觀測天象並加以記載。「至」指的便是夏至與冬至。進入戰國時期，二十四節氣已經有了雛形，不過《呂氏春秋》中冬至還被稱爲「日短至」，書中載「是月也，日短至，陰陽爭，諸生蕩」，說的是仲冬之

月，晝短夜長，陰氣盛極，陽氣萌生，陰陽相爭，各種生物也開始萌動。直到西漢時成書的《淮南子‧天文訓》中記載：「辰星正四時，常以二月春分效奎、婁，以五月下，以五月夏至效東井、輿鬼，以八月秋分效角、亢，以十一月冬至效斗、牽牛。」至此，作爲二十四節氣之一的「冬至」才正式出現。

二、蚯蚓結，麋角解，水泉動

傳說蚯蚓是陰曲陽伸的生物，冬至時陽氣雖已開始萌生，但陰氣仍然十分強盛，土中的蚯蚓仍然蜷縮著身體，躲在土裡過冬，因而冬至第一候是蚯蚓結。

二候麋角解。麋和鹿相似而不同種，古人認爲鹿是山獸，屬陽，而麋角朝後生，是水澤之獸，性屬陰。夏至一陰生，故鹿感陰氣而解角；冬至一陽生，故麋感陽氣而解角。

三候水泉動。冬至節氣，由於陽氣初生，深埋於地底之水泉，感陽氣而流動且溫熱。

三、「冬至大如年」

「今日日南至，吾門方寂然。家貧輕過節，身老怯增年。畢祭皆扶拜，分盤獨早眠。惟應探春夢，已繞鏡湖邊。」（陸游《辛酉冬至》）「日南至」即冬至日，作爲二十四節氣之一的冬至，在古人看來，具有時令標記的意義，其所在的月份也被奉爲「天正」。冬至也長期被視爲可與新年媲美的人文節日，號稱「亞歲」、「冬節」、「長至節」。其實，冬至在上古時期就是新年，在曆法時代之前，人們通過觀測天象，將冬至作爲年歲循環的起點。周密《武林舊事》云：「朝廷大朝會慶賀排當，並如元正儀。而都人最重一陽賀冬，車馬皆華整鮮好，五鼓已塡擁雜遝於九街；婦人小兒，服飾華炫，往來

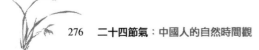

如雲。岳祠、城隍諸廟炷香者尤盛。三日之內，店肆皆罷市，垂簾飲博，謂之『做節』。」

（一）拜天

按照古代陰陽家的觀念，天陽地陰，對天地神靈的祭祀要順應時氣。在陽氣萌動的冬至，禮敬天神人鬼；在陰氣始生的夏至，祭祀地祇物怪。《周禮・春官》載：「以冬日至，致天神人鬼，以夏日至，致地示物魅。」歷代帝王均將冬至祭天視爲盛大的朝儀活動日。宋代冬至日於南郊圜丘祭祀昊天大帝，趙安仁說：「元氣廣大則稱昊天，據遠視之蒼然，則稱蒼天。人之所尊，莫過於帝，托之於天，故稱爲上帝。」上至皇帝，下至平民，都會膜拜天。而祭天時往往將祖先與天神並列祭祀，孟元老《東京夢華錄》說：「壇上設二黃褥，位北面南，曰『昊天上帝』；東南面曰『太祖皇帝』。」除此之外，祭天還兼祭百神，宋庠的《冬至夜齋中不寐遙想郊丘盛禮二首（其一）》：「陽郊纖禮忽三年，目想壇觚切絳煙。今夕纖蘿還不動，百神應到紫宮前。」

（二）賀冬

陸游《乙未冬至》詩云：「老人畏添歲，每歎時序速。今朝陽始生，在易得來復。扶衰奉先祭，拜起賴童僕。兒曹亦壽我，魚兔隨事足。」由於冬至舊時爲一歲時令的起點，故自漢代以來，就存在著賀冬的慣例。宮廷之中，皇帝使「八能之士」迎冬至。在民間，家家喝冬酒，吃湯圓，祭祖先，拜賀長輩。《漢書》中說：「冬至陽氣起，君道長，故賀。」《北堂書鈔》中也載：「賀冬至，言日陽南至，短冬至而始長，宜歡喜也。」人們認爲「吃了冬至飯，一天長一線」，冬至過後，白晝漸長，陽氣回升，新一輪節氣開始，自是一個吉祥的好日子，應該慶賀。賀冬盛時朝廷休假五天，君不聽政。民間歇市五天，歡度佳節，其熱鬧程度不亞於過年。《後漢書・禮儀志》載：「冬至前後，君子安身靜體，百官絕事。不聽政，擇吉辰而後省

事。」《宋書》記載：「魏晉冬至日，受萬國及百僚稱賀，因小會，其儀亞於歲朝也。」晉代張華還爲冬至時的宴會作歌《冬至初歲小會歌》，歌云：「日月不留，四氣回周。節慶代序，萬國同休。」此外各地還需派遣使者入朝獻賀，下級需向上級派使者賀冬。民間效仿官方，冬至這天家人之間、親友之間也要相互慶賀，宋代孔平仲在《至日作》寫道：「年光吹盡任飛灰，且慶舒長舉壽杯。積晦彌旬三尺雨，新陽半夜一聲雷。家人環坐相酬勸，賀客先期戒往來。熟醉騰騰成小睡，晚寒更起恥殘罍。」

（三）祭祖

　　冬至時節，皇帝拜天祭祖，鄉村里舍，無論貧家富戶也都要祭祀祖先，以祈求福佑。這是因爲冬至所在月在古代曾長期作爲歲末之月或歲首之月。殷代的年終大祭「清祀」，便是在冬至所在的農曆十一月。「清祀」以祭祀祖先爲主，兼祀百神，類似於周人農曆十月的年終祭禮「大蠟」。漢代之後改用夏曆，將歲末「大蠟」移至十二月，無論是孟冬、仲冬還是季冬，作爲年終祭禮的祭祖儀式，始終在冬至前後。崔寔《四民月令》說：「冬至之日，薦黍羔。先薦玄冥，以及祖禰。其進酒肴，及謁賀君師耆老，如正旦。」冬至要用羔羊祭祀玄冥之神—北方水神，還有祖宗。孟元老《東京夢華錄》記載北宋時京師極重視冬至節，這一天，人們更換新衣，備辦飲食，祭祀祖先。民間把這種冬至祭祖的活動，叫「祭冬」或「拜冬」。宋代王洋《近冬至祭肉未給因敘其事》中寫道：「去年至日猶從俗，今年至日曾無肉。食無臠臠情勿傷，祭不毛血貧太酷。」詩人以往至日之祭一般會依從禮俗用三牲，即牛、羊、豬來獻祭。今年冬至日無肉可祭，詩人早起與夫人商量，「起與婦謀宜早計，我典春衫君剪髻」，決定典當衣服、剪髮髻以換取祭祀食物，「但得豚肩略掩豆，敢事三牲共日祭」，但所換得的肘子也只能將器皿勉強地裝滿。夫人猶豫不決，「婦將捃髮猶忸怩，請君憑幾聽致詞。所聞奉祀貴誠潔，誠果不立豐何爲」，她認爲祭祀貴在誠心，若拜祭時不誠心，祭物再豐盛也是沒

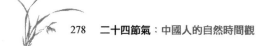

用的。詩人王洋曾是宋朝官員，晚年罷官過著隱居生活，沒有錢沒有田，冬至祭祖雖依禮舉行，但只能用水將祭器裝滿，「且求遠去酌行潦，在野不應嫌薄少」。這首詩表明宋人極為重視冬至祭祖，且認為祭物隨宜，誠心最為重要。

冬至這一天是陰陽轉換的關鍵點，此日之後陽氣開始上升，陰氣逐漸下沉，大地開始煥發生機，人們「因時而祭」，表達對祖先的感恩與孝敬。

浙江台州三門祭冬習俗已經流傳了七百多年。2014年12月，三門祭冬被列入國家非物質文化遺產代表性項目名錄。三門祭冬是楊氏家族每年冬至舉辦的拜天祭祖活動。儀式主要有取長流水、禱告祈天、祭祖、演祝壽戲、行敬老禮、設老人宴等流程。祭冬過程中，出於對自然和生命的尊重、內心的虔誠和禮敬以及對美好未來的祈盼，族人對祭冬的要求十分嚴格，任何東西都要做到最好。

前一天要取純淨之水。按照儀式要求，祭拜過程中的用水，必須是沒有任何污染、來自大山深處的龍潭水。冬至前一天清晨，族人扛起彩旗，帶著採水工具，排著長隊，在鼓樂的伴奏下，步行幾公里到龍潭，焚香拜祭，舉行取水儀式，以表示對自然賜予的感恩、對天賜聖水的感謝。取回山泉淨水後，取水者必須輪流用肩扛水回村，整個過程不得使用任何交通工具。淨水取回後還要用紅布將桶包裹好，防止誤用。為什麼一定要取龍潭水呢？因為龍潭水為長流水，寓意楊氏一族源遠流長、子孫綿延不斷。

冬至這一天凌晨三點，楊家村街巷中傳出陣陣鑼聲，參加祭祀的人沐浴更衣，主祭和陪祭穿著清一色的唐裝，在祠堂前肅立，以示對天地、祖先的尊重。整個祭冬儀式莊嚴而隆重，分祭天、拜祖兩大部分。祭天主要由主祭朝東、南、西、北對天叩拜，然後三拜九叩，讀祝感恩。拜祖時，族人起立，鳴炮奏樂。主祭等三拜九叩，三獻，讀祝。禮畢，族人按次序拜祖。祭天、拜祖儀式之後，邀請戲班至中堂像前，拜請三獻讀祝，禮畢，由主祭者接過蟠桃獻於祖像前，開演祝壽戲。

午時，舉行老人宴，楊家村六十歲以上的老人集中在家廟品嚐冬至圓等節俗食品，八十歲以上的老人每人還可以額外得到2.5公斤豬肉。然後戲班子在家廟連演五天五夜的大戲，整個祭冬儀式宣告完畢。

三門祭冬蘊含著虔誠的敬天法地、感恩天地之情，傳達出尊祖聚族的人倫大義，更凸顯崇尚祖德、尊老敬老的傳統美德，也實現了族和鄰睦的基層社會倫理。

（四）測候

舊時，冬至是新歲之首，自然容易被用來預測未來，尤其在不能把握自己命運的時代，人們越是想知道自己的未來。在冬至日，人們有很多種預測未來的俗信。

觀雲。古人通過觀測雲來雲往和雲氣的顏色，來占卜未來的水旱豐歉。《太平御覽》引《易通卦驗》中說：「冬至之日，見雲送迎從下向，來歲美，人民和，不疾疫；無雲送迎，德薄，歲惡。故其雲赤者旱，黑者水，白者為兵，黃者有土功，諸從日氣送迎其徵也。」冬至日觀測是否有雲從下面迎向太陽，有雲則一年都美好，人民和諧；沒有雲則代表德少，這一年都不美好。雲若是紅色代表乾旱，若是黑色代表水害，若為白色會有戰爭，若為黃色則有地質災害。

觀風。山西民諺「冬至西北風，來年乾一春」，如果冬至吹西北風，明年春天一定雨少。又如西藏民諺「冬至無雪刮大風，來年六月雨水多」，冬至颳風無雪，則來年六月多雨。

觀霜。江蘇民諺「冬至有霜年有雪」，冬至打霜，過年就會下雪。湖南民諺「冬至打霜來年旱」，認為打霜主旱。

觀雨。潮汕民諺說「冬節烏，年夜酥」，意思是說，冬節如果下雨，過年夜就晴天。湖北農諺「冬至晴，年必雨」，說的是冬至之日要是晴天，過年即春節必是雨天。

觀雪。江蘇民諺「冬至有雪來年旱，冬至有風冷半冬」，是說冬至有雪明年會有旱災，有風的話冬季會很寒冷。

冬至是一年的開始，人們通過這天的風、霜、雨、雪預測未來的天氣與年成。

（五）冬至食俗：餃子、湯圓

俗語云「冬至不端餃子碗，凍掉耳朵沒人管」，每年冬至，家家戶戶都要吃餃子，以求冬季平平安安。相傳醫聖張仲景曾在長沙為官，他告老還鄉時正是大雪紛飛的冬天，寒風刺骨。他看見南陽白河兩岸的鄉親衣不遮體，有不少人的耳朵也被凍爛了，心裡非常難過，就叫弟子在南陽東關搭起醫棚，用羊肉、辣椒和一些驅寒藥材放入鍋裡煮熟，撈出來剁碎，用麵皮包成耳朵的形狀，再放下鍋裡煮熟，做成一種叫「祛寒矯（嬌）耳湯」的藥物施捨給百姓吃。服食後，鄉親們的耳朵都治好了。後來，每逢冬至人們便模仿做著吃，因而形成冬至吃「捏凍耳朵」，即餃子的習俗。

「家家搗米做湯圓，知是明朝冬至天。」冬至吃湯圓，江南尤盛。民間有「吃了湯圓大一歲」之說。

福州稱冬至為「冬節」、「團圓節」。在冬至前夜全家圍坐搓米時，寓意團圓。搓好之後，冬至早上煮熟，外裹黃豆粉加糖食用，象徵好運。出嫁的女兒會在冬至當日送米時回娘家，以表孝心。冬至福州為什麼吃米時，這與一個民間傳說有關。在福州人眼裡，冬至是個孝順節。傳說吃米時是為了紀念一個孝子。過去有位男子上山砍柴，被母猩猩抓走成親，後來還生了一個兒子。一天，男子趁母猩猩不在，帶著兒子逃回山

餃子（鄭豔攝）

下，母猩猩悲痛欲絕，孩子也哭鬧著要找媽媽。因爲母猩猩喜歡吃糯米粉做成的丸子，思念母親的兒子，便在冬至這天，把煮熟的米時粘在門板上，讓母親循著米時的香氣而來，找到了自己。

在臺灣，冬至時人們要在門上粘糯米圓，傳說很久很久以前，一對父女討飯來到閩南小鎮，女兒要留在這裡做奴婢。離別之際，父女倆討來糯米圓，父親對女兒說：「今日離別，就像糯米圓分成兩半，咱們就每人半個把它吃下吧。待日後團圓時，再吃圓子。」父親走了，這天正是冬至。女兒等著父親，又到冬至，她對家主說：「大家都吃圓子，門神也該敬敬。」說著，就搓了兩個又大又圓的糯米圓，粘在大門上。她想，父親不會忘記離別時的相約，若是看到門上的圓子，會來接她的。花開花落，年復一年，女兒每到冬至都要在大門上粘兩個糯米圓。周圍的人們說，糯米圓象徵著團圓和吉利，也學著以此裝點自家的門。此舉由近及遠，漸漸傳爲臺灣、閩南、潮汕等地的冬至食俗。

四、扶「陽」好時節

「天時人事日相催，冬至陽生春又來。」（杜甫《小至》）冬至是陰陽轉換的時節，也是人體養生保健的關鍵時期。此日後，陽氣開始上升，陰氣由盛轉衰。加之冬至之後，進入三九天，天氣越來越冷，體內陽氣雖剛剛生發，但比較弱小，需保護陽氣，勿使情志過激，以免擾動陽氣。此時的飲食應以溫補爲主，增加高能量食品的攝入，以增強禦寒能力。此外，應早臥晚起，以護陽氣，還要注意飲食和運動。

根據「冬主收藏」、「冬藏精」的自然規律，冬季飲食養生的總原則是以順應體內陽氣的潛藏趨勢爲根本。冬季進補應在冬至後。民諺云：「三九補一冬，來年無病痛；今年冬令進補，明年三春打虎。」爲何冬至後宜進補？《易經》中說，到了十一月的冬至，陰氣至極，陽氣會重新生發，從而使萬物生生不息。人的身體內部也是如

此，冬至時節會有陽生的現象。體內陽氣重生，蠢蠢欲動，消化能力極強，此時進補，特別容易吸收。

冬補的方法有兩種，一是藥補，二是食補。冬補的藥物有人參、阿膠、鹿茸等。人參補氣，對氣虛、體弱、四肢無力、過度疲勞的人最為合適。阿膠是滋陰補血的良藥。但「藥補不如食補」，冬至時節，適宜食用暖性肉食，如牛肉、雞肉、羊肉、蝦肉，還有菜花、花生、黃豆、胡蘿蔔、韭菜、芥菜、油菜、香菜等蔬菜，以及橘子、龍眼、紅棗、獼猴桃等水果，此外，紅糖、糯米、松子等也適合此時食用。冬補時需要注意，進補容易引發上火，可適當增加一些滋陰潤肺的食物進行調和，如梨水、糯米粥、百合粥等。

「冬至夜長晨接陽，防寒保暖添衣裳。腳暖曝背勤搓手，節欲護膚血流暢。」冬至時節，陰陽交替，天氣寒冷，應多穿衣物，溫暖雙足，常曬背，勤搓手，重視起居養生。

一是暖雙足，防體寒。

俗語說「寒從腳起」。按中醫理論，腳是人體經脈彙集之處，十二條正經中有足三陽經終止於足，足三陰經起始於足，分佈於腳部的穴位有六十多個。腎為人體先天之本，主宰著人的生長、發育和生殖，而足少陰腎經循行於足底。腳部一旦受寒，會導致機體抵抗力下降，引起各類疾病，故寒冷時節應格外重視腳部保暖，適當進行慢跑、快走、散步等運動。

二是常曬背，以養陽。

中醫認為，背為陽，腹為陰。督脈循行於背部正中線，與人體六條陽經交會於頸後大椎穴，總督人體一身之陽經，故稱「陽脈之海」。五臟六腑能否正常發揮生理功能，取決於人體陽氣充足與否。冬至時節氣候寒冷，在陽光充足的時候，經常曬曬後背有助於補益身體陽氣。除此之外，常接受紫外線照射，有助於人體皮膚產生維生素D，促進鈣吸收，有效預防骨質疏鬆，這對於孩童和老人尤為重要。

三是勤搓手，防感冒。

手上有很多重要穴位，如勞宮、魚際、合谷等。通過揉搓手掌、

揉按手指可充分刺激位於手心的勞宮穴，讓心臟逐漸興奮起來；經常刺激位於雙手大拇指根部隆起處的魚際穴，可疏通經絡，增強呼吸系統功能，預防感冒。

五、「九盡桃花開」

爲了挨過漫漫寒冬，中國人發現以「數九」方式消遣娛樂，是一個很好的方法。人們相信，只要數滿九九八十一天，「九盡桃花開」，天氣就暖和了。宗懍在《荊楚歲時記》中說：「俗用多至日數及九九八十一日，爲寒盡。」

從宋代開始，「九九歌」就流傳於大江南北，宋人陸泳在《吳下田家志》收錄了一首《數九歌》：「一九二九，相喚弗出手；三九二十七，籬頭吹篳篥；四九三十六，夜眠如鷺宿；五九四十五，太陽開門戶；六九五十四，貧兒爭意氣；七九六十三，布衲兩頭擔；八九七十二，貓狗尋陰地；九九八十一，犁耙一起出。」這或許是「九九歌」最早的文字記載。中國南北地域差異很大，但其記述的冬春交接的時間方式沒有變化，如當下仍在流傳的一首《九九歌》：

「一九二九不出手，三九四九冰上走；五九六九沿河看柳，七九河開，八九雁來；九九加一九，耕牛遍地走。」唱著「九九歌」，人們一步一步走出冬天，迎來充滿希望的春天。

《九九消寒圖》（河北武強年畫）

「九九消寒圖」是古代閨閣女子、文人雅士以圖畫的形式標示由冬到春的時間流轉。染梅和填字是兩種最為流行的方式。染梅即畫一枝梅花，以素墨勾出九九八十一瓣。每天用筆塗染一朵，花瓣盡而九九出，故稱「九九消寒圖」。相關記載見於元代楊允孚《灤京雜詠一百首（其六十九）》：「試數窗間九九圖，餘寒消盡暖回初。梅花點遍無餘白，看到今朝是杏株。」注云：「冬至後，貼梅花一枝於窗間，佳人曉妝，日以胭脂日圖一圈。八十一圈既足，變作杏花，即暖回矣。」九九出，春草綠，故近人在消寒圖旁題聯曰：「試看圖中梅黑黑，自是門外草青青。」和染梅相似的是另一種塗圈的方式，將八十一個圈分九行排列，每日塗一圈，且塗抹的位置根據天氣而定，如天晴塗上半部，陰雨塗下半部。《京都風俗志》載：「冬至日，俗謂之屬（數）九，或畫紙為八十一圈。每日分陰晴圖一圈，記陰晴多寡，謂之九九消寒圖，以占來年豐歉。」

填字是對九個九筆劃的字進行塗繪，可以是獨立的文字，也可以是詩句。清朝宮廷內曾有皇帝御制的《九九消寒圖》，徐珂《清稗類鈔·時令類》載：「宣宗御制詞，有『亭前垂柳，珍重待春風（風）』二句，句各九言，言各九畫，其後雙鉤之，裝潢成幅，曰『九九消寒圖』，題『管城春色』四字於其端。南書房翰林日以『陰晴風雪』注之，自冬至始，日填一畫，凡八十一日而畢事。」、「亭前垂柳，珍重待春風」，詞文典雅，寓意深遠。

「一陽初起處，萬物未生時。」（邵雍《冬至吟》）從古至今，在人們的觀念中，冬至都具有非同一般的文化意蘊。人們在冬至時拜天、祭祖、賀冬、過冬節，莊嚴神聖、絢爛繽紛的節俗活動都源於對冬至時節的特殊感受。在極陰之中，一陽產生，天地宇宙在此時勃發生機，陰陽更替，新舊交接，人們努力地促動陽氣的萌動，迎接生命的自我更新。

小寒：寒冬梅花開

　　小寒是二十四節氣中的第二十三個節氣，也是冬季的第五個節氣，標誌著時間開始進入一年中最寒冷的日子，正所謂「小寒大寒，凍成一團」。同時，作爲季冬的節氣，寒近極致也陽氣萌動，春天的腳步正悄然臨近，以節令花開傳遞春意的二十四番花信風，便是由小寒開始計算的。此外，小寒時節也常常洋溢著新春氣息，其後不久便是農曆新年，人們陸續開始忙年前活動，年節的溫暖氛圍在寒冷的冬日日漸濃郁。因此，在傳統社會中，小寒也成爲冬季與春季交替、寒冷與溫暖重疊的重要節氣。

一、節令物候：「小寒連大呂，歡鵲壘新巢」

　　按傳統曆法，小寒屬十二月節氣，一般在西曆1月5日或6日，此時太陽位於黃經285度。俗話說「冷在三九，熱在中伏」，從冬至開始計算「九九」寒天，小寒始於「二九」的最後幾天，臨近「出門冰上走」的「三九」天，是極寒天氣的前端，因此稱爲「小寒」。《月令七十二候集解》記載：「小寒，十二月節。月初寒尙小，故云。月半則大矣。」《孝經緯》載：「冬至後十五日，斗指癸，爲小寒。陽極陰生乃爲寒，今日初寒尙小也。……小寒後十五日，斗指丑，爲大寒。至此栗烈極矣。律大呂，呂者，拒也，言陽氣欲出，陰拒之也。」這反映了當時中原地區的大寒節氣比小寒節氣寒冷。此處提到的「大呂」也即農曆十二月的別稱。不過，根據我國現當代多年的氣

象資料，小寒實際上是一年中氣溫最低的節氣，只有少數年份的大寒氣溫低於小寒，民間也常有「小寒勝大寒，常見不稀罕」的說法。並且，「九九」之中的「三九」是冬季最冷的時段，多在西曆1月9日至19日，正好在小寒節氣期間，正是「小寒節，十五天，七八天處三九天」。這時，北方地區平均氣溫一般在0攝氏度以下，東北地區更處在零下30攝氏度左右的嚴寒中，南方地區也常受冷空氣影響，降溫明顯。

寒極而陽生，小寒前後的極寒天氣預示著氣溫將迎來回升。《逸周書·時訓解》歸納「小寒三候」，即「小寒之日，雁北向。又五日，鵲始巢。又五日，雉始雊。雁不北向，民不懷主。鵲不始巢，國不寧。雉不始雊，國大水」。「雁北向」是大雁北飛之意，古人認為大雁是順陰陽而遷移的候鳥，此時陽氣已動，所以大雁等飛禽為避開南方即將到來的炎熱氣候開始向北遷徙，直到立春前後。「鵲始巢」是指喜鵲築巢，喜鵲同樣感受到陽氣而開始為來年修築巢穴。「雉始雊」是雉鳥同鳴之意，雌雄的雉鳥感受到陽氣而開始一同鳴叫。唐人元稹《詠廿四氣詩·小寒十二月節》云：「小寒連大呂，歡鵲壘新巢。拾食尋河曲，銜紫繞樹梢。霜鷹近北首，雊雉隱叢茅。莫怪嚴凝切，春多正月交。」詩歌正好描繪了小寒的這類物候現象，反映了嚴冬之中正在萌芽的春意，反之若未見此類物候，則可能存在災害天氣。

二、農業習俗：「小寒寒，六畜安」

節氣反映季節變化，也指導著農事活動。由於我國南北地區緯度跨度大，小寒節氣的區域氣候特徵不盡相同，《四時氣候集解》載：「小寒至，塞北皆冰天雪地。惟嶺南或有春色，楊柳依依。」因此不同地方也有著不同的小寒農業習俗。在北方，農事活動一般已經停止，主要開展窖舍保暖、造肥積肥等工作。民間多在牲畜棚廄燒火取暖、鋪設草墊、掛上草簾，為牲畜增餵飼料、餵飲鹽水溫水、防治疫

病等。南方地區在這期間則會進行小麥、油菜、果樹等農林作物的防寒防凍、追施冬肥、枝葉修剪、病害防治和興修水利等工作。

小寒的節氣諺語也多與天氣變化、農事活動有關。例如，「小寒暖，立春雪」、「小寒不寒，清明泥潭」表示小寒天氣晴暖，則預示來年立春前後有雪，清明雨水增多。「小寒寒，驚蟄暖」、「小寒大寒寒得透，來年春天天暖和」表明小寒天氣寒冷，來年春天就暖和。「小寒濛濛雨，雨水還凍秧」表示小寒節氣陰雨天，嚴寒將持續到來年雨水。「小寒大寒不下雪，小暑大暑田開裂」、「小寒無雨，小暑必旱」則反映小寒無雨雪天氣，來年夏季則易發生旱情。「小寒不寒大寒寒」則說明小寒不冷，往往大寒要冷。在農事活動也常有相關農諺，例如，「臘七臘八，凍死寒鴨」、「牛喂三九，馬喂三伏」、「數九寒天雞下蛋，雞舍保溫是關鍵」、「小寒魚塘冰封嚴，大雪紛飛不稀罕；冰上積雪要掃除，保持冰面好光線」等眾多諺語，反映了要注意禽畜魚等的喂飼防寒工作。「臘月三白，適宜麥菜」說明小寒前後下雪，適宜小麥、油菜等春花作物來年的生長。「臘月大雪半尺厚，麥子還嫌被不夠」、「草木灰，單積攢，上地壯棵又增產」、「乾灰喂，增一倍」等諺語則表明小寒期間做好作物覆蓋、追肥工作對於莊稼越冬和增產有著重要作用。

三、傳統食俗：「三九補一冬，來年無病痛」

小寒天氣寒冷，人們也很注重此時的飲食和養生，各地有著各具特色的飲食習俗。臘月初八，全國很多地方都過臘八節，民眾多會製作臘八粥、臘八蒜以食用及祭祀祖先等。臘八粥為白米加多種食材熬製的粥，各地食材的選用不同，少則數種，多則不下數十種。清代《燕京歲時記》中記載了北京地區臘八粥的食材和做法：「臘八粥者，用黃米、白米、江米、小米、菱角米、栗子、紅豇豆、去皮棗泥等合水煮熟，外用染紅桃仁、杏仁、瓜子、花生、榛穰、松子及白糖、紅糖、瑣瑣葡萄，以作點染。」西北地方還有吃臘八麵、臘八飯

等習俗。

一些地方還有小寒的特色食俗。廣東地區有小寒早上吃糯米飯的傳統，以糯米、香米與臘肉、臘腸等食材翻炒而成，鬆軟噴香，有「大寒小寒，糯米驅寒」的諺語。南京地區有「吃菜飯」的習俗，以糯米、生薑粒與當地產的矮腳黃青菜、鹹肉片、香腸片或是板鴨丁等食材一同煮熟而成，鮮香可口。江浙一帶還有「小寒喜慶長生果」、「小寒花生食來年」等說法，反映了人們小寒吃花生的習俗。傳統社會冬季食物匱乏，青菜、白菜、糯米、花生、肉類等既可調節食欲，也有調理腸胃的功效。

俗話說「三九補一冬，來年無病痛」，傳統養生理論認為，冬季人體氣血偏衰，合理的食補有益於抵禦寒氣的侵襲，使得來年身體健康。民眾日常飲食多以暖性食物溫補為主，如羊肉、牛肉、狗肉等，涮火鍋、炒栗子、吃糖葫蘆、烤白薯也成為冬日時尚。小寒忌多食生冷、辛辣之物。小寒時節也是民眾「補膏方」的好時候。中醫認為冬季是進補最好的季節，講究冬藏養陰，而冬令進補以膏方為最佳。膏方一般由二十味左右的中藥組成，具有營養滋補和治療、預防疾病的綜合作用。小寒時節，入冬時的膏方吃得差不多了，人們又會再熬製一些，吃到春節前後，因此，小寒也常是老中醫和中藥房最忙的時候。

四、節氣民俗：「梅花風起又新春」

（一）忙年習俗

「寒冬臘月盼新年。」小寒節氣一到，意味著快要過年了，年節氣息日漸濃厚，民間有「小寒大寒，殺豬過年」、「小寒忙買辦，大寒賀新年」的說法。正所謂「年豬叫，年快到」，在小寒和大寒之間，人們常會殺年豬，為過年準備肉食，同時也會宴請鄰里親朋，吃一頓年豬飯。這時人們也開始加緊置辦年貨、磨豆腐、製臘貨等。有的年份小寒節氣靠近春節，人們更忙著寫春聯、買年畫、剪窗花、清

掃洗滌等，爲寒冷的冬季增添了溫暖的節日氣氛。

（二）二十四番花信風

蠟梅常在小寒時節凌寒獨開，正是「未報春消息，早瘦梅先發」（喻陟《蠟梅香》）。以梅花始，人們開啓新春的希望，形成了一個系列的二十四番花信風，也叫二十四風。花信風即是伴隨特定時期而來的花信，從小寒至穀雨，共有八個節氣，一百二十天，每個節氣被分爲三候，每候五日，共二十四候。穀雨三候花開盡，便進入了以立夏爲起點的夏季。花信風代表了以花開傳遞的時間信息，也反映了人們對於物候農時的掌握。

關於花信風的說法，《歲時廣記》有「三月花開時風，名花信風」的記載，指三月鮮花盛開時的風信。稍後出現的「二十四風」，也主要指清明時節的風信。北宋後逐漸形成了從冬末至初夏，以梅花爲首、棟花爲尾的二十四番花信風的說法。明初王逵《蠡海集》提出了完整的二十四番花信風的名目，對後世影響甚廣。

小寒：一候梅花，二候山茶，三候水仙。

大寒：一候瑞香，二候蘭花，三候山礬。

立春：一候迎春，二候櫻桃，三候望春。

雨水：一候菜花，二候杏花，三候李花。

驚蟄：一候桃花，二候棣棠，三候薔薇。

春分：一候海棠，二候梨花，三候木蘭。

清明：一候桐花，二候麥花，三候柳花。

穀雨：一候牡丹，二候荼蘼，三候棟花。

（三）民間體育運動

「小寒大寒，冷成冰團。」隆冬時節，人們習慣在天氣晴好的時候開展適量的體育鍛煉，提升身體素質，做到「天寒人不寒，改

變冬閒舊習慣」。北方人會開展滑冰、打雪仗、堆雪人等活動，南方人有跳繩、踢毽子、滾鐵環、擠油渣渣（靠著牆壁相互擠）、鬥雞（盤起一腳，一腳獨立，相互對鬥）等體育遊戲。正是「一早一晚勤動手，管它地凍九尺九」，通過運動強身健體、抵禦嚴寒。

　　小寒是一個寒近極致卻臨近春日的節氣。一方面，人們順應氣候時令的變化，對嚴寒有著深切的認識，提倡農業防凍害、自身食補和養生保健等節氣習俗來適應寒冷氣候，強調著小寒寒冷的自然屬性；另一方面，人們又熱切地追求著新年和春天的到來，物候、花信、殺年豬、數九等民俗現象都反映出大家對於春日的渴望，寄託人們對於自然的關懷和熱愛，強

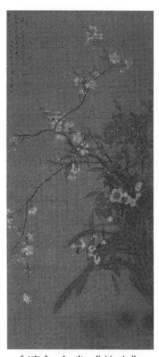

〔清〕余省《花卉》

調著小寒迎春的人文屬性。因此，小寒節氣充分體現了傳統中國人對於自然界氣候變換的文化體認，既順應著自然節候的交替，追尋著陰陽之間的平衡，同時，即便是小寒這般萬物蕭索的時節，古人也不忘為其增添幾分觀念上的溫暖，將人們的時間認知延續到即將到來的春天，以幾枝蠟梅勾起浪漫情懷，詮釋著生活美學。正是「尋常一樣窗前月，才有梅花便不同」（杜耒《寒夜》），小寒節氣令人們在寒冷的冬日裡忙碌著、期盼著，彷彿寒冬也變得充實起來，不知不覺春天也就到了。

大寒：過了大寒，又是一年

　　大寒，顧名思義，是一年中極爲寒冷的一段時間，也是二十四節氣中的最後一個。來到大寒，意味著一年即將畫上句號，也意味著又一個生機勃勃的春天很快就要到來。

一、大寒之義

　　一般每年西曆1月20日或21日，節令交大寒。《太平御覽・時序部》引《三禮義宗》曰：「大寒爲中者，上形於小，故謂之大。自十一月陽爻初起，至此始徹，陰氣出地方盡，寒氣並在上，寒氣之逆極，故謂大寒也。」

　　大寒期間，大風、低溫、積雪，是我國大部分地區一年中最爲寒冷的時期，時常呈現出一派天寒地凍的景象：

　　五行候而竟騖兮，四節紛而電逝。諒暑往寒來，十二月而成歲。日月會於析木兮，重陰淒而增肅。在中冬之大寒兮，迅季旬而逾邃。彩虹藏於虛廓兮，鱗介潛而長伏。若乃天地凜冽，庶極氣否；嚴霜夜結，悲風晝起；飛雪山積，蕭條萬里。百川明而不流兮，冰凍合於四海。扶木憔悴於暘谷，若華零落於濛汜。

〔晉〕傅玄《大寒賦》

雪　（鄭豔拍攝）

　　《呂氏春秋》載：「大寒既至，霜雪既降。」大寒期間時常有大雪降落，對冬小麥十分有利，蓋在麥苗上的大雪可以保持地溫，有效地避免麥苗被凍傷，於是農諺中有「臘月大雪半尺厚，麥子還嫌被不夠」的說法。

　　大寒當天，太陽到達黃經300度。古時，正午用圭表測日影，影長為一丈一尺八分，相當於今天的2.74米，與冬至最長時相比已短了許多，說明太陽已明顯地向北偏移。夜晚觀測北斗七星，其斗柄指向丑的位置，即北偏東方向，這時是農曆的十二月，又叫丑月、臘月。

二、大寒三候

　　初候「雞乳」。大寒時節，母雞開始孵化小雞。雞原為野生動物，後經人類馴化成為家禽。在大自然中，小雞的孵化由母雞完成，每年孵化一次，一般就在大寒時開始。

　　二候「征鳥厲疾」。征鳥，是具有遠行飛行能力的猛禽。厲疾，形容迅猛的樣子。大寒時節，空氣冰冷，草木乾枯，野兔、田鼠等在田野中生活的小動物，很容易被空中飛行的猛禽發現。所以，這個時節經常可以看到猛禽像箭一樣撲向地面的獵物。

三候「水澤腹堅」。大寒前幾天一般處在三九或四九中，人常說「三九四九，凍破石頭」，這時江河湖泊的水面結冰已經達到了全年最厚的程度。此時的冰面非常適合開展冰上體育運動專案，比如滑冰等。

三、大寒農事

大寒期間，各地農活一般很少。北方老百姓忙於積肥，為開春農耕做準備，南方地區則是以加強小麥及其他作物的田間管理為主。大寒時節，嶺南地區有捉田鼠的習俗，因為農作物已收割完畢，平時看不到的田鼠窩開始顯露出來，大寒時節也成為嶺南地區集中消滅田鼠的重要時間段。而對於果木管理或是畜牧農事，一般還是以防寒防凍為主，做好保暖工作，隨時注意預防雪災。

除此以外，各地人們還以大寒氣候的變化來預測來年雨旱及糧食豐歉情況，以便於及早安排農事。有農諺說「大寒日怕南風起，當天最忌下雨時」，意思是如果大寒時刮起溫暖的南風，則表示氣候有些異常，來年農作物會歉收；如果這個日子暖得下起雨來，那就是十分異常，來年農作物必遭災異。所以，大寒應該冷一些，最好降雪：「大寒見三白，農人衣食足。」、「三白」指下幾場大雪，嚴寒會凍殺很多害蟲的幼蟲與蟲卵，與此同時積雪將會在來年化作水分，有利於農作物豐收，農民豐衣足食。大寒忌晴、宜雪的說法早在唐朝時就有了，張文成在《朝野僉載》中說：「一臘見三白，田公笑赫赫。」《清嘉錄・臘雪》對於臘月大雪的作用也進行了解釋：「臘月雪，謂之『臘雪』，亦曰『瑞雪』。殺蝗蟲子，主來歲豐稔。」臘雪殺了蝗蟲幼蟲、蟲卵，來年不鬧蟲災，自然豐收有望。反之，如果臘月低溫並不明顯，則應提前做好滅蟲、抗旱的準備：「大寒不寒，人馬不安。」

四、大寒養生

《靈樞・本神》曰：「智者之養神也，必順四時而適寒暑。」大寒節氣雖仍處於寒冷時期，但已經可以隱隱感受到春季的氣息，此時人的身心狀態均應隨季節的變化而調整，以適應新的一年，人的養生保健也應隨著節氣變換做出適當變化。《證治準繩・類方》記有此時的養生藥方：「望春大寒之後，本方中加半夏、人參、柴胡各二兩，木通四兩，謂迎而奪少陽之氣也。」對於體質相對較弱的人來說，大寒進補是一項重要內容，進補的食物中可多添加些桂皮、生薑、人參等具有升發性質的食物，以順應將來的春天之氣。對此，民諺也有「大寒大寒，防風禦寒。早喝人參黃祝酒，晚服杞菊地黃丸」之說。

民間有大寒節氣吃糯米飯的習俗。因為糯米能夠補養身體，起到禦寒、養胃、滋補的作用。使用糯米製作的食品，最典型的就是八寶飯，即雜用紅小豆、胡桃、松子、黃米、小米等以水煮熟，外加桃仁、杏仁、瓜子、花生及白糖、紅糖等做成。

對於運動養生的人來說，大寒滑冰是最適宜的活動之一。滑冰古時又稱「冰嬉」，早在宋代便已出現。清代《帝京歲時紀勝》稱：「冰上滑擦者。所著之履皆有鐵齒。流行冰上，如星馳電掣，爭先奪標取勝，名曰『溜冰』。」這就類似於現在的速滑比賽。該書「補箋」還記述了「冰上蹴鞠，皇帝亦觀之，蓋尚武也」，可見我國在清朝已有了冰球運動。滑冰是一項集力量、耐力、速度、靈活於一體的運動，經常滑冰可以增強人體平衡感、協調能力及柔韌性，同時還可以增強人的心肺功能，提高有氧運動能力，加快新陳代謝，增強體質。

五、大寒習俗

大寒時節冰面較厚，古代這個時候人們也開始鑿冰、藏冰，留待酷暑之用。《夏小正》裡記載，三伏天的時候，朝廷就會把藏冰當作

禮物賞賜給士大夫。據《周禮》記載，當時周王室為保證夏天有冰塊使用，專門成立了相應的機構「冰政」，負責人被稱為「凌人」。此後的歷朝歷代也都會設立專門的官吏來管理藏冰的事務。古代的藏冰方法也比較簡單，每年大寒季節，人們就開始鑿冰儲藏，因為這時的冰塊最堅硬，不易融化。

寒冷之際的冰在戰爭中也能起到出其不意的功效：

> 咸平二年冬，契丹擾邊，延昭時在遂城。城小無備，契丹攻之甚急，長圍數日。契丹每督戰，眾心危懼，延昭悉集城中丁壯登陴，賦器甲護守。會大寒，汲水灌城上，旦悉為冰，堅滑不可上，契丹遂潰去，獲其鎧仗甚眾。
>
> 〔元〕脫脫《宋史·列傳第三十一》

咸平二年（999年），在最寒冷的時候，契丹侵擾邊境，守將楊延昭命士兵把水澆灌到城牆上，城牆結冰之後堅硬、滑溜，敵人無法攻城，遂潰散而去。除了鑿冰、儲冰之外，大寒時節還有些特殊的節慶和習俗。大寒一到，年關將至。在大寒到立春的這段時間，很多重要活動皆是圍繞著辭舊迎新進行的，比如臘八、尾牙、祭灶等。

大寒前後，十二月初八，古稱「臘日」，現在俗稱「臘八節」。臘日一般是祭祀祖先和神靈的，以祈求豐收。據《禮記·郊特牲》記載，臘祭是「歲十二月，合聚萬物而索饗之也」。先秦的臘日在冬至後的第三個戌日，後來佛教傳入，為了擴大其在本土的影響力，遂附會將臘八節定為佛成道日。相傳佛教創始人釋迦牟尼在一株菩提樹下徹悟並創立了佛教。這一天正是中國的農曆十二月初八。佛教傳入我國後，各地興建寺院，煮粥敬佛的活動也隨之盛行，這便是臘八粥。宋代吳自牧《夢粱錄》載：「此月八日，寺院謂之『臘八』。大剎等寺俱設五味粥，名曰『臘八粥』。」此時，臘八煮粥已成民間食俗。元人孫國敉作《燕都遊覽志》云：「十二月八日，賜百官粥。民間亦作臘八粥，以米果雜成之，品多者為勝。」元明之際，皇帝要向文武

大臣、侍從宮女等賜臘八粥，並向各個寺院發放米、果供僧侶食用。後來，臘八粥便逐漸成了老百姓的節令食物：

> 在臘八那天，人家裡，寺觀裡，都熬臘八粥。這種特製的粥是祭祖祭神的，可是細一想，它倒是農業社會的一種自傲的表現──這種粥是用所有的各種的米，各種的豆，與各種的乾果（杏仁、核桃仁、瓜子、荔枝肉、蓮子、花生米、葡萄乾、菱角米……）熬成的。這不是粥，而是小型的農業展覽會。
>
> 老舍《北京的春節》

「尾牙」源於閩南地區的土地祭祀。「牙」是民間祭拜土地公的儀式，商家為感謝土地公的照顧，在農曆每月初二及十六日都會準備一些果品與紙錢等進行祭拜，祭拜後的菜肴果品可以給家人或員工打打牙祭，因此也稱為「作牙」。農曆的二月二日是「頭牙」，十二月十六日是「尾牙」。舊時有詩曰：「一年夥計酬杯酒，萬戶香煙謝土神。」上句說東家年末可能要辭退夥計，下句是說家家戶戶都在祭祀土地公。「尾牙」的主菜是白斬雞，雞頭所指的員工即不會再被雇傭，如果雞頭朝向雇主自己或雇主將雞頭拿掉則表示員工全部留下。

民間常說：「過了大寒，又是一年。」這裡的「年」便是農曆春節。因為下一個節氣是立春，應該劃分在另一年，但是往往會出現年前立春或年後立春兩種情況，所以大寒是春節前的最後一個節氣，一般叫「大寒迎年」。為了迎接春節，人們很早就開始有條不紊地準備，北方有民謠曰：

> 二十三，糖瓜黏；二十四，掃房子；
> 二十五，磨豆腐；二十六，燉羊肉；
> 二十七，宰公雞；二十八，把麵發；
> 二十九，蒸饅頭；三十晚上鬧一宿；
> 大年初一扭一扭。

臘月二十三是北方的小年，也是祭灶的時間，這個節慶通常是在大寒到立春期間。祭灶的物件是灶君，就是民間俗稱的灶王爺。早在春秋時期，《論語》中就記有「與其媚於奧，寧媚於灶」的話。先秦時期，祭灶位列「五祀」之一（五祀，各種文獻記載不一，一般包括門神、戶神、灶神和中溜神）。在民間傳說當中，灶王爺是玉皇大帝派到人間觀察和評定人們一年功過的神仙。小年就是灶王爺離開人間，上天向玉皇大帝稟報一家人這一年來所做善惡之事的日子，所以家家戶戶都要「送灶神」，又稱「辭灶」。送灶神的供品一般包括一些又甜又黏的東西，比如糖瓜、湯圓、麥芽糖、豬血糕等，用這些東西的目的是要粘住灶神的嘴巴，讓他回到天上時多說些好話，即所謂「吃甜甜，說好話」、「好話傳上天，壞話丟一邊」。

　　作為二十四節氣的最後一個時間段落，大寒標識的是一年的終止，萬物歸於靜寂。在冰天雪地裡，人們開始忙碌地籌備與規劃來年的日子，期待下一個春天的來臨。

參考文獻

〔1〕董仲舒.春秋繁露.上海古籍出版社，1989.

〔2〕崔寔，石聲漢.四民月令校注.北京：中華書局，1965.

〔3〕宗懍.荊楚歲時記.長沙：嶽麓書社，1986.

〔4〕杜台卿.古逸叢書：玉燭寶典.上海：商務印書館，1939.

〔5〕段成式.酉陽雜俎.北京：中華書局，1985.

〔6〕陳元靚.歲時廣記.上海：商務印書館，1939.

〔7〕陳景沂.全芳備祖.北京：農業出版社，1982.

〔8〕陳師道，曾慥.後山叢談.上海：商務印書館，1936.

〔9〕李昉.太平御覽.北京：中華書局，1960.

〔10〕施宿.嘉泰會稽志.臺灣：成文出版社，1983.

〔11〕孟元老.東京夢華錄箋注.北京：中華書局，2007.

〔12〕吳澄.月令七十二候集解.北京：中華書局，1985.

〔13〕陳澔.禮記集說.北京：中國書店出版社，1994.

〔14〕田汝成.西湖遊覽志餘.上海古籍出版社，1980.

〔15〕王象晉，伊欽恒.群芳譜詮釋.北京：農業出版社，1985.

〔16〕李時珍.本草綱目.北京：人民衛生出版社，1957.

〔17〕李泰.四時氣候集解.濟南：齊魯書社，1996.

〔18〕孫希旦.禮記集解.北京：中華書局，1989.

〔19〕顧祿.清嘉錄.南京：江蘇古籍出版社，1999.

〔20〕汪灝.廣群芳譜.上海書店出版社，1985.

〔21〕杜文瀾.古謠諺.北京：中華書局，1958.

〔22〕清實錄・高宗純皇帝實錄：卷之三百一十八，乾隆實錄.影本.北京：中華書局，1986.

〔23〕清實錄・高宗純皇帝實錄：卷之四百四十五，乾隆實錄.影本.北京：中華書局，1986.

〔24〕查慎行.人海記.北京：古籍出版社，1989.

〔25〕陶金諧，楊鴻觀.漵浦縣誌.刻本.1762（清乾隆二十七年）

〔26〕賴同晏，孫玉銘，俞宗誠.重修五河縣誌.刻本.1894（清光緒二十年）

〔27〕趙亨萃，李宴春，趙晉臣，等.懷德縣誌.鉛印本.1929（民國十八年）

〔28〕侯錫爵，羅明述.桓仁縣誌.石印本.1930（民國十九年）

〔29〕劉天成，蘇顯揚，張拱垣，等.輯安縣誌.石印本.1931（民國二十年）

〔30〕王文璞，呂中清，楊煥文，等.北鎮縣誌.石印本.1933（民國二十二年）

〔31〕鄭永禧.衢縣誌.鉛印本.1937（民國二十六年）

〔32〕韓建勳，何詩迪.連縣誌.油印本.1949.

〔33〕張仲弼.香山縣誌.臺灣：成文出版社，1967.

〔34〕丁世良，趙放.中國地方誌民俗資料彙編.北京：書目文獻出版社，1989.

〔35〕馬學良.中國諺語集成：山西卷.北京：中國ISBN中心，1997.

〔36〕馬學良.中國諺語集成：江蘇卷.北京：中國ISBN中心，1998.

〔37〕中國歷史大辭典・科技史卷編纂委員會.中國歷史大辭典・科技史卷.上海辭書出版社，2000.

〔38〕蕭放.歲時一傳統中國民眾的時間生活.北京：中華書局，2002.

〔39〕巫其祥.中國節氣與節日.北京：中國文聯出版社，2002.

〔40〕曹雪芹，高鶚.紅樓夢.長沙：嶽麓書社，2004.

〔41〕邱德富.醫巫閭山志.瀋陽：萬卷出版公司，2005.

〔42〕彭書淮.二十四節氣.北京：中國紡織出版社，2007.

〔43〕高達.二十四節氣諺語新編.合肥：安徽文藝出版社，2007.

〔44〕邢野.內蒙古通志.呼和浩特：內蒙古人民出版社，2007.

〔45〕鐘敬文，蕭放.中國民俗史.北京：人民出版社，2008.

〔46〕中國民間文學集成全國編輯委員會.中國諺語集成：廣西卷.北京：中國ISBN中心，2008.

〔47〕殷國登.中國的花神與節氣.天津：百花文藝出版社，2008.

〔48〕中國民間文學集成全國編輯委員會.中國歌謠集成：北京卷.北京：中國ISBN中心，2009.

〔49〕張勃.清明.生活・讀書・新知三聯書店，2009.

〔50〕李金水.中華二十四節氣知識全集.北京：當代世界出版社，2009.

〔51〕李思默.二十四節氣.長春：吉林文史出版社，2010.

〔52〕高倩藝.二十四節氣民俗.北京：中國社會出版社，2010.

〔53〕石夫，韓新愚.不可不知的中華二十四節氣常識.鄭州：中原農民出版社，2010.

〔54〕趙瑩.節日節氣.北京：中華書局，2013.

〔55〕張紅星，左祖俊.二十四節氣與養生.武漢：湖北科學技術出版社，2013.

〔56〕牛建軍，趙斌.中華傳統飲食文化常識.鄭州：中州古籍出版社，2014.

〔57〕江楠.二十四節氣知識.北京：中國華僑出版社，2014.

〔58〕遵義市地方誌編纂委員會辦公室，遵義師範學院黔北文化研究中心。遵義市風俗志.北京：中國文史出版社，2014.

〔59〕烏丙安.中國民間信仰.長春出版社，2014.

〔60〕申賦漁.光陰：中國人的節氣.南京：江蘇鳳凰美術出版社，2015.

〔61〕梅子.不可不知的二十四節氣常識.北京：線裝書局，2015.

後記

　　二十四節氣作爲中國人認識世界的時間知識體系，如今列入了人類非物質文化遺產代表作名錄，它的文化地位特別崇高。

　　在傳統社會，它是上至帝王、下至百姓都耳熟能詳的日用知識，但對於二十一世紀的普通中國人來說，二十四節氣的知識就談不上豐盈，甚至是相當缺乏，正是因爲申請加入人類非物質文化代表作名錄的成功，引發了人們的廣泛關注。爲了滿足人們對二十四節氣時令知識的要求，湖南教育出版社的編輯約請我主編一本有關二十四節氣的著作，要求具有學術底蘊，在語言上又通俗生動，便於一般讀者閱讀。我承擔了此書的組織撰寫與主編工作，要求撰寫者儘量搜集相關文獻的節氣時令記載與各地的節氣民俗資料，力求在材料與寫作上有自己的特色，並且具有關於節氣時令的學術理解，重點突出二十四節氣的主要特點和核心內容，盡可能清晰而準確地展現每一個節氣，並爲每一個節氣配上相關圖片，使此書成爲獨具特色的圖書。因此我們將書稿內容分爲上下兩篇，上篇是關於二十四節氣歷史與當代的整體綜合研究，下篇是依照二十四節氣順序的專門敘述。參加寫作的大多是「北師大民俗學」微信公眾號的長期作者，他們工作學習都非常忙碌，但爲了給社會提供普及讀本，他們都全力以赴。在此感謝各位的參與、奉獻。

　　林加碩士是一位思維敏捷的青年，他最先幫助了圖書策劃工作；邵鳳麗博士幫助我們整合最初稿件，申請出版計畫；孫英芳是在讀博士生，她協助我做組稿與統稿工作，盡心盡力。感謝你們。

本書由我組織寫作隊伍，設計撰寫體例，擬定章節目錄，並對全書進行了統稿。本書作者及分工情況如下：

《序言：傳承二十四節氣的價值與意義》，蕭放

上篇：總論

《二十四節氣探源》，鄭豔

《農業社會的標準時間體系》，劉同彪

《多樣的風土，共用的時序：廣西的二十四節氣文化》，龍曉添

《自媒體環境中的二十四節氣傳播》，方雲

下篇：分論

《立春：一年之計在於春》，蕭放

《雨水：天一生水，雨潤大地》，劉同彪

《驚蟄：春雷起，桃花開》，鄭豔

《春分：晝夜平分，春意融融》，龍曉添

《清明：祭祖踏青兩相宜》，邵鳳麗

《穀雨：好雨生百穀，濃芳落新茗》，賈琛

《立夏：炎暑與農忙》，劉同彪

《小滿：麥齊絲車動》，彭曉寧

《芒種：麥登場，煮梅湯》，廖珮帆

《夏至：藏伏養生祭田婆》，蘇燕

《小暑：溫風至，嚐新米》，鄭豔

《大暑：清風不肯來，烈日不肯暮》，董德英

《立秋：節氣生活中的詩意與日常》，賀少雅

《處暑：暑將退，禾乃登》，董德英

《白露：小麥下種，「秋興」正濃》，王宇琛

《秋分：陰陽相半，秋高氣爽》，龍曉添

《寒露：鴻雁南飛，遍地冷露》，黃美齡

《霜降：田事向人事的過渡》，劉同彪

《立冬：防寒保暖，補在立冬》，孫英芳

《小雪：荷盡菊殘，天降初雪》，黃美齡

《大雪：瑞雪兆豐年》，關靜

《冬至：拜天賀冬祭祖先》，邵鳳麗

《小寒：寒冬梅花開》，諶榮彬

《大寒：過了大寒，又是一年》，鄭豔

　　本書寫作過程中，雖孜孜以求，但難免會有疏漏舛誤，敬祈讀者不吝指正。

　　在本書完成之際，感謝湖南教育出版社的精心策劃和大力支持，感謝責任編輯對本書付出的辛勤勞動。本書編寫過程中，參閱了部分前人著述，在此一併致謝。

蕭放

2017年8月1日

國家圖書館出版品預行編目資料

二十四節氣：中國人的自然時間觀 / 蕭放主編. -- 初版. -- 新北
市：華夏出版有限公司, 2024.09
　　面；　　公分. -- (Sunny 文庫；346)
　　ISBN 978-626-7393-70-3（平裝）

1.CST：節氣

327.12　　　　　　　　　　　　　　　　113005684

Sunny 文庫 346

二十四節氣：中國人的自然時間觀

主　　編　蕭放
出　　版　華夏出版有限公司
　　　　　220 新北市板橋區縣民大道 3 段 93 巷 30 弄 25 號 1 樓
　　　　　電話：02-32343788　傳眞：02-22234544
　　　　　E-mail：pftwsdom@ms7.hinet.net
印　　刷　百通科技股份有限公司
　　　　　電話：02-86926066　傳眞：02-86926016
總 經 銷　貿騰發賣股份有限公司
　　　　　新北市 235 中和區立德街 136 號 6 樓
　　　　　電話：02-82275988　傳眞：02-82275989
　　　　　網址：www.namode.com
版　　次　2024年9月初版一刷
特　　價　新台幣 520 元　　（缺頁或破損的書，請寄回更換）

ISBN-13：978-626-7393-70-3
本書經中南出版傳媒集團股份有限公司湖南教育出版社分公司授權，
同意由華夏出版有限公司出版中文繁體字版本。
非經書面同意，不得以任何形式任意重製轉載。
尊重智慧財產權‧未經同意請勿翻印（Printed in Taiwan）